RUANJIAN ZHILIANG BAOZHENG
YU CESHI JISHU YANJIU

软件质量保证
与测试技术研究

张浩华　赵　丽　王槐源　编著

中国水利水电出版社
www.waterpub.com.cn

内 容 提 要

　　本书是对软件质量保证与测试技术的研究,主要内容包括:软件质量概述,软件质量标准,软件质量控制、改进与度量,软件质量保证方法,软件质量保证技术,软件测试概述,软件测试策略,黑盒测试与白盒测试,国际化测试与本地化测试,测试计划与测试文档,软件调试与维护。本书力求做到逻辑严谨、结构合理、简明易懂。在编撰本书时,作者将软件质量保证与软件测试的新概念、新方法、新技术融入其中,在内容的安排上注重由易到难、深入浅出,方便理解与实践应用。本书可供软件企业主管、项目经理、系统集成和软件开发工程师以及过程改进工作者参考,尤其可供软件测试产业从业人员参考。

图书在版编目(C I P)数据

　　软件质量保证与测试技术研究 / 张浩华,赵丽,王槐源编著. ── 北京:中国水利水电出版社,2014.9(2022.10重印)
　　ISBN 978-7-5170-2417-0

　　Ⅰ. ①软… Ⅱ. ①张… ②赵… ③王… Ⅲ. ①软件质量─质量管理─研究②软件─测试─研究 Ⅳ. ①TP311.5

　　中国版本图书馆CIP数据核字(2014)第199680号

策划编辑:杨庆川　责任编辑:杨元泓　封面设计:崔　蕾

书　　名	软件质量保证与测试技术研究
作　　者	张浩华　赵　丽　王槐源　编著
出版发行	中国水利水电出版社
	(北京市海淀区玉渊潭南路 1 号 D 座 100038)
	网址:www. waterpub. com. cn
	E-mail:mchannel@263. net(万水)
	sales@ mwr.gov.cn
	电话:(010)68545888(营销中心)、82562819(万水)
经　　售	北京科水图书销售有限公司
	电话:(010)63202643、68545874
	全国各地新华书店和相关出版物销售网点
排　　版	北京鑫海胜蓝数码科技有限公司
印　　刷	三河市人民印务有限公司
规　　格	184mm×260mm　16 开本　17 印张　413 千字
版　　次	2015 年 1 月第 1 版　　2022年10月第2次印刷
印　　数	3001-4001册
定　　价	60.00 元

凡购买我社图书,如有缺页、倒页、脱页的,本社发行部负责调换

前　　言

  软件产业是信息产业的核心和灵魂,具有高投入、高产出、无污染、低能耗的特点。作为一个国家的基础性、战略性产业,它体现着一个国家的综合实力。随着 Internet 的日益普及和广泛应用,全球软件产业呈现出网络化、服务化和全球化的发展趋势,人们对软件质量的要求也愈来愈高。但是软件规模的大型化和软件开发的复杂化同时也带来了一系列的软件质量问题,这直接导致了软件交付延期、开发成本增加,严重的甚至还威胁到人们的生命和社会安全。因此,处理好软件的质量问题一直都是所有软件开发人员工作的重心。正是在这一背景下,软件测试技术逐渐发展起来。

  软件测试是软件开发过程中的重要环节,在提高软件质量方面具有不可替代的作用。我国的软件测试研究和应用起步较晚,在软件测试理论研究、软件质量保证等诸多方面都远远落后于一些发达国家。尤其是在软件测试工具方面,国外的产品几乎占据了垄断地位。软件质量保证与测试的新理论与新技术的不断发展,使得我国的软件测试从业人员面临着严峻的考验。软件测试人员不但要具备缜密的逻辑思维能力、全面的技术能力、勇于进取的创新能力,还要有较强的责任心和团队合作精神以及出色的沟通能力等专业素质。可见,软件测试产业从业人员应系统地学习并掌握软件质量保证与测试技术方面的相关知识。因此,《软件质量保证与测试技术研究》一书应运而生。

  作为软件开发中的一个重要环节,软件测试已逐渐形成一门新的学科和产业。本书从软件质量保证与测试技术两个方面出发,深入、系统地对软件质量保证与测试技术进行研究。全书共 11 章。第 1~5 章为软件质量部分。第 1 章首先对质量、软件质量、软件质量保证进行了简单阐述;第 2 章讨论了软件质量标准的基本内容,并着重对 ISO 软件质量标准体系、软件能力成熟度模型 CMM 和 CMMI 进行了分析;第 3 章论述了软件质量控制、改进与度量的相关内容与方法;第 4 章为软件质量保证方法,包括软件开发环境的创建、软件生命过程的度量、软件质量的度量、软件开发的估算等内容;第 5 章重点对软件质量保证技术进行研究,包括文档编制、质量保证、验证、确认、联合评审、审计、问题解决、需求变更控制等内容。第 6~11 章为软件测试部分。第 6 章首先简单阐述了软件测试背景、软件测试基本内容、软件测试职业与人员的素质、软件测试过程模型、软件测试的发展现状及前景分析、软件质量保证与软件测试的关系等;第 7 章为软件测试策略,重点对单元测试、集成测试、系统测试、验收测试、测试后的调试等内容进行了探讨;第 8 章主要论述黑盒测试与白盒测试;第 9 章主要论述国际化测试与本地化测试;第 10 章主要论述测试计划与测试文档;第 11 章论述了软件调试与维护的相关内容。

  本书力求做到逻辑严谨、结构合理、简明易懂。在编撰本书时,作者将软件质量保证与软件测试的新概念、新方法、新技术融入其中,在内容的安排上注重由易到难、深入浅出,方便理解与实践应用。本书的取材来源非常广泛,不但结合了作者近年来的研究成果和以往的实践经验,同时还参考了大量有价值的文献与资料,阅读和借鉴了大量的国内外相关专家学者的研究成果,集中反映了近年来在软件质量保证与测试技术的最新发展,在此向有关作者表示衷心的感谢。

由于软件质量保证与测试技术是一门综合性很强的技术,学科面宽,相关技术发展日新月异,同时作者学识水平有限,因此,在内容的编撰和安排等方面难免存在不妥之处和错误,恳请各位专家同仁予以批评指正。

作　者

2014 年 5 月

目　　录

第1章 软件质量概述

1.1 质量的定义及重要性

1.1.1 质量的定义

质量是事物的本质特性之一,是质量管理的主要对象。全面、正确地理解质量的内涵,掌握质量的概念实质,对企业的经营决策和提高经济效益有重要意义。

ISO 9000 系列国际标准(2000 版)中质量的定义:"质量是一组固有特性满足要求的程度。"这里的"要求"是指明示的、通常隐含的或必须履行的需求或期望。这是一个广义的质量概念,代表了当前世界对于质量概念的最新认识,体现了在质量概念方面的进步。

IEEE 在《软件工程标准术语表》(Standard Glossary of Software Engineering Terminology)给出的质量定义为:"质量是系统、部件或过程满足客户和用户明确需要或期望的不同程度。"它与 ISO 9000:2000 中关于质量的定义非常接近。

在统一过程模型(Rational Unified Process,RUP)中,质量被定义为:"满足或超出认定的一组需求;使用经过认可的评测方法和标准来评估;使用认定的流程来生产。"该定义表明,质量不是简单地满足用户的需求,还得包含确定证明质量达标所使用的评测方法和标准,以及如何实施可管理、可重复使用的流程,以确保由此流程生产的产品已达到预期的质量水平。

从哲学角度说,量的积累才可能产生质的飞跃,量是过程的累积,不断增加并完善过程品,最终实现质的飞跃,当满足一定需求时,即达到基本的质量要求,而满足需求的程度即是我们所说的质量优劣。

1.1.2 质量形成的过程

质量形成于产品生产全过程,这里的"生产"是指社会化大生产,包括研制出场调研、产品开发、设计试制、生产技术准备、采购、生产制造、检验、销售和售后服务等过程全寿命周期的各个阶段。这一理论观点彻底清除了理论界曾提出的"产品质量是设计出来的"、"产品质量是制造出来的"、"产品质量是管理出来的"等片面说法,揭示了质量形成的真谛。

1.质量形成的四个阶段

概括地说,整个质量形成的过程大致可划分为以下 4 个阶段。

(1)由确定需求的结果所形成的质量要求——需求分析

在识别和确定明确的和隐含的需要之后,为了生产,首先要把需要转化为质量要求。质量要求是一组定性或定量产品质量特性的规定要求,一般用产品应具有的功能参数表示,例如,产品的性能、适用性、可靠性、维修性、安全性、环境、经济性和美学等,关键是要使质量要求恰到好处地、全面地反映需求。

（2）由产品设计的结果所形成的质量

设计阶段要把质量要求转化为生产者可以生产的产品,即要转化为生产者可以测定的代用特性,也就是产品的技术规范和标准。

（3）由与产品设计符合性的结果所形成的质量

由制造所形成的产品质量,是产品对设计的技术规范符合程度的特性综合,这样经过制造又进行了一次特性转化。

（4）由产品保障的结果所形成的质量——可修性

如有的产品其性能达到了顾客需求,但当出现故障时,其维修和备件供应困难,则说明产品的全部特性中反应满足需求的能力还相当不足。

2.朱兰质量螺旋与质量环

（1）朱兰质量螺旋

美国质量管理专家朱兰(J. M. Juran)博士于 20 世纪 60 年代后期,首次提出的质量螺旋向人们揭示了产品质量有一个产生、形成和实现的过程,反映了产品质量形成的规律。这条质量螺旋曲线因此被称为"朱兰质量螺旋曲线",如图 1-1 所示。

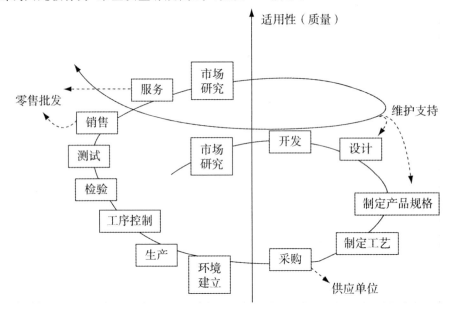

图 1-1　朱兰质量螺旋曲线

从图 1-1 可以看出,质量的形成经过很多环节,从市场研究开始,经过开发、设计、制定产品规格……销售、服务等,最终回到市场研究。朱兰博士通过质量螺旋曲线来阐述 5 个重要的理念。

①产品质量的形成贯穿整个产品生命周期,由 13 个环节组成,每一个环节都会影响到质量。所以在质量管理中,也要全过程管理,每一个环节都不能放过。

②所有活动都围绕质量这个唯一的核心进行,即围绕产品的适用性(适用性是朱兰质量理念的核心,虽然现在认为质量以客户为中心)进行。

③产品质量形成的过程,不只是组织内部所影响的过程,应当包括外部影响的过程,即生

产组织、内部销售组织、外部供应方、第三方销售商和客户等对产品质量形成过程的影响、控制和管理等,所以质量管理是一个社会系统的工程。

④产品质量形成中的这些环节,一环扣一环,是循环往复的过程,但不是简单的重复,而是像螺旋那样,不断上升、提高。

⑤所有的质量活动都由人完成,质量管理应该以人为主体。

(2)质量环

在 ISO 9000 质量标准中,采用另外一种方法来描述质量形成的过程——质量环,它是从识别需要到评定这些需要是否得到满足的各个阶段中,影响质量的相互作用活动的概念模式。硬件产品的质量环包括 12 个环节,如图 1-2 所示。

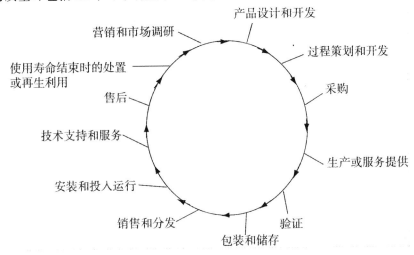

图 1-2 ISO 9000 质量环

其中,"使用寿命结束时的处置或再生利用"阶段主要是指那些如果任意放弃后对公民健康和安全有不利作用的产品,如塑料制品、电池、核废料等,用后一定要回收或妥善处理。

虽然这里用平面闭合环表示,但并不是简单的重复循环,而是具有朱兰质量螺旋曲线和不断循环上升、质量不断改进的含义。对这两种质量形成过程描述方法做一个简单的对比,如表1-1 所示。

表 1-1 两种质量形成过程描述方法的比较

序号	朱兰质量螺旋曲线	ISO 9000 质量环
1	市场研究	1.营销和市场调研
2	开发/研制	2.产品设计和开发
3	设计	
4	制定产品规格	
5	制定工艺	3.过程策划和开发
6	采购	4.采购
7	生产	5.生产或服务提供
8	生产环境建立	7.包装和储存
9	工序控制	

序号	朱兰质量螺旋曲线	ISO 9000 质量环
10	检验	6.验证
11	测试	
12	销售	7.包装和储存 8.销售和分发
13	服务	9.安装和投入运行 10.技术支持和服务 11.售后
14		12.使用寿命结束时的处置或再生利用

3.朱兰质量管理三步曲

质量的形成过程,从管理角度看,分为质量策划、质量控制和质量改进。这就是著名的朱兰质量管理三步曲。

(1)质量策划

这是一个为实现质量目标做准备的过程,其最终结果是按照质量计划开展质量活动。该过程主要内容有:

①必须从外部和内部认识顾客。

②确定顾客的要求。

③开发出能满足顾客需要的产品(包括服务在内)。

④制订能满足顾客需求的质量目标,并以最低综合成本来实现。

⑤开发出能生产所需产品的生产程序。

⑥验证这个程序的能力,证明它在实施中能达到质量目标。

(2)质量控制

这是在经营中达到质量目标的过程,其最终结果是按照质量计划开展经营活动。该过程主要内容有:

①选择控制对象。

②选择测量单位。

③规定测量方法。

④确定质量目标。

⑤测定实际质量特性。

⑥通过实践与标准的比较找出差异。

⑦根据差异采取措施。

(3)质量改进

这是一个突破计划,并达到前所未有的质量水平的过程,其最终结果是以明显优于计划性能的质量水平进行经营活动。该过程主要内容有:

①证明改进的需要。

②确定改进的对象。

③实施改进,并对这些改进项目加以指导。

④组织诊断,寻找原因。

⑤提出改进方法。

⑥证明这些改进方法有效。

⑦提供控制手段,以保持其有效性。

1.1.3　质量概念的演变

随着经济的发展和社会的进度,人们对质量的需求不断提高,质量的概念也随着不断深入、发展,具有代表性的质量概念主要有"符合性质量"、"适用性质量"和"广义质量"。还有不少学者从其他的视角对质量的概念进行了研究。如日本质量管理专家田口玄一从质量波动和损失的角度提出:质量是指产品出厂后给社会带来的损失。

1. 符合性质量

符合性质量的判断依据是"标准"。符合标准的产品就是合格品。由于标准水平有高低、先进落后之分,有时将产品分为优等品、一等品和合格品。除此之外,产品的特性还有性能扩充为时间方面的质量,如可靠性、安全性等。符合性质量是一种静态的质量观,难以全面地反应顾客的要求,特别是隐含的需求和期望。

此外,在个性化需求日益增长的背景下,生产方式发生转变,不少学者提出了主观质量的概念,认为符合性质量观是一种客观的质量观,而顾客满意是以消费者为中心的主观的质量观。

2. 适用性质量

"适用性"是"指产品在使用时能成功地满足顾客要求的程度。"最早是由著名质量管理专家朱兰提出的。适用性质量概念的判断依据是顾客的要求。顾客的要求包括生理的、心理的和伦理等多方面。因此,适用性的内涵也是在不断地拓展和丰富。如日本质量管理专家狩野(KANO)教授依照顾客的要求和感受,提出了"基本型"、"期望型"和"魅力型"的质量。

3. 广义性质量

国际标准化组织定义质量是"一组固有特征性满足要求的程度"。这实际上提出了好的质量不仅要符合技术标准的要求(符合性),同时还必须满足顾客的要求(适用性),还要满足社会(环境、卫生等)、员工等相关方面的要求。质量评价的对象也从产品扩展到过程、体系等所有方面。所以,此概念是一个广义的质量观。

适用性的质量观与广义质量观,虽然都强调满足顾客的要求,但是两者的角度是不同的。前者是从组织(生产力)的视角来判断质量的优劣,并且主要是针对产品的。后者是以顾客及相关方的视角来评价质量,其内涵包括产品等多方面需求。

1.1.4　质量的重要性

20世纪是生产力的世纪,而21世纪是质量的世纪,质量必将成为新世纪的主题。事实越来越证明美国著名质量管理学家朱兰博士的这一论断的正确性。任何国家的产品和服务,必须达到世界级质量水平,如果达不到世界级质量水准,就难以在国际竞争中取胜,甚至难以在国内站稳脚跟。

随着科学技术的快速发展、新技术的不断涌现,顾客对产品的质量会提出更多、更新及更严的要求;尤其是在买方市场的情况下,顾客对产品和服务质量的要求会更加挑剔;同时,生产厂家和商家的产品职责和服务职责也日益加重,社会对产品和服务在诸如环境保护、卫生、资源利用等方面的要求也愈多、愈严。国际上的质量竞争日趋激烈,人们已经认识到,产品的竞争是一场不用枪炮的战争,这场战争的主要武器就是产品质量。

总体来说,质量的重要性主要表现在以下几个方面。

(1)质量是构成社会财富的物质内容

没有质量就没有数量,也就没有经济价值。因此,企业的生产经营活动必须坚持质量第一,坚持产品的经济价值和使用价值的统一。

(2)质量是社会科学技术和文化水平的综合反映

要想提高我国的产品质量,必须从提高全民族的素质入手。而民族的素质,除了民族的精神、民族的优良传统外,主要取决于这个民族的科学技术和文化水平。纵观现代产品,无论是从设计、制造和使用,还是从其更新换代和发展,无一不是集中了现代科学技术、科学管理和文化发展的最新成果。

(3)质量是人民生活的保障

产品质量与人们的工作、生活息息相关,一旦产品质量出了问题,轻则造成经济损失,重则导致人员伤亡等不幸。因产品质量、工程质量、工作质量和服务质量不良而造成的燃烧、爆炸、建筑物倒塌、毒气泄漏及机毁人亡等恶性事故,给人们造成的灾难,更是令人触目惊心。这些血的沉痛教训,在现实生活中屡见不鲜。

(4)质量是企业的生命

产品质量好坏,决定着企业有无市场,决定着企业经济效益的高低,决定着企业能否在激烈的市场竞争中生存和发展。“以质量求生存,以品种求发展”已成为广大企业发展的战略目标。

(5)质量是产品打入国际市场的前提条件

人们常说,产品质量是产品进入现代国际市场的“通行证”、“敲门砖”。企业要想使产品打入国际市场,参加国际大循环,其前提条件就是要有过硬的产品质量、适宜的价格和约定的交货期。

(6)质量是国防实力的体现

武器装备直接用于国防建设,武器装备质量的好坏,既反映了军工企业设计和生产的水平以及我国军品开发的基础,又反映了部队的战斗力,体现了国防实力。武器装备质量直接关系到部队战斗力的形成和作战效能,尤其是在现代条件的高技术条件下的战争中,装备质量关系到战争的胜负,关系到指战员、战士和人民群众的生命安全,甚至关系到国家的存亡。现代战争的教训已经明确告诉人们,军工产品不仅要讲数量,更重要的是要讲质量。

从我国社会主义市场经济发展的趋势来说,各军工企业也要参与市场竞争,其竞争的有利工具仍然是产品的质量与可靠性。因此,军工企业只有加强质量管理,提高产品的质量和可靠性水平,才能在不断激烈竞争的市场中求得生存和发展。从世界发展形势来说,随着世界新格局的形成,军工企业就必须要不断提高质量意识,转变质量观念,不断提高质量管理水平,只有这样才能生产出高质量和高可靠性的武器装备,从而提高部队的战斗力和增强国防实力。

1.2 软件质量的内容

1.2.1 软件质量的定义

什么是软件质量呢？有多种关于软件质量的定义。

美国国家标准协会（American National Standards Institute，ANSI）对软件质量的定义是："软件质量是软件产品或服务特性的整体"。

IEEE（Institute of Electrical and Electronics Engineers，电气和电子工程师协会）对软件质量的定义包含四个方面内容："软件产品具备满足给定需求特性及特征的总体的能力；软件拥有所期望的各种属性组合的程度；用户认为软件满足他们综合期望的程度；软件组合特性可以满足用户预期需求的程度。"

中华人民共和国国家标准（GB/T16260－1996）对软件质量的定义："反映产品或服务满足明确或隐含需求能力的特征和特性的总和。软件质量特性是用以描述和评价软件产品质量的一组属性。一个软件质量特性可被细分成多级子特性。"

1.2.2 软件质量的特性

虽然软件质量具有质量的一些基本属性或特性，但其具体内涵是不同的。对软件系统的设计，不仅要考虑功能、性能和可靠性等的要求，而且在可靠性、安全性、性能、适用性等软件质量特性方面达到平衡也是非常重要的。

对于软件质量，3 个基本属性"可说明性、有效性、易用性"或"功能、可靠性和性能"是不够的，这里给出了一个比较完整的软件质量属性组合：功能性（Functionality），可用性（Usability），可靠性（Reliability），性能（Performance），容量（Capacity），可测量性（Scalability），可维护性（Manageability），兼容性（Compatibility），可扩展性（Extensibility）。其中的前 5 项软件质量属性对客户重要，后 4 项软件质量属性对软件开发组织重要。

1991 年 ISO 发布的 ISO/IEC 9126 质量特性国际标准，将各种质量属性归纳为 6 个质量特性，即为功能性（Functionality）、可靠性（Reliability）、可使用性（Usability）、效率性（Efficiency）、可维护性（Maintainability）和可移植性（Portability）。见表 1-2。

表 1-2 ISO/IEC 9126 中的质量特性

特 性	含 义
功能性	表示软件中所要求的功能的可用程度
可靠性	表示软件的可靠性程度
可用性	表示软件的可用性和软件用户判定软件易用的程度
效率性	表示软件的效率
可维护性	表示软件产品易于修正和维护的程度
可移植性	表示软件从某一环境轻松转移到另一环境

该组织共推荐了 21 个子特性,如适合性、准确性、互用性、依从性、安全性、成熟性、容错性、可恢复性、可理解性、易学习性、操作性、时间特性、资源特性、可分析性、可变更性、稳定性、可测试性、适应性、可安装性、一致性和可替换性,但不作为标准。

图 1-3 给出了上述各软件质量特性之间构成关系的一个扼要说明。软件质量是建立在用户要求的基础上的,因此,必须掌握好用户要求与开发过程中逐渐形成的质量特性之间的关系,即要加强用户需求同软件开发过程的有机联系。

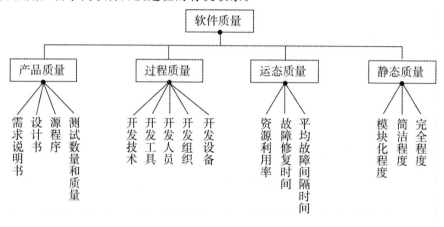

图 1-3　软件质量特性分类图

一般反映到需求规格上的用户要求都属于与功能及性能有关的运行特性,或与修改、变更及管理有关的维护特性。表 1-3 表示了这些用户要求与质量特性的关系。经过质量管理的软件开发过程正是逐步实现反映用户所要求的质量要求(Quality Requirements)的质量特性的过程。

表 1-3　用户要求与软件质量特性

用户要求	质量要求的定义	质量特性
功能	• 能否在有一定错误的情况下也不停止运行 • 软件故障发生的频率如何 • 故障期间的系统可以保存吗 • 使用方便吗	完整性(Integrity) 可靠性(Reliability) 生存性(Survivability) 可用性(Usability)
性能	• 需要多少资源 • 是否符合需求规格 • 能否回避异常状况 • 是否容易与其他系统连接	效率性(Efficiency) 正确性(Correctness) 安全性(Safety) 互操作性(Inter-operability)
修改变更	• 发现软件差错后是否容易修改 • 功能扩充是否简单 • 能否容易地变更使用中的软件 • 移植到其他系统中是否正确运行 • 可否在其他系统里再利用	可维护性(Maintainability) 可扩充性(Expandability) 灵活性(Flexibility) 可移植性(Portability) 再利用性(Reusability)

续表

用户要求	质量要求的定义	质量特性
管理	·检验性能是否简单 ·软件管理是否容易	可检验性（Verifiability） 可管理性（Manageability）

1.2.3　软件质量的常见模型

从软件质量的定义得知软件质量是通过一定的属性集来表示其满足使用要求的程度,那么这些属性集包含的内容就显得很重要了。计算机界对软件质量的属性进行了较多的研究,得到了一些有效的质量模型,包括 McCall 质量模型、Boehm 质量模型、ISO/IEC 9126 质量模型。

1.McCall 软件质量模型

早期的 McCall 软件质量模型是 1977 年 McCall 和他的同事建立的,他们在这个模型中提出了影响质量因素的分类。图 1-4 所示为 McCall 模型的示意图,质量因素差异软件产品的 3 个重要方面,即产品运行（操作特性）、产品修订（承受可改变能力）、产品变迁（新环境适应能力）。

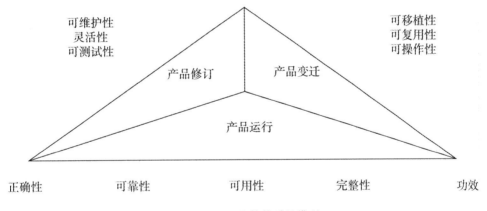

图 1-4　McCall 软件质量模型

2.Boehm 软件质量模型

1978 年 Boehm 和他的同事提出了分层结构的软件质量模型,除包含了用户期望和需要的概念,这一点与 McCall 质量模型相同之外,它还包括 McCall 质量模型中没有的硬件特性。Boehm 质量模型如图 1-5 所示。

Boehm 质量模型始于软件的整体效用,从系统交付后涉及不同类型的用户考虑。第一种用户是初始顾客,系统做了顾客所期望的事,顾客对系统非常满意;第二种用户是要将软件移植到其他软硬件系统下使用的客户;第三种用户是维护系统的程序员。以上这 3 种用户都希望系统是可靠有效的。因此,Boehm 质量模型反映了对软件质量的理解,即软件做了用户要它做的:有效地使用系统资源;易于用户学习和使用;易于测试与维护。

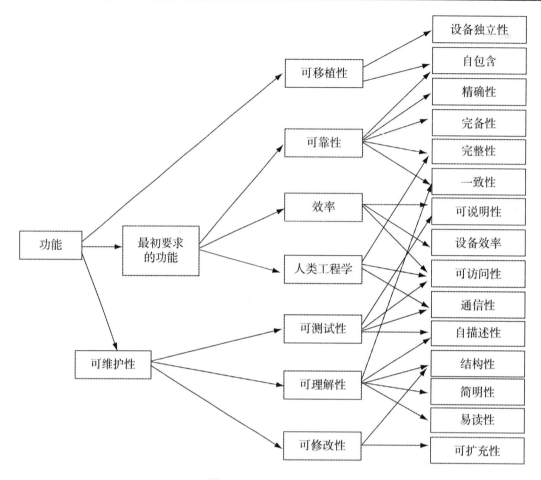

图 1-5　Boehm 质量模型

3. ISO/IEC 9126 软件质量模型

20 世纪 90 年代早期,软件工程界试图将诸多的软件质量模型统一到一个模型中,并把这个模型作为度量软件质量的一个国际标准。国际标准化组织和国际电工委员会共同成立的联合技术委员会(JTC1),1991 年颁布了 ISO/IEC9126－1991 标准《软件产品评价——质量模型》的质量模型分为 3 个,即内部质量模型、外部质量模型、使用中质量模型。外部和内部质量模型如图 1-6 所示,使用中质量模型如图 1-7 所示。

各个模型包括的属性集大致相同,但也有不同之处,这说明,软件质量的属性是依赖于人们的意志,基于不同的时期,不同的软件类型,不同的应用领域,软件质量的属性是不同的,这也就是软件质量主观性的表现。

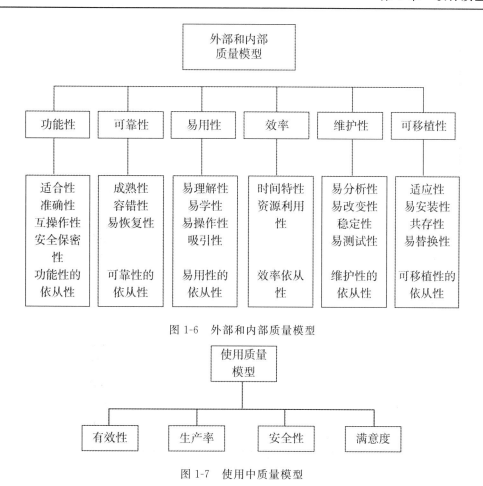

图 1-6　外部和内部质量模型

图 1-7　使用中质量模型

1.2.4　软件质量的影响因素

质量是企业的生命线,也是企业参与竞争的法宝。要想生产出高质量的软件产品,就得从分析软件质量的主要因素入手,逐步地解决在这些方面存在的问题。

1.人员素质不同

由于软件是人们通过脑力劳动,进行创造性思维的成果,人的因素在软件的开发过程中起着更为显著的作用。人的作用发挥得好,就能完成高质量的软件产品。这与人员的道德、理念、知识、技能、经验、智力和体力甚至心理等因素相关。

图 1-8 给出了影响软件质量的各种因素,为满足开发高质量软件的要求,提高人员的品德和素质,就要对开发人员进行教育、培训,不断增强质量意识和掌握生产高质量软件产品的本领。

此外,还有一些与人的因素相关的方面,如组织、管理、开发过程、采用的技术和开发环境(包括技术环境、社会环境和自然环境等)。

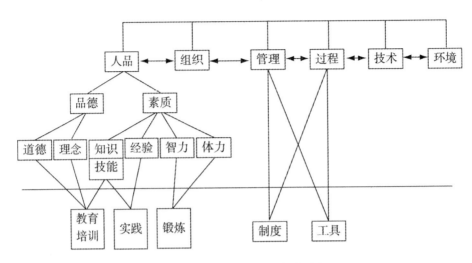

图 1-8 影响软件质量的各种因素

2.软件需求变更

确定开发软件依据的软件需求是软件项目非常重要的工作,必须给予高度的重视。因此,制定软件需求时,开发方一定要与用户密切配合,力争把需求弄清楚,并且做出确切的描述,形成文档,作为后续开发工作的出发点。在某种程度上,软件需求说明准确与用户有直接关系,如用户表述不清自己对软件的需求,更常见的是用户需求一变再变,这不仅给软件开发带来很大困难,且将严重影响软件质量。软件质量是建筑在用户要求基础上的,所以必须掌握好用户要求与开发过程中逐渐形成的质量特性之间的关系。

3.开发环节把握不准

由于采用的开发方式涉及很多环节,各个环节之间的衔接处难免发生问题。如图 1-9 所示的软件开发过程至少涉及 9 个正确性问题,开发人员要想完全把握住它们是非常不容易的。

4.测试工作的局限

软件测试是软件开发过程中质量控制的一个重要手段。测试工作可以涵盖软件开发的全过程,经过测试的软件能在其成为最后产品前发现并纠正许多错误。但目前的现状是测试工作未得到相应的重视,在普遍的软件开发机构中,测试工作投入的资源是有限的,因此,测试技术的自身发展得不到提高,测试工作只能按计划"适可而止"。

5.质量管理的困难

软件质量管理的实际困难主要表现在以下几个方面。

①软件开发的管理人员往往更关心项目开发的成本和进度,而忽视对人员和软件产品的质量管理。

②如果软件开发的管理人员无需对软件中含有的隐藏错误负责,那么他肯定没有热情去控制软件开发质量,更不用说保证质量需要付出昂贵的代价。

③软件产品质量的高低主要取决于参与开发的人员,而软件开发过程中人的行为是最难

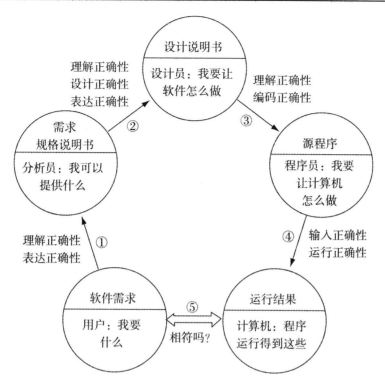

图 1-9　软件开发主要环节之间需要保持的关系

控制的。

④大中型软件工程项目通常需要许多技术和管理人员参与,但项目组内人员对于问题的不同认识及对具体问题的误解必然会影响产品质量。

⑤软件项目组中人员的流动难以避免。离去的开发人员所带走的思想、技术和经验必然会影响开发项目的质量。

6.缺乏合理的开发规范

不少软件企业并未建立自己的开发规范,不少软件开发人员仅凭自己的经验和自己熟悉的一套开发方法和步骤或者习惯了非规范、任意性很强的做法,不愿受规范化管理的约束。一些开发活动事先不作计划;活动过程中不作记录;项目临近结束补写资料,赶制文档;在开发进度由于各种原因延误的情况下,降低测试工作的要求,追求进度,等等。

7.开发工具的支持不够

不少软件开发机构的工作大多是手工方式,缺乏有力的开发工具以及管理工具的支持,这也会影响软件质量。

1.2.5　软件质量的评价方法

目前尚不能精确做到定量地评价软件的质量。一般采取由若干(6～10)位软件专家进行打分来评价。这些软件专家应是富有实际经验的项目带头人。然后计算打分的平均值和标准偏差。

软件质量评价通过评分和分析结果两个步骤实现。

1.评分

针对系统、子系统或者模块,对每一阶段要达到的质量指标(质量特性目标值或基准)详细建立度量工作表,以提问方式列出在某一阶段为实现某一质量指标应达到的标准。所以它也可称为检查表,如表 1-4 所示。

表 1-4 质量评价评分表

特性↓ 评分等级→	L1	L2	L3	L4	L5	L6	合计	平均值	标准偏差
功能性	☐	☐	☐	☐	☐	☐			
可靠性	☐	☐	☐	☐	☐	☐			
效率	☐	☐	☐	☐	☐	☐			
可使用性	☐	☐	☐	☐	☐	☐			
可测试性	☐	☐	☐	☐	☐	☐			
可移植性	☐	☐	☐	☐	☐	☐			
可修改性	☐	☐	☐	☐	☐	☐			

为了回答度量工作表上的问题,软件专家必须浏览原始资料,最重要的原始资料是在软件定义与开发各阶段提供的文档,还包括在开发过程中积累的各种数据,特别是出错数据。

对评价对象评分时,既可以采用二元评分方法,即"1"表示肯定,"0"表示否定;也可以采用等级评分方法,即将评价结果分成 n 个等级,每个等级给定一个数值,如分成 5 个等级:非常满意 5、满意 4、一般 3、基本不满意 1、非常不满意 0。

评分的主要依据是实际的软件成果。由于软件专家在运行该软件产品时的使用环境不同,使用目的不同,各人评分会有一定差别。在计算评分的平均值与标准差时,要考虑各质量指标的权值。根据平均值、标准差才能进一步分析质量特性在软件中的实际情况及重要度。

2.分析结果

根据评分的结果,对照评价指标。检查某个质量特性是否达到了要求的质量标准。如果某质量特性不符合规定的标准,就应当分析这个质量持性,找出达不到标准的原因。

分析原因应该自顶向下进行。按系统级、子系统级、模块级逐步分析。过程如下:

先在系统级,比较每个质量特性的得分与为该特性规定的质量指标,若某个质量特性实际得分低于为它规定的质量指标,则针对所有与这个质量特性有关的子系统,研究这个质量特性所得的分数。下一步,比较在子系统中这个质量特性的实际得分和该特性应该达到的质量指标,把特性得分低于该特性规定的质量指标的那些子系统找出来,进一步检查在这些子系统中这个特性的得分,最后找出那些可疑的模块。

1.3　软件质量保证概述

1.3.1　软件质量保证的概念

软件质量保证(Software Quality Assurance,SQA)是为了提供信用,证明项目将会达到有关质量标准,而在质量体系中开发的有计划、有组织的工作活动。

软件质量保证是软件开发过程中的一个重要关键过程区域,它是贯穿于整个软件过程的第三方独立审查活动。SQA 的目的是向管理者提供对软件过程进行全面监控的手段,包括评审和审计软件产品和活动,验证它们是否符合相应的规程和标准,同时给项目管理者提供这些评审和审计的结果等。

软件质量保证也是企业 CMM(Capability Maturity Model)中的一个关键过程域,CMM 中的每个关键过程域几乎都涉及软件质量的验证,它在软件开发过程中起着非常重要的作用。在 CMM 中,软件质量保证的目标是为管理者提供当前软件项目进行过程与最终产品的可视性。它的主要工作包括评审软件工程活动、审计软件产品、将结果通知项目组成员及相关经理。

SQA 组织并不负责生产高质量的软件产品和制定质量计划,这些都是软件开发人员的工作。SQA 组织的责任是审计软件经理和软件工程组的质量活动并鉴别活动中出现的偏差。

1.3.2　软件质量保证的目标

软件质量保证的目标是以独立审查方式,从第三方的角度监控软件开发任务的执行,就软件项目是否遵循已制定的计划、标准和规程给开发人员和管理层提供反映产品和过程质量的信息和数据,提高项目透明度,同时辅助软件工程组取得高质量的软件产品。

软件质量保证的主要目标包括以下几个方面:

①通过监控软件开发过程来保证产品质量。

②保证开发出来的软件和软件开发过程符合相应标准与规程。

③保证软件产品、软件过程中存在的不符合问题得到处理,必要时将问题反映给高级管理者。

④确保项目组制定的计划、标准和规程适合项目组需要,同时满足评审和审计需要。

⑤收集项目中好的实施方法和发现实施不利的原因,为修改企业内部软件开发整体规范提供依据,为其他项目组的开发过程实施提供先进方法和样例。

软件质量保证的价值依赖于一些前提,其中最重要的是以下两个。

①软件项目开发过程遵循明确定义好的既定规则,由此所获得的利益远大于为它所付出的代价。先有稳定、明确的用户需求再进行开发,虽然进度可能有所延迟,但与开发后发现不是用户所需要的产品相比,这个代价要小得多。

②在没有独立评价系统的情况下,人们有时候会偏离既定的规则。软件开发人员由于各种各样的原因,总是自觉或不自觉地忽视过程,这时就需要软件质量保证人员来发现问题。

从软件质量保证的目标中可以看出,SQA 人员的工作与软件开发工作是紧密结合的,需要与项目人员沟通。因此,SQA 人员与项目人员的合作态度是完成软件质量保证目标的关键,如果合作态度是敌意的或者是挑剔的,则软件质量保证的目标就难以顺利实现。

1.3.3　软件质量保证的任务

软件质量保证由各项任务构成,这些任务的参与者有两种人,即软件开发人员和质量保证人员。前者负责技术工作,后者负责质量保证的计划、监督、记录、分析及报告工作。软件开发人员通过采用可靠的技术方法和措施,进行正式的技术评审,执行计划周密的软件测试来保证软件产品的质量。软件质量保证人员则辅助软件开发组得到高质量的最终产品。

SQA 小组的职责是辅助软件工程小组得到高质量的最终产品。SQA 小组的主要任务大致可归纳如下:

①为项目准备 SQA 计划,该计划在制定项目规定、项目计划时确定,由所有感兴趣的相关部门评审。

②参与开发项目的软件过程描述,评审过程描述以保证该过程与组织政策、内部软件标准、外界标准以及项目计划的其他部分相符。

③评审各项软件工程活动,对其是否符合定义好的软件过程进行核实、记录、跟踪过程的偏差。

④审核指定的软件工作产品,对其是否符合事先定义好的需求进行核实。对产品进行评审,识别、记录和跟踪出现的偏差;对是否已经改正进行核实;定期将工作结果向项目管理者报告。

⑤确保软件工作及产品中的偏差已记录在案,并根据预定的规程进行处理。

⑥记录所有不符合的部分并报告给高级领导者。

1.3.4　软件质量保证的过程

软件质量保证是为保证产品和服务充分满足用户要求的质量而进行的有计划、有组织的活动。软件的质量保证活动和一般的质量保证活动一样,是确保软件产品从诞生到消亡为止的所有阶段的质量的活动,是为了确定、达到和维护需要的软件质量而进行的所有有计划、有系统的管理活动。

对于软件质量保证工作过程基本可遵循如下过程展开。

1. 计划

质量保证人员针对具体项目应首先制定 SQA 计划,确保项目组正确执行过程。

制定 SQA 计划应当注意如下几点:

①有重点:依据企业目标以及项目情况确定质量审计的重点。

②明确质量审计内容:明确审计哪些活动,哪些产品,SQA 小组产生的文档包括哪些。

③明确审计方式:确定怎样进行审计,项目可采用的标准包括哪些等。

④明确审计结果报告的规则:包括错误报告和跟踪的规程,审计的结果报告给谁。

⑤SQA 计划在制定项目计划时确定,由所有相关部门参加评审。

2. 质量保证活动执行

依据质量保证计划开展相应的质量保证活动,质量保证活动主要涉及如下活动。

①标准遵循性评审:SQA 审计包括对软件工作产品、软件工具和设备的审计,评价这几项内容是否符合组织规定的标准。SQA 评审的主要任务是保证软件工程组的活动与预定义的软件过程一致,确保软件过程在软件产品的生产中得到遵循。

②评审各项软件工程活动:对软件工程活动是否符合定义好的软件过程进行核实,软件开发是否按照过程要求执行了相应活动,是否按照过程要求产生了相应产品等,记录、跟踪与过程的偏差。

③审计指定的软件工作产品,对其是否符合事先定义好的需求进行核实。对产品进行评审,识别、记录和跟踪出现的偏差。

④评审记录:确保软件工作及产品中的偏差已记录在案,并根据预定的规程进行处理。

⑤问题跟踪:对审计中发现的问题,要求项目组改进,并跟进直到解决。

3.结果报告

SQA 人员应记录工作的结果,并写入到报告之中,发布给相关的人员。SQA 报告的发布应遵循 3 条基本原则:

①SQA 和高级管理者之间应有直接沟通的渠道。

②SQA 报告必须发布给软件工程组但不必发布给项目管理人员。

③在可能的情况下向关心软件质量的人发布 SQA 报告。

SQA 人员要对工作过程中发现的不符合问题进行处理,及时向有关人员及高级管理者反映。在处理问题的过程中要遵循两个原则:

①对符合标准过程的活动,SQA 人员应该积极地报告活动的进展情况以及这些活动在符合标准方面的效果。

②对不符合标准过程的活动,SQA 要报告其不符合性以及它对产品的影响,同时提出改进建议。

1.3.5 软件质量保证与检验

1.检验在软件质量保证中的作用

为了确保每个开发过程的质量,防止把软件差错传递到下一个过程,必须进行质量检验。检验的目的有两个:一是做好开发阶段的管理,检查各开发阶段的质量保证活动开展得如何;二是预防软件差错给用户造成损失。

质量保证是面向消费者的,从质量保证的角度来讨论检查,应当明确以下几点:

①用户要求的是产品所具有的功能,这是"真质量"。靠质量检验,一般检查的是"真质量"的质量特性。

②能靠质量检验的质量特性,即使全数检验,也只是代表产品的部分质量特性。

③必须在各开发阶段对影响产品质量的因素进行切实的管理,认真检查实施落实情况。只有这样才能使产品达到用户要求,这比单靠检验来保证质量要有效、经济。

④当开发阶段出现异常时,要从质量特性方面进行检验,看是否会给后续阶段带来影响,并判断其好坏程度。从质量保证角度来看,此项工作极其重要。

⑤虽然各开发阶段进展稳定,但由于工程能力不足等,软件产品不能满足用户要求的质

量。这时可通过检验对该产品做出评价,判断是否能向用户提供该产品。

⑥尽管各开发阶段进展稳定,但也要以一定的标准检验产品,使其交付使用后保持稳定的质量水平。同时还要根据产品的质量特性,检查各个过程的管理状态。

因此,检验的目的有两个。其一是切实搞好开发阶段的管理,检查各开发阶段的质量保证活动开展得如何;其二是预先防止软件差错给用户造成损失。

综上所述,检验是质量保证活动的一个重要部分。特别是当工程能力不能满足用户要求的质量时,检验具有能对已完成的软件产品进行适当处理的能力。

2.检验的类型

为了切实做好质量保证,要在软件开发工程的各个阶段实施检验。检验的类型有以下几种。

(1)供货检验

指对委托外单位承担开发作业,而后买进或转让的构成软件产品的部件、规格说明、半成品或产品的检查。

(2)中间检验/阶段评审

在各阶段的中途或向下一阶段移交时进行的检查叫作中间检验或阶段评审。目的是为了判断是否可进入下一阶段进行后续开发工作,避免将差错传播到后续工作中。

(3)验收检验

确认产品是否已达到可以进行"产品检验"的质量要求。

(4)产品检验

交付使用前进行的检查,目的是判定软件是否令用户满意。

若能妥善地管理各开发阶段,工程能力也足以满足计划要求,而且后续阶段及用户没有退货或提出问题,这种情况下可以不进行检验。反之,工程能力不够,经常发生问题且当前无法使实现能力提高,在这种情况下必须进行全面检验。检验虽不能直接提高产品的附加价值,但不检验,就可能产生损失。如果认同这种防止损失于未然的思想,就要从经济的观点考虑,在全面检验、抽样检验和不检验之间做出定夺。

1.3.6 软件质量保证措施

1.应用好的技术方法

质量控制活动要自始至终贯彻于开发过程中,软件开发人员应该依靠适当的技术方法和工具,形成高质量的规格说明和高质量的设计,还要选择合适的软件开发环境来进行软件开发。

2.采用多种软件测试策略

软件测试是质量保证的重要手段,通过测试可以发现软件中大多数潜在的错误。应当采用多种测试策略,设计高效地检测错误的测试用例进行软件测试。但是软件测试并不能保证发现所有的错误。

3.进行正式的技术评审

在软件开发的每个阶段结束时,都要组织正式的技术评审。由技术人员按照规格说明和设计,对软件产品进行严格的评审、审查。多数情况下,审查能有效地发现软件中的缺陷和错误。国家标准要求单位必须采用审查、文档评审、设计评审、审核和测试等具体手段来控制质量。

4.遵循软件质量标准

用户可以根据需要,参照国家标准、国际标准或行业标准,制定软件工程实施的规范。一旦形成软件质量标准,就必须确保遵循它们。在进行技术审查时,应评估软件是否与所制定的标准相一致。

5.严格控制修改变更

在软件开发或维护阶段,对软件的每次变动都有引入错误的危险。例如,修改代码可能引入潜在的错误;修改数据结构可能使软件设计与数据不相符合;修改软件时文档没有准确及时地反映出来等都是维护的副作用。因而必须严格控制软件的修改和变更。

控制变更是通过对变更的正式申请、评价变更的特征和控制变更的影响等直接地提高软件质量。

6.程序正确性证明

测试可以暴露程序中的错误,因此是保证软件可靠性的重要手段;但是,测试只能证明程序中有错误,并不能证明程序中没有错误。因此,对于保证软件可靠性来说,测试是一种不完善的技术,人们自然希望研究出完善的正确性证明技术。一旦研究出实用的正确性证明程序(即能自动证明其他程序的正确性的程序),软件可靠性将更有保证,测试工作量将大大减少。然而即使有了正确性证明程序,软件测试也仍然是需要的,因为程序正确性证明只证明程序功能是正确的,并不能证明程序的动态特性是符合要求的,此外,正确性证明过程本身也可能发生错误。

正确性证明的基本思想是证明程序能完成预定的功能。因此,应该提供对程序功能的严格数学说明,然后根据程序代码证明程序确实能实现它的功能说明。

人工证明程序正确性,对于评价小程序可能有些价值,但是在证明大型软件的正确性时,不仅工作量太大,更主要的是在证明的过程中很容易包含错误,因此是不实用的。为了实用的目的。必须研究能证明程序正确性的自动系统。

目前已经研究出证明 PASCAL 和 LISP 程序正确性的程序系统,正在对这些系统进行评价和改进。现在这些系统还只能对较小的程序进行评价,毫无疑问还需要做许多工作,这样的系统才能实际用于大型程序的正确性证明。

7.记录、保存和报告软件过程信息

在软件开发过程中,要跟踪程序变动对软件质量的影响程度,记录、保存和报告软件过程的信息,从而为软件质量保证收集信息和传播信息。评审、检查、控制变更、测试和其他软件质量保证活动的结果必须记录、报告给开发人员,并保存为项目历史记录的一部分。

只有在软件开发的全过程中始终重视软件质量问题,采取正确的质量保证措施,才能开发出满足用户需求的高质量的软件。

第2章　软件质量标准

2.1　软件质量标准概述

2.1.1　标准的五个级别

根据软件工程标准制定的机构和标准适用的范围,可将其分为 5 个级别,即国际标准、国家标准、行业标准、企业(机构)规范及项目规范。很多标准的原始状态可能是项目标准或企业标准,但随着行业的发展与推进,它的权威性可能促使它发展成为行业、国家或国际标准,因此这里所说的层次也具有一定的相对性。

1.国际标准

国际标准,是指由国际机构制定和公布供各国参考的标准。

例如,国际标准化组织(International Standards Organization,ISO)具有广泛的代表性和权威性,它所公布的标准也具有国际影响力。20 世纪 60 年代初,ISO 建立了"计算机与信息处理技术委员会"——ISO/TC97,即是专门负责与计算机有关的标准化工作。ISO 制定的标准一般标有 ISO 字样,如 ISO 10013:1995 质量手册编写指南。

2.国家标准

国家标准,是指由政府或国家级的机构制定或批准,适用于本国范围的标准。

例如,中华人民共和国国家技术监督局,它是我国的最高标准化机构,所公布实施的标准简称为"国标"(GB);美国国家标准协会(American National Standards Institute,ANSI)是美国民间标准化组织的领导机构,在美国甚至全球都具有一定权威性,它所公布的标准都冠有 ANSI 字样;美国商务部国家标准局联邦信息处理标准[Federal Information Processing Standards(National Bureau of Standards),FIPS(NBS)],它所公布的标准均冠有 FIPS 字样,如:1987 年发表的 FIPS PUB 132—87 Guideline for validation and verification plan of computer software 软件确认与验证计划指南;其他的组织还有(British Standard,BS)英国国家标准;日本工业标准(Japanese Industrial Standard,JIS)。

3.行业标准

行业标准,是指由一些行业机构、学术团体或国防机构制定,并适用于某个业务领域的标准。

例如,电气和电子工程师学会(Institute of Electrical and Electronics Engineers,IEEE)专门成立了软件标准技术委员会(SESS),积极开展了软件标准化活动,取得了显著成果,受到了软件界的关注。IEEE 通过的标准要报请 ANSI 审批,使其具有国家标准的性质。因此,我们看到 IEEE 公布的标准会有 ANSI 字样。例如,ANSI/IEEE Str 828-1983 软件配置管理计划标准。

又如,中华人民共和国国家军用标准(GJB)是由我国国防科学技术工业委员会批准,适合于国防部门和军队使用的标准。例如,1988 年发布实施的 GJB473－88 军用软件开发规范。

其他的还有如,美国军用标准(Military-Standards,MIL-S);美国国防部标准(Department of Defense-Standards,DOD-STD)。

另外,我国的一些经济部门(如信息产业部、经贸委等)也开展了软件标准化工作,制定和公布了一些适应于本部门工作需要的规范。当然,在制定这些规范的时候大都参考了国际标准或国家标准,对各自行业所属企业的软件工程上作起了强有力的推动作用。

4.企业规范

一些大型企业或公司,由于软件工程工作的需要,制定适用于本部门的规范。如美国 IBM 公司通用产品部 1984 年制定《程序设计开发指南》。

5.项目规范

项目规范是为一些科研生产项目需要而由组织制定一些具体项目的操作规范,此种规范制定的目标很明确,即为该项任务专用。例如,计算机集成制造系统(CIMS)的软件工程规范。当然,项目规范虽然最初的适用范围小,但如果它能成功的指导一个项目的成功的运作并重复使用,也有可能就发展成为行业的规范或标准。

2.1.2　标准之间的联系

上述这些标准之间并不是完全独立的体系,相互之间都存在一些联系与历史渊源。下面列举几处。

1.ISO 9001 和 CMM

CMM 和 ISO9001 都以全面质量管理为理论基础,二者均针对过程进行描述,但它们的设计思路不同,属于两个不同的体系。ISO 9001 适用于所有专业领域的一种质量保证模式。但对于软件组织来说,尽管加上了 ISO9000－3 作为实施指南,留给审核员做解释的回旋余地仍然相当大。就软件能力评定而言,通过了 ISO 9001 认证的组织机构之间的软件能力可能会有很大差别。

CMM 也是一种模型,因此也是对共性特征的描述。但是,区别于适用于所有制造和服务业的"泛用"模型 ISO9001,CMM 则是专门针对软件行业设计的描述软件过程能力的模型,是"专用"模型。事实上,考虑到按 ISO 9001 对软件组织进行认证审核时存在较大的不确定性,在设计 CMM 时则尽量缩小审核员解释的回旋余地,因此不仅对每个关键过程给出了明确的目标和体现这些目标的各个关键惯例,而且对各个关键惯例都给出了明确的定义和详细的说明,以便按 CMM 进行评估时具有较好的一致性和可靠性。

ISO 9001 与 CMM 在内容上彼此没有完全覆盖。ISO 9001 涉及软件质量标准的内容大约有 5 页,ISO 9000－3 大约 43 页,而 CMM 长达 500 多页。这两份文件间的最大差别在于,CMM 强调的是持续的过程改进——通过评估,可以给出一幅描述企业实际综合软件过程能力的"业绩轮廓";而 ISO 9001 涉及的是质量体系的最低可接受标准,其审核结果只有两个:达到或"修正"后达到就可以"通过",没有达到就"不通过"。

2. 由 CMM 到 CMMI

卡内基－梅隆大学软件工程研究所(SEI)于 1987 年为支持美国国防部对软件承包商的能力进行客观评价,提出了关于软件的《能力成熟度模型框架》,在 1991～1993 年发表《软件能力成熟度模型》即 SW－CMM 1.0 版和 SW－CMM 1.1 版。SEI 在 1999～2000 年发表了《系统工程和软件工程综合能力成熟度模型》(CMMI—SE/SW)0.2 版和 CMMI—SE/SW 1.0 版以及《系统工程、软件工程和集成产品与过程开发的综合能力成熟度模型》即 CMMI－SE/SW/IPPD 1.1 版。CMMI 其实就是 SW－CMM 的修订本。依据 SEI 最初的计划,1998 年发表 SW－CMM 的 2.0 版。但由于软件过程评估(Software Process Assessment,SPA)国际标准项目的发展,美国国防部下令暂停推进到 SW－CMM 2.0 版,以便统一并吸收 SPA 的长处,CMMI 就是在这样的条件下产生的。CMMI 兼收了 SW－CMM 2.0 版 C 稿草案和 SPA 中更合理、更科学和更周密的优点。在发表 CMMI—SE/SW V1.0 时,SEI 宣布大约用两年的时间完成从 CMM 到 CMMI 的过渡。

CMM 等级评估开始是在美国国防项目承包商范围内开始试行的。SW－CMM V1.0 发表之后,美国国防部合同审查委员会提出,发包单位可以在招投标程序中规定"投标方要接受基于 CMM 的评估"的条款,发包单位将把评估结果作为选择承包方的重要因素之一。

经一段时间等级评估的运行,CMM 评估对软件过程改进确有明显的促进作用,这使 SEI 看到了 CMM 评估的巨大商业前景,故 1990 年后,SEI 将基于 CMM 的评估作为商业行为推向市场。

3. CMMI 和 TR15504

由于 CMM2.0 在等 ISO/IEC 的 SPA 完成后,吸取其优点以便使自身得到更有效的完善而迟迟未发布。与此同时,在 SW－CMM 思路的启发下,ISO/IEC JTC1 于 1991 年启动了关于软件过程评估(SPA)的国际标准化项目,在 1995 年发布了 ISO/IECTR 15504《软件过程评估》。向世界软件界推荐软件工程实践方法,并期望在世界范围内确保软件过程评估结果具有一定的可比性,这样可以使评估师对软件过程的评估有统一的判断基础。ISO/IEC TR 15504 与 CMMI 的连续表示形式相似。这样做的原因是由于 SEI 在制定 CMMI 时,美国国防部要求 CMMI 要与 ISO/IEC 15504 取得一致,制定 CMMI 的人员同时又作为该国际标准项目工作组的专家参与了 TR 15504 的制定工作。1995 年 ISO/IEC 发布 TR 15504 后,SEI 在开发 CMMI 中除了沿用成熟度等级的方式(即 CMMI 的分阶段表示形式)外,还吸取 TR 15504 的特点,增加了与 15504 类似的 CMMI 的连续表示形式。

2.2　ISO 软件质量标准体系

2.2.1　2000 版 ISO 9000 标准的组成

ISO(International Organization for Standardization,国际标准化组织)是世界上最大的国际标准化组织,ISO 制定出来的国际标准除了有规范的名称之外,还有编号,编号的格式是:ISO＋标准号＋[杠＋分标准号]＋冒号＋发布年号(方括号中的内容可有可无),其中,

ISO9001 是应用于软件工程的质量保证标准。这一标准中包含了高效的质量保证系统必须体现的 20 条需求。因为 ISO9001 标准适用于所有的工程行业,因此,为帮助解释该标准在软件过程中的使用而专门开发了一个 ISO 指南的子集 ISO9000-3。ISO9001 描述的需求涉及管理责任、质量系统、合约评审、设计控制、文档和数据控制、产品标识和跟踪、过程和控制、审查和测试、纠正和预防性动作、质量控制记录、内部质量审计、培训、服务以及统计技术的主题。

2000 年 12 月 15 日,ISO 正式发布了 2000 版 ISO9000 族标准。2001 年 6 月 1 日起,2000 版的 ISO9000 族标准将全面替代已实行多年的 1994 版标准。国家质量技术监督局已将 2000 版 ISO9000 族标准等同采用为中国的国家标准。

1. 2000 版 ISO9000 族标准的文件结构

(1)4 个核心标准

①ISO9000:2000 基本原理和术语。

②ISO9001:2000 质量管理体系-要求。

③ISO9004:2000 质量管理体系-业绩改进指南。

④ISO19011 质量和环境管理审核指南。

⑤ISO10012《测量设备的质量保证要求》。

(2)技术报告若干

现已列入计划的有:

①ISO/TR10006 项目管理指南。

②ISO/TR10007 技术状态管理指南。

③ISO/TR10013 质量管理体系文件指南。

④ISO/TR10014 质量经济性指南。

⑤ISO/TR10015 教育和培训指南。

⑥ISO/TR10017 统计技术在 ISO9001 中的应用指南。

(3)小册子若干

现已列入计划的有:

①质量管理原理。

②选择和使用指南。

③ISO9001 在小型企业中的应用指南。

2. 核心标准的具体内容

(1)ISO 9000

该标准表述了 ISO 9000 族标准中质量管理体系的基础知识,并确定了相关的术语。该标准取代了 ISO 8402:1994 和 ISO 9000-1:1994 的一部分。

该标准首先明确了质量管理的八项原则是组织改进其业绩的框架,能帮助组织获得持续成功,也是 ISO 9000 族质量管理体系标准的基础。标准还表述了建立和运行质量管理体系应遵循的 12 个方面的质量管理体系基础知识。

同时该标准给出了有关质量的术语共 80 个词条,分成 10 个部分,并用较通俗的语言阐明了质量管理领域所用术语的概念。在提示的附录中,用概念图表达了每一部分概念中各术语的相互关系,帮助使用者形象地理解相关术语之间的关系,系统地掌握其内涵。其基本模型如图 2-1 所示。

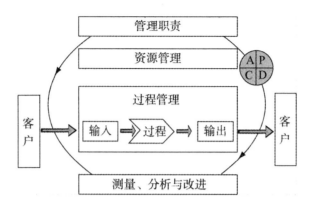

图 2-1 ISO 9000:2000 基本模型

（2）ISO 9001

标准规定了对质量管理体系的要求,供组织需要证实其具有稳定地提供顾客要求和适用法律法规要求产品的能力时应用,组织可通过体系的有效应用,包括持续改进体系的过程及确保符合顾客与适用法规的要求,增强顾客满意。

该标准取代了 1994 版 ISO 9001、ISO 9002、ISO 9003 三个质量保证模式标准,成为用于审核和第三方认证的唯一标准。它可用于内部和外部（第二方或第三方）评价组织,并提供满足组织自身要求和顾客、法律法规要求的产品的能力。由于组织及其产品的特点对此标准的某些条款不适用,可以考虑对不影响组织提供满足顾客和适用法律法规要求的产品的能力或责任的要求,否则不能声称符合此标准。

与 1994 版标准相比,标准的名称发生了变化,不再有"质量保证"一词。这反映了标准规定的质量管理体系要求除了产品质量保证之外,还旨在增强顾客满意。

标准应用了以过程为基础的质量管理体系模式的结构,鼓励组织在建立、实施和改进质量管理体系及提高其有效性时,采用过程方法,通过满足顾客要求增强顾客满意。过程方法的优点是对质量管理体系中诸多单个过程之间的联系及过程的组合和相互作用进行连续的控制,以达到质量管理体系的持续改进。

（3）ISO 9004

该标准以八项质量管理体系原则为基础,帮助组织用有效和高效的方式识别并满足顾客和其他相关方的需求和期望,实现、保持和改进组织的整体业绩,从而使组织获得成功。

该标准提供了超出 ISO 9001 的实施指南,标准强调一个组织质量管理体系的设计和实施受各种需求、具体目标、所提供的产品、所采用的过程及组织的规模和结构的影响,无意统一质量管理体系的结构或文件。

标准也应用了以过程为基础的质量管理体系模式的结构,鼓励组织在建立、实施和改进质量管理体系及提高其有效性和效率时,采用过程方法,以便通过满足相关方要求来提高对相关方的满意程度。

标准还给出了自我评价和持续改进过程的示例,用于帮助组织寻找改进的机会;通过 5 个等级来评价组织质量管理体系的成熟程度;通过给出的持续改进方法,提高组织的业绩并使相关方受益。

(4)ISO 19011

标准合并了 1994 版 ISO 10011－1《质量体系审核指南——第一部分:审核》、ISO 10011－2《质量体系审核指南——第二部分:质量体系审核员的评定准则》、ISO 10011－3《质量体系审核指南——第三部分:审核工作管理》三个分标准,并取代了 1996 版的 ISO 14010《环境审核指南通用原则》、ISO 14011《环境审核指南——审核程序环境管理体系审核》和 ISO 14012《环境审核指南环境审核员资格要求》。遵循"不同管理体系可以有共同管理和审核方案的原则"。为环境和质量管理体系审核的实施以及对环境和质量管理体系审核员的资格要求提供了指南。它适用于所有运行质量和/或环境管理体系的组织,指导其内审和外审的管理工作。

该标准在术语和内容方面,兼容了质量管理体系和环境管理体系的特点。在对审核员的基本能力及审核方案的管理中,均增加了了解及确定法律和法规的要求。

2.2.2   ISO 9000－3

ISO 9000－3 是计算机软件机构实施 ISO 9001 的指南性标准。由于 ISO 9000 族标准主要是针对传统的制造业制订的,不少软件企业的技术人员和管理人员觉得 ISO 9001 标准中质量体系要素的要求和软件工程项目有距离。ISO 9000－3 这个实施指南起到了桥梁作用。它的指南性主要表现在:①从软件的角度对 ISO 9001 的内容给出了具体的说明和解释;②指南性的标准不是认证审核的依据,依据仍是 ISO 9001 的各质量体系要素的实施情况。

1.ISO 9000－3 的要点

(1)ISO 9000－3 标准不适用于面向多数用户销售的程序包软件,仅适用于依照合同进行的单独的订货开发软件

也就是说,ISO 9000－3 是用于按照双边合同进行的软件开发的过程中,需方彻底要求供方进行质量保证活动的标准。ISO 9000－3 也是用户企业的系统部门在建立质量保证系统时的指南。如果将使用部门看作是需方,将系统部门看作是供方,则可以将这两者之间的关系视为在企业内部以"双边合同"形式进行软件开发的事例。

(2)ISO 9000－3 标准对供需双方领导的责任都做了明确的规定,并没有单纯地把义务全部加在供方身上

标准要求需方设置"代表",作为与供方联系的窗口。当委托软件厂家开发软件的需求方为客户企业时,需方"代表"通常是该企业系统部门的人员。需方应当收集使用部门的意见,并归纳成为需方的要求,清楚地传达给供方。需方代表只有负责地明确所要求的技术条件,才可能避免供方提出实施质量保证体系的要求,需方代表还应当承担责任,诸如敲定需方对供方的要求;回答来自供方的问题;批准供方的提案;与供方缔结协议;保证需方组织机构监督与供方签订协议的执行,确定接收标准和程序;处理需方提供的不合用的软件。

(3)在包括合同在内的全部工序中进行审查,并彻底文档化

具体来说,就是由需方与供方一起进行核查,找出含混不清的部分和问题,以便能及早消除将会产生麻烦的根源。核查的结果,都应以文件的方式体现出来。这样,文件就成为质量保证体系实施的"证据"。主要核查对象包括:软件产品对需方规范的符合性;验证结果;接收测

试结果。

在形成文件时不是仅仅将问题列述出来,而是将当时所确认的内容全部记录在案。双方达成默契而不形成文件是不够的。由于这样做的结果为文件数量会很庞大,为了对这些文件进行保存、管理,在必要时调出来使用,必须用计算机来实施。避免文件管理费工费时,成为整个开发作业的"瓶颈"。

所形成的文件,有可能成为提交给需方的质量活动报告,也将是供方通过 ISO 9000－3 标准认证审查时不可缺少的证据。

(4)在 ISO 9000－3 中,最重要的是质量保证"体系"

ISO 9000－3 是指南性的标准,叙述了需方与供方应如何合作进行有组织的质量保证活动才能制作出完美的软件,规定了从合同到设计、制作以至维护的整个生存期的全过程中应实施的质量保证活动;而没有规定具体的质量管理和测试等的方法和程序。其要点主要有:

①强调软件质量保证体系是贯穿整个生存期的集成化过程体系,而不仅仅体现在最后产品验收时。

②强调防患于未然而不是事后纠正。

③更加强调质量体系的文件化。

④强调对每一项软件开发都按计划开展质量活动并且确保相关组织机构的了解和监督。

其核心是"将质量制作入产品之中"。众所周知,在程序编制完成之后,不论再进行什么样的严格测试以消除缺陷,都已经为时已晚,而且从目前情况来看,软件由于初始的规格缺陷而发生大问题的事例并不少见。因此,必须建立质量保证体系,以避免发生上述问题。ISO 9000－3 要求需方与供方双方首先整顿自己的组织体制;在实际进行软件开发方面,明确双方达成协议的事项和责任范围,对每道工序均进行检查并形成文件,就可以保证将质量制作入产品之中。

(5)供方应实施内部质量审核制度

具体可分为以下几方面内容:

①要求供方为了进行质量保证活动而整顿其组织机构,设置质量保证管理负责人,建立程序与工序等明确的质量体系,并编制将程序与工序等形成文件的"质量手册(质量保证规定)"。

②在企业内部必须建立可以监督质量体系的体制。当认证制度正式实施以后,这一内部质量体系的监督,将会成为认证的重要内容。

③对于每一个软件的开发活动,均应编制"质量计划",以实施基于质量体系的质量保证活动,并形成相应的文件。

④ISO 9000－3 中含有与 TQC(全面质量管理)相似的东西,但也有区别。TQC 的关键词是"协同作业",而 ISO 9000－3 则是"权限与责任"。就是说,TQC 重视的是生产现场的自主性,而 ISO 9000－3 则要求在领导层的指导下,以保持业务的一贯性为目的而开展质量保证活动。

⑤ISO 9000－3 标准与具体的开发模式无关,它将软件全过程工序从管理角度、合同角度、工程角度分为三大类,列出适用于三大类的通用过程——文件化等的支援过程,以及过程的开发评估等。

⑥ISO 9000－3 规定的是用以建立质量保证体系的"应做事项"的框架,其中并未规定具

体的实施程序或文件格式等,就连质量的定义也未作出规定。

因此,在执行 ISO 9000－3 时,必须引用其他的有关标准才能展开质量保证活动。

2.ISO 9000－3 质量体系要素

ISO 9000－3 针对 20 个质量体系要素,在软件企业中实施做出了解释,并且与 ISO 9001 标准的文本描述是完全对应的。

(1)管理职责

①组织制定机构的质量方针、质量目标和质量承诺,要求机构内各级人员理解质量方针,并贯彻执行。

②对所有与质量相关的管理人员、执行人员和验证人员规定职责、权限和相互关系,为相关活动提供充分的资源支持,委派专人负责按标准建立、实施和保持质量体系。

③负责定期组织机构内的管理评审,审查质量体系是否满足标准及企业需要,是否持续有效。

(2)质量体系

①建立质量体系,形成文件并加以维护。编制质量手册,明确质量方针、目标、组织结构等各个方面,以及质量体系文件概要;确定质量手册的管理(制定、修改、批准和控制)。

②编制相应的程序文件,并加以贯彻实施。

③质量策划与对质量计划的要求。质量策划:确定质量以及采用质量体系要素的目标和要求的活动(构思和安排);质量计划:针对特定产品、项目或合同,规定专门的质量措施、资源和活动顺序的文(具体实施)。对新产品、新项目或新合同应制定质量计划。

(3)合同评审

①在合同签订之前,应对合同、标书或订单进行全面评审,"保证其中的条款能够接受自也有能力满足。

②对上述工作程序建立文件定义,并贯彻执行;评审参与组织及其职责、活动;评审结论及其管理;合同修订及其管理。

(4)设计控制

在产品设计方面进行质量控制,并保持稳定、制度化,包括:设计和开发的策划;组织上的接口和技术上的接口;设计输入,确定对设计输入的要求;设计输出,确定对设计输出的要求;设计评审;设计验证;设计确认;设计更改。

①设计和开发的策划。开发策划包括:确定需求分析、设计、编码、集成、测试、安装和支持软件产品验收等各项活动,并按开发计划的方式形成文件。

开发策划宜涉及下列事项:项目定义、项目输入与输出、项目资源的组织、组织接口和技术接口、进度安排、使用工具、技术、配置管理、病毒防护等方面。制定开发计划,并标明相关计划(质量计划、风险管理计划、配置管理计划、集成计划、测试计划、安装计划、移交计划、培训计划维护计划、重用计划)。

开发计划主要包括:确定项目如何管理、要求的进度评审,并考虑合同的要求,规定提交管理者、顾客和其他有关各方的报告类型和频次。

开发计划和有关计划可以是一份独立文件,或是另一文件的部分或由若干文件组成。

②组织和技术接口。清晰规定软件产品各部分的职责范围和在各部门之间传递技术信息

的方式,可以要求分承包方提交开发计划,以供评审。

确定接口时,要仔细考虑在顾客和供方之外需参与设计、安装、维护和培训活动的各方,以保证得到适当的能力和培训,达到承诺的服务水平。

明确按合同规定顾客可能有某些职责,并解决有关的事项。

进行供方和顾客同时参与的联合评审,定期安排或在发生重大项目事件时进行。联合评审要覆盖下述方面:供方软件开发的进展、顾客同意承担活动的进展、开发的产品是否符合需求规格说明、开发中涉及系统最终用户的活动的进展、验证结果、验收测试结果等。

③设计输入(需求规格说明书)。需求规格说明最好由顾客提供,也可以由供方提供。

需建立制定规格说明的形成文件的程序,包括商定需求和授权更改的方法、对原型或演示的评价方法、记录和审查双方讨论的结果、明确定义术语、解释需求背景等。要取得顾客对需求规格说明的认可。

可以采用交谈、调查、研究、提供原型、演示和分析等方法制定需求规格说明。

需求规格说明在接受时可以是不完全明确的,在项目进行期间可以继续制定;也可以修订合同,对其进行更改,但最好应加以控制。需求最好用产品验收时能确认的形式来表达。

④设计输出。要求的设计输出最好按照选定的方法予以确定,并形成文件。这种文件应是正确、完整和符合需求的。设计输出可以包括:体系结构设计规格说明、详细设计规格说明、源代码、用户指南。

⑤设计评审。供方应对所有软件开发项目的评审过程做出计划,并加以实施。评审活动的正式程度和严格程度,应与产品复杂性及软件产品规定用途关联的风险程度相适应。

应形成处理这些活动期间发现的过程缺陷和产品缺陷或不合格事项的程序文件。设计评审中最好考虑设计活动的内在因素,如可行性、安全性、编程规划和可测试性。评审结果以及为确保规定要求所需的进一步活动,最好予以记录,并检查。建议只有当所有已知缺陷都得到满意的解决,或继续进行的风险已知时,才继续进行下一步设计活动。

⑥设计验证。建议在开发过程中,适当地进行设计验证,可以包含设计输出评审,也可以针对其他开发活动的输出进行。按照质量计划或程序文件制定验证活动计划,实施设计验证。对验证结果和为满足规定要求所需的进一步活动,最好予以记录并检查。建议对任何发现的问题都要予以充分论述并解决。只有经验证的设计输出才能提交验收和后续使用。

⑦设计确认。在产品提交顾客验收之前,供方最好按规定的预期用途,确认该产品,可以进行多次确认。对确认的结果和需要进一步采取的措施,建议予以记录,并且在措施完成时检查。

⑧设计更改。供方应建立和维持用于控制实施任何设计更改的程序,其目的是为了:对更改形成文件证明更改是正确的,评价更改的后果,批准或不批准更改,实施并验收更改。

(5)文件和资料的控制

①应建立并保持形成文件的程序,包括下述两方面文件:对于本标准相关的所有文件和资料;外来的原始文件等,如:标准、参考材料、顾客提供的样本等。

②文件和资料的批准与发布管理(审批适用性)程序,防止使用失效或作废的文件。

③文件和资料更改(审批更改)程序,保证文件和资料适用、系统、协调和完整。

（6）采购

确保采购的产品符合规定要求,包括:对分承包方的评价;对采购文件的要求(包括的详细信息要求及审批);对采购产品的检验。

（7）顾客提供产品的控制

对顾客提供的产品,建立并保持储存和维护的控制程序,并形成文件。产品包括:顾客提供的供应品或有关活动。若出现损坏、不适用等情况,应予以记录并通告顾客。

（8）产品标识和可追溯性

在接受和生产、交付及安装的各阶段对产品以适当的方式进行标识。这种标识应有唯一性和可追溯性。对成品与半成品均需管理,防止产品在加工过程中出现混乱。

（9）过程控制

对直接影响产品质量的生产、安装和服务过程进行有效控制,制定程序并形成文件(制度化),控制对象可以是过程本身,也可以是与过程相关的方法、设备、材料、环境以至人员等。对影响过程质量的所有因素,包括工艺参数、人员、设备、材料、加工和测试方法、环境等加以控制。具体规定操作方法、使用设备、工具和技术等要求。

（10）检验和试验

为了使产品满足规定的要求,应建立并保持进行检验和试验活动的程序,并形成文件,包括:进货的检验和试验、过程的检验和试验、最终检验和试验、对检验和试验记录的要求。

（11）检验、测量和试验设备的控制

对用于证实产品符合要求的检验、测量和试验设备建立并保持控制、校准和维修的程序并形成文件。确认测量任务及所要求的精度,选择合适的设备。应规定检验、测量和试验设备的采购、验收、定期校验、故障维修等控制程序。对上述校验、维修等记录需进行管理。

（12）检验和试验状态

对产品的不同状态,如未检、已检合格、已检不合格等,应严格区分,防止不合格的材料、半成品、部件混入或误用,并应明确标识。

（13）不合格品的控制

建立和保持对不合格品的控制程序,并形成文件,包括对不合格品的标识、记录、评审、隔离和处置等。

（14）纠正和预防措施

①为消除实际已出现的不合格品,及其产生根源,应建立并保持相应控制程序,并形成文件。

②纠正措施:有效处理顾客意见和产品不合格报告;调查与产品、过程和质量体系有关的不合格产生原因,并记录调查结果;确定消除不合格根源所需的纠正措施,并保证其执行与有效性。

③预防措施:利用适当信息源,已发现、分析并消除不合格的潜在因素;确保所采取措施的信息提交管理评审。

（15）搬运、储存、包装、防护和交付

①应建立搬运、储存、包装、防护和交付的控制程序,并形成文件。

②提供防止产品损坏或变质的搬运方法。

③使用指定的储存场地,规定接收和发放的管理方法。

④对装箱、包装和标志过程(包括材料)等进行必要的控制。采取适当的隔离和防护措施。

⑤上述保护在合同要求下,应可以延续到交付的目的地。

(16)质量记录控制

应建立并保持对质量记录的标识、收集、编目、查阅、归档、储存、保管和处理的程序,并形成文件。

(17)内部质量审核

为验证质量活动和有关结果是否符合计划安排,并确定质量体系的有效性,应对内部质量审核工作建立和保持程序,并形成文件。

(18)培训

对所有与质量相关的人员进行培训,明确培训要求并建立程序。在确定培训需求时,要考虑:软件产品开发和管理工具、技术、方法;特定领域知识和技能。

(19)服务

在规定由服务要求的情况下,应建立并保持有关服务的实验、验证和报告的程序,并形成文件。一般的顾客支持在 ISO 9000-2 中描述。软件产品维护通常分为以下几类:问题解决、接口修改、功能扩展或性能改进。如果顾客要求在初始较符合安装之后,对软件产品进行维护,建议在合同中加以规定。建议供方建立并维护形成文件的程序实施维护活动,并且验证这些活动符合规定维护要求。维护活动也可以是对开发环境、工具和文档的维护。应在合同中说明需维护的软件和维护期限。所有维护活动应按照供方和顾客事先确定并协商一致的维护计划或规程实施和管理。对维护活动应加以记录并保存。供方和顾客协商建立维护报告提交规则。

(20)统计技术

建立并保持为分析过程能力和产品特性所采用的若干统计技术的实施程序,并形成文件。

2.2.3 获得 ISO 9000 认证的条件和程序

1.获得 ISO 9000 认证的条件

一般说来,获得 ISO 9000 认证需要满足以下条件:

①建立了符合 ISO 9001:2000 标准要求的文档化的质量管理体系。

②质量管理体系至少已运行 3 个月以上,并被审核判定为有效。

③外部审核前至少完成一次或一次以上全面有效的内部审核,并可提供有效的证据。

④外部审核前至少完成了一次或者一次以上有效的管理评审,并可提供有效的证据。

⑤体系保持持续有效,并同意接受认证机构每年一次的年审和每 3 年一次的复审,作为对体系是否得到有效保持的监督。

⑥承诺对认证证书及认可标志的使用符合认证机构和认可机构的有关规定。

2.ISO 9000 认证的程序

(1)预评审

若组织需要,认证机构在对组织进行正式的初次审核之前,可以应组织的要求对组织实施预评审,以确保组织质量管理体系的适宜性、充分性和有效性,使组织顺利通过认证。

(2)初次审核

即对组织的认证注册审核。通常按以下步骤进行:文件审核,即对组织的质量管理体系文件的适宜性和充分性进行审核,重点是评价组织的体系文件与 ISO 9001:2000 标准的符合情况;现场审核,即通过观察、面谈等多种形式对组织实施和保持质量管理体系的有效性进行审核,审核过程将严格覆盖标准的全部要求,审核天数按规定执行。

(3)年审

认证机构每年将对获得认证的组织进行审核。年审通常只对标准的部分要求进行抽样审核。

(4)复审

认证机构每 3 年对组织进行一次复审。复审将覆盖标准的全部要求,复审合格后换发新证。

2.3　软件能力成熟度模型 CMM

2.3.1　CMM 的主要用途

CMM 是开发高效率、高质量和低成本软件时普遍采用的软件生产过程标准。它包括以下几个方面的主要用途。

(1)软件过程评估(Software Process Assessment,SPA)

在评估中,经过培训的软件专业人员确定出一个企业软件过程的状况,找出该企业所面对的与软件过程有关的、急需解决的所有问题,以便取得企业领导层对软件过程改进的支持。

(2)软件过程改进(Software Process Improvement,SPI)

它帮助软件企业对其软件过程向更好的方向转变,并进行计划、制定以及实施。

(3)软件能力评价(Software Capability Evaluation,SCE)

在软件能力评价中,经过培训的专业人员需要鉴别出软件企业的能力及资格,并检查、监察正在用于软件制作的软件过程的状况。

由于 CMM 描述了一条从无序混乱的过程到成熟有序的软件过程的进化途径,因此可用来指导软件组织以渐进的方式改进其软件开发与维护过程,不断提高软件过程的成熟度。同时,因其描述了一组通用的评判软件组织过程能力成熟水平的准则,因而可帮助政府或商业组织正确评价与某公司签订软件项目合同时的风险。

目前,CMM 认证已经成为世界公认的软件产品进入国际市场的通行证。为推动我国软件产业的发展,促进软件企业向正规化和国际化迈进,应进一步引入和推广 CMM 认证。

2.3.2　CMM 的质量思想和成熟度等级

1. CMM 的质量思想

软件能力成熟度模型(CMM)为软件过程的改进提供了一个框架,将整个软件改进过程分为 5 个成熟度等级,这 5 个等级定义了一个有序的尺度,用来衡量组织软件过程成熟度和评价其软件过程能力。

软件能力成熟度是指一个特定过程被明确定义、管理、测量、控制,同时是有效的程度。成熟度意味着能力上的增长能力并表明一个组织软件过程的丰富性和在项目中运用它时的一致性。通常情况下,在一个成熟的组织中,通过文档和培训使全组织有关人员对软件过程有很好的了解,使该过程得到其用户不断的监控和改进。如图2-2所示为过程能力与成熟度的关系。

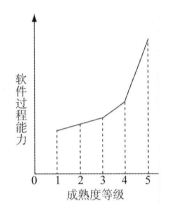

图 2-2 过程能力与成熟度关系

每一个成熟度等级为软件过程改进提供一个平台,包含了一组过程目标,当目标满足时,能使软件过程的一个重要成分稳定。每达到一个新的成熟度等级,就意味着软件过程的不同成分的建立,导致组织过程能力的增长,如表2-1所示。

表 2-1 CMM 级别的特点和关键域

等	级	特 征	主要需解决的问题	关键域	结果
5	优化级	经反馈得以改进的过程,系统地引导新理念及技术的反馈,从而不断改进软件过程	保持优化的机构	过程更改管理,技术改革管理,缺陷预防	
4	已管理级	(量化的)已管理的过程,定义了评估软件过程和产品质量的度量。利用此度量对软件过程和产品做出推断和控制	技术变更、问题分析、问题预防	软件质量管理,定量过程管理	
3	已定义级	(量化的)已定义且制度化的过程,软件过程的管理和实行方法都已文档化、标准化,使开发商有一个开发过程的标准。即所有项目都可以依照标准来开发和维护软件	过程度量、过程分析量化质量计划	同行评审,组间协调,软件产品工程,集成软件管理,培训大纲,组织过程定义,组织过程集点	生产率和质量
2	可重复级	(直觉的)实施基本的项目管理:跟踪软件成本、进度和功能。依照以往项目成功的经验来建立基本的过程规则,使得其他相似项目能重复以往的成功	培训、测试、技术常规和评审过程关注、标准和过程	软件配置管理,软件质量保证,软件子合同管理,软件项目跟踪和监督,软件项目策划,需求管理	风险
1	初始级	个别的、混乱的过程,是一个无序的过程,很少有明确的定义,成功完全依赖于个体的能力	项目管理、项目策划、配置管理软件质量保证	无	

2.CMM 的成熟度等级

（1）初始级

在初始级，软件机构的软件过程是没有规律的，有时甚至是混乱的，没有真正确定的软件过程。软件机构不能为软件产品的开发和维护提供一个稳定的环境，即没有一个定型的过程模型。在这些缺乏健全管理实践的软件机构中，以前软件工程实践得到的经验会因无效的策划和组织体系而无法对当前的项目运作产生应有的效果。

在项目进行过程中，通常没有依照所规划的程序，时常因时间紧迫而把力量集中在编码和测试上，项目的成功与否完全依赖于是否有一个杰出的项目负责人和一支有经验、有能力的软件开发队伍，偶尔会有能力超群的项目负责人出现，顶住各方压力，排除各种困难，走出一条捷径而取得成功，但当他们离开项目后，种种问题将随之而来，使软件机构的软件过程表现出由于缺乏健全的管理实践所造成的极度不稳定性。

（2）可重复级

在可重复级，软件开发组织建立了基本的项目管理过程，包括软件项目管理方针和工作程序，可用于跟踪成本、进度、功能和质量。对新项目的策划和管理过程可以重用以前类似软件项目的实践经验，使得有类似应用经验的软件项目能够再次取得成功。达到等级 2 的一个目标是使项目管理过程稳定，这样可以使得软件开发组织能重复以前成功项目中所进行的软件项目工程实践。

处于等级 2 的软件开发组织的过程能力可概括为"有纪律的"，因为软件项目的策划和跟踪是稳定的，能重复以前的成功。由于遵循切实可行的计划，因而软件项目处于项目管理体制的有效控制之下。

（3）已定义级

在已定义级，已将管理和工程活动两方面的软件过程文档化、标准化，并综合成该机构的标准软件过程。软件开发组织形成了管理软件开发和维护活动的组织标准软件过程，包括软件工程过程和软件管理过程。项目依据标准定义自己的软件过程进行管理和控制。

处于等级 3 的软件开发组织的过程能力可概括为"标准的和一致的"。因为无论软件工程活动还是管理活动，过程都是稳定的且可重复的。在所建立的产品生产线内，成本、进度和功能性均受控制，对软件质量也能进行跟踪。这种过程能力建立在整个组织范围内对已定义的软件过程中的活动、角色和职责的共同理解的基础之上。

（4）已管理级

在已管理级，软件开发组织对软件过程和软件产品建立了定量的质量目标，所有项目的重要的过程活动都是可度量的。该软件开发组织收集了过程度量和产品度量的方法并加以运用，可以定量地了解和控制软件过程和软件产品，并为评定项目的过程质量和产品质量奠定了基础。

处于等级 4 的软件开发组织的过程能力可概括为"可预测的"。因为过程是可评价的并能控制在可接受的变化范围内运行。该等级的过程能力使软件开发组织能在定量限制的范围内预测过程和产品质量方面的趋势。当超过限制范围时，能采取措施予以纠正，使软件产品具有定量可预测的高质量。

（5）优化级

在优化级，通过对来自过程、新概念和新技术等方面的各种有用信息的定量分析，能够不断地、持续地对过程进行改进。此时，该软件开发组织是一个以防止缺陷出现为目标的机构，它有能力识别软件过程要素的薄弱环节，有充分的手段改进它们。

处于等级 5 的软件开发组织的过程能力的基本特征可概括为软件过程的不断改进。因为这些组织为改进其过程能力进行不懈的努力，使其项目的软件过程性能得到不断改善。为了不断改进其过程能力，既可采用在现有过程中进行增量式改进的办法，也可采用借助新技术、新方法对过程进行革新的办法。

2.3.3　CMM 内部结构和进化过程

软件能力成熟度模型 CMM 由 5 个成熟度等级构成，每个成熟度等级都拥有各自的功能。除初始级外，CMM 的每一级均按照相同的内部结构构成，如图 2-3 所示。

成熟度等级为顶层，不同的成熟度等级反映了软件组织的软件过程能力和该组织可能实现预期结果的程度。除了初始级外，每一个成熟度级别中均包含了实现这一级目标的若干关键过程域（Key Process Areas，KPA）。CMM 根据过程改进的规律，约定了公共特性和关键实践（Key Practice，KP）等内容，每一级的每个关键过程域包含若干关键实践。无论哪个关键过程域，其实践都统一按 5 个公共特性进行组织，即每一个关键过程域都包含 5 类关键实践。使整个过程改进工作自上而下形成了一种很有规律的步骤。

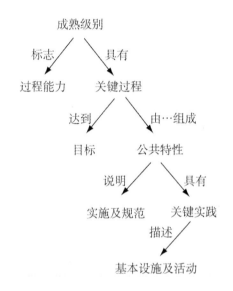

图 2-3　CMM 模型中软件过程的内部结构图

为完成关键过程域中的实践活动，CMM 将其活动分为 5 个公共特性。下面对这 5 个公共特性的含义进行说明。

①执行约定（commitment to perform）：描述组织为保证过程建立和持续发挥作用必须采取的行动。执行约定一般包括组织的方针政策和规定高级管理者的支持。

②执行能力（ability to perform）：描述在组织过程中每个项目或整个组织必须达到的前提条件。执行能力一般与资源、组织机构和训练有关。

③实施活动（actives performed）：描述实现一个软件过程关键域时所必须执行的任务和步骤。实施活动包括建立计划、跟踪、改进等。

④度量和分析（measurement and analysis）：描述对过程进行量的基本规则，以确定、改进和控制过程的状态。它应该包括一些为了确定执行活动的状态及有效性能所采用的度量和分析的例子。通过这些可以知道如何确定操作活动的状态和效果。

⑤验证实施（verifying implementation）：验证开展的实施活动与确立的过程是否遵循已

制订的步骤。验证实施活动可通过管理和软件质量保证进行核查。

2.3.4　CMM 评估过程

CMM 为进行软件过程评估和软件能力评价建立一个共同的参考框架。以下为该过程的步骤。

1.建立评估小组

该小组的成员应是具有丰富软件工程和管理方面知识的专业人员。对该小组进行 CMM 基本概念和评估或评价方法细节方面的培训。

2.填写提问单

让待评估或评价单位的代表完成成熟度提问单的填写。

3.进行响应分析

评估或评价组对提问单回答进行分析,即对提问的回答进行统计,并确定必须做进一步探查的域。待探查的域与 CMM 的关键过程域相对应。

4.进行现场访问

访问被评估或评价单位的现场。评估或评价组根据响应分析的结果。召开座谈会、进行文档复审,以便了解该现场所遵循的软件过程。CMM 中的关键过程域和关键实践对评审或评价组成员在提问、倾听、复审和综合各种信息方面提供指导。在确定现场的关键过程域的实施是否满足相关的关键过程域的目标方面,该组运用专业性的判断。当 CMM 的关键实践与现场的实践问存在明显差异时,该组必须用文件记下对此关键过程域做出判断的理论依据。

5.提出调查结果清单

在现场工作阶段结束时,评估或评价组生成一个调查结果清单,明确指出该组织软件过程的强项和弱项。在软件过程评估中,该调查结果清单作为提出过程改进建议的基础;在软件能力评价中调查结果清单作为软件采购单位所做的风险分析的一部分。

6.制作关键过程域剖面图

评估或评价组制作一份关键过程域剖面图。标出该组织已满足和尚未满足关键过程域目标的域。一个关键过程域可能是已满足要求的,但仍有一些相关的调查发现问题,如果未发现或未指出这些问题,就会妨碍实现该关键过程域的某个目标的主要问题。

2.4　软件能力成熟度模型 CMMI

2.4.1　CMMI 的表示

基于 SW-CMM、SE-CMM、IPPD-CMM 的软件成熟度集成模型 CMMI 在表示方式上集成了模型源的两种不同方式:连续式(CMMI Continuous)和阶段式(CMMI Staged)表示,如图 2-4 所示。虽然这两种表达方式不同,但其实质内容是一致的。

过程域(Process Area,PA)是指 CMMI 中的基本单元,它可以分为 4 个类型:项目管理、

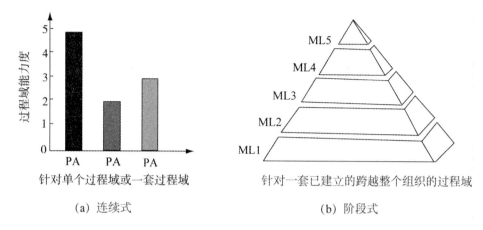

图 2-4　CMMI 模型的两种表达方式

组织过程、工程和保证支持,对应各组的过程域完全相应的功能。

1. CMMI 连续式能力成熟度模型集成

(1)基本结构

连续式模型部件结构如图 2-5 所示。

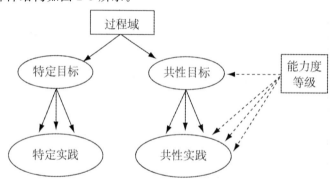

图 2-5　CMMI 连续式模型部件结构

CMMI 连续式模型结构的部件如下:

①能力度等级。能力度等级包括一组过程域的有关特定实践和共性实践。能力度等级注重于增强组织执行、控制和改进过程域中其性能的能力。

②过程域。过程域是某领域中相关实践的集合,当共同实施这些时能达到被认为对于该领域内过程改进很重要的目标集合的要求。

③特定目标。特定目标用于过程域,并负责处理描述满足该过程域而必须实现的唯一特性。特定目标作为必需的模型部件,应用于评估方法中,用于判断过程域是否满足需要。

④特定实践。特定实践描述被期望能够完成过程域的特定目标的活动,对于特定目标的达成至关重要。特定实践是期望的模型部件。

⑤共性目标。每一个能力等级中均有一个共性目标。过程域中共性目标的实现意味着增强对该过程有关过程的计划和实现的控制,也意味着这些过程可能是持久的、可重复的以及高效的。共性目标是必需的模型部件。

⑥共性实践。共性实践按照能力等级进行分类,是 CMMI 模型中期望的部件,在连续式表示中,每个共性实践映射到一个共性目标上。共性实践提供制度化以确保与过程域相关的过程是持久的、可重复的、高效的。

⑦学科扩充。学科扩充包含与特定科学相关信息并与特定实践相关的信息性模型部件,适用于软件工程的学科扩充。

(2)能力等级

与 CMM 不同的是,CMMI 提出了软件过程能力等级(Capability Level,CL)模型。连续式 CMMI 有 6 个能力等级,如图 2-6 所示。

5   Optimizing   优化级

4   Quantitatively Managed   可定量管理级

3   Defined   可定义级

2   Managed   可管理级

1   Performed   可执行级

0   Incomplete   不完善级

图 2-6   6 个能力级的连续式 CMMI 层次结构

通过对实施特定实践和共性实践的情况和达到某个能力等级规定目标的情况的审查来确定具体的能力等级。软件过程能力等级从 0 级到 5 级逐步提高。最低等能力是能力等级 0,等级 1 是在能力等级 0 上进行改进的结果,以此类推直到能力等级 5。

连续性表示有 6 个能力等级,分别有各自的过程特征。

①CL0——不完善级(Incomplete)。不完善级又称为未执行级。它的过程是根本没有实施或者实施不完善的过程。该过程的一个或多个特定目标未被满足。

②CL1——可执行级(Performed)。可执行级表示组织中有执行这一过程,但是更多的是自发行为,并没有采用一个系统化的步骤,或者只是做了必须要做的动作,不具备完全的计划、跟踪、分析、提高以及经验传播等活动。项目运作方式随着项目参与人的不同而有所差别,因而会有完全不同的处理效果。

未执行级别与可执行级过程之间的关键差别在于,可执行级过程满足相应的过程域的所有特定目标。

③CL2——可管理级(Managed)。能力等级 2 以上的过程是可管理的过程。管理表示组织具有在项目级别上管理工作的能力,此时工作者需要制订计划、分配责任、培训如何执行动作、跟踪活动的展开以及利用支持工具完成轨迹记录等活动。这时一个可管理级过程与可执行级过程的基本区别在于过程受到管理的程度不同。可管理级过程是有计划的,当实际结果和性能明显偏离该计划时,会采取纠正措施。可管理级过程要实现该计划的各项具体目标并且被制度化,以保证性能的一致性。

④CL3——可定义级(Defined)。可定义是指可以在组织层上对过程相关流程进行明确的定义活动过程。可定义过程明确定义的内容有：目的、输入、启动准则、活动、角色、度量、验证步骤、输出以及完成准则。这时项目组可根据特定项目要求去裁剪相关流程。注意利用到的"裁剪"准则来表达是动作实例化，根据需要选择可选动作。

可定义级过程与受管理级过程之间的关键区别在于标准、过程描述和规程的应用范围不同。对可管理级过程来说，标准、过程描述和规程只在该过程的某个特例中使用。对可定义级过程来说，因为标准、过程描述和规程是从本组织的标准过程集合剪裁而来并且与组织的过程财富相关，所以在整个组织里执行的各个可定义级过程就比较一致。可定义级与受管理级的另一个重要区别是，前者的描述更加详细，执行更加严格。

⑤CL4——可定量管理级(Quantitatively Managed)。在等级4上，每个定量管理的过程都使用统计或者其他度量技术来管理已定义过程。按照管理该过程的准则来建立和利用质量和过程性能的定量目标。从统计意义上反映质量和性能目标，并且在整个过程周期里管理这些质量和过程目标。

软件组织的标准过程以及来自于组织、客户、最终用户和过程实施人员的需要等都作为了定量目标的基础。执行该过程的人直接参与对该过程的定量管理。

定量管理级过程与可定义级过程的一个显著差别便是过程性能的可预测性。定量管理意味着使用适当的统计技术或其他定量技术来管理某过程的一个或多个关键子过程，能做到可以预测该过程未来的性能。

⑥CL5——优化级(Optimizing)。能力等级5的过程是优化过程。优化是根据对过程内在过程变异原因的认识来进行过程改进，以满足当前目标和项目商业目标要求的定量管理过程。这种定量预测和控制需要数据收集、能力评估、项目预测能力以及过程性能评估等一系列动作之后才能达到。对改进项目做出选择的基础是定量地了解它们在实现组织过程改进目标中的预期贡献与成本和对组织的影响的关系。处于持续优化级的过程其性能将不断得到改善。

优化级过程与可定量管理级过程之间的一个关键区别在于，优化级过程是通过处理过程变化的共性原因而不断地进行改进。可定量管理级过程关心的则是处理过程变化的特殊原因和提供对过程结果的统计意义上的可预计性。

2.CMMI阶段式能力成熟度模型集成

(1)基本结构

CMMI阶段式模型部件结构图如图2-7所示。

CMMI阶段式模型结构中主要模型部件如下：

①PA。PA是某领域中相关实践的集合，当共同实施这些时可以满足被认为对于该领域内过程改进很重要的目标集合。所有CMMI的过程域都相同。在阶段式表示中过程域被纳入成熟度等级。

②特定目标。特定目标在过程域中，负责处理描述满足该过程域而必须实现的唯一特性。特定目标是必需的模型部件，应用于评估方法中，可以判断过程域是否满足需要。

③特定实践。特定实践是被认为对于达到相关特定目标非常重要的活动。特定实践描述被期望能够完成过程域的特定目标的活动。特定实践是被期望的模型部件。

④共性目标。共性目标指存在于多个过程域中相同目标。阶段式表示法中每个过程域只有一个共性目标。共性目标是必需的模型部件。

⑤共性实践。共性实践提供制度化以确保与过程域相关的过程为持久的、高效的和可重复的。共性实践是 CMMI 模型中的期望的部件。

⑥学科扩充。学科扩充包含与特定科学相关信息并与特定实践相关的信息性模型部件,如适用于软件工程的学科扩充。

⑦共性实践细节。共性实践细节指出现于每个过程域中以提供共性实践如何唯一地实践到过程域的指南。共性实践细节是信息性模型部件。

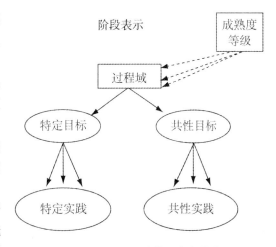

图 2-7　CMMI 阶段式模型部件结构

⑧参考信息。参考信息作为信息性模型部件,用于指导用户了解相关过程域的其他或者更详细的信息。

(2)分阶段表示——5 个成熟度等级

同软件成熟度模型 CMM 一样,CMMI 也将软件能力成熟度分为 5 个等级(Maturity Level,ML)。这样做,一方面可以与 CMM 兼容,保护软件组织已经取得的 CMM 过程改进成果;另一方面,则是便于软件组织的软件能力成熟度评估,以便在软件组织之间进行能力成熟度的比较。成熟度等级将所有的过程域分别安置到各个层次,管理级、定义级是形成组织工作模式的基础,关注项目级别和组织级别的活动是否能够完备;而定量管理级和优化级是在前面的基础上,根据实际需要,选择相应的活动进行改进。

5 个成熟度等级的过程特征及主要区别如下:

①ML1——初始级。处在第一级的组织,过程一般是随意化的和无序的,组织通常不能提供稳定的环境,项目的成功往往取决于个人的能力和拼搏精神。这类组织在专门化、无序的环境中也能生产出可以工作的产品,但往往会超过预算和拖延进度。

②ML2——受管理级。一个软件组织达到了成熟等级 2,就意味着该软件组织已经确保有关的过程在项目一级得到策划,形成了文件,得以执行,受到监督和控制,并且能实现过程目标。在这个成熟度等级,软件项目是在受控状态下运行的,或者说软件组织已经营造出稳定的、受控的开发环境。ML2 的过程学科有助于保持在面对压力时,能够保持已有的过程。当实施了这些实践后,项目能够按照预定的计划来执行和管理。

ML2 和 ML1 之间的一个重要区别在于过程受到管理的程度。在 ML2,项目中的具体过程均受到组织的严格控制,项目的成本、进度和质量目标之类的具体目标能够得到实现。在 ML1,项目中的具体过程由项目开发人员个人控制,组织无法完全控制项目的过程,项目的成本、进度和质量目标之类的具体目标难以实现。

③ML3——已定义级。处于 ML3 的软件组织是已经达到了 ML2 和 ML3 总过程域的特定目标和共性目标。在 ML3,项目执行的过程是通过剪裁组织的标准过程集合和组织过程财富产生的"已定义过程",并且有着与该过程相适应的运行环境。已定义过程是项目理解和恰

当地反应项目特性的过程,并且对用的标准、规程、工具和方法予以描述。ML3 与 ML2 之间的一个重要区别在于标准、过程描述和规程的适用范围不同。在 ML2,标准、过程描述和规程可能只在某个过程的某个特定事例中使用。而在 ML3,项目用的标准、过程描述和规程通过已定义过程在这个组织中的各个项目使用,在执行过程中是一致的。另一则重要的差别是,在 ML3 上对过程的描述更详细、更严格,并且在实施过程管理是更强调了解过程活动之间关系、过程的详细度量值以及过程的工作产品和服务。

④ML4——定量优化级。处于 ML4 的组织是达到了为 ML2、ML3、ML4 的各个过程域规定的全部目标的组织。在这个等级上,建立了关于产品质量、服务质量以及过程性能的定量目标,运用统计技术和其他定量技术对各个过程实施控制,并且把这些定量目标作为判断过程管理成功与否的标准。在过程的整个生命周期中,对产品质量、服务质量和过程性能做到统计意义上的了解和管理。在 ML4,强调把产品质量、服务质量和过程性能的度量项目纳入到组织的度量数据库,以便支持以事实为根据的决策。ML4 与 ML3 之间的关键区别在于过程性能的可预见性。在 ML4,对过程的性能是以统计技术或其他定量技术进行控制,并且从统计意义上说是可预见的。在 ML3,过程性能仅具备定性的可预见性。

⑤ML5——优化级。处于 ML5 的组织是达到了对 ML2、ML3、ML4、ML5 级各个过程域规定的全部目标的组织。基于对过程变更的定量理解,过程可以持续改进。在这个模型的最高成熟度等级侧重于过程性能的持续改进,无论是渐进式的改进还是变革式的改进。在这个成熟度等级上,软件组织建立起了整个组织的定量过程改进目标,并且把它们作为过程改进管理成功与否的判断标准。这些目标适时修改,以反映不断变化的本组织的业务目标。对于那些用于处理过程变化共性原因和定量改进本组织过程的过程改进建议要予以识别、评价和部署。ML5 和 ML4 之间的关键区别在于所处理的造成过程变化的原因类型。在 ML4 上,过程涉及处理特殊的变化原因,并且提供统计意义上的可预见性。虽然过程可以产生可以预计的结果,但这种结果可能达不到已确定的目标。在 ML5 上,过程涉及处理变化的共性原因以及通过改变过程来改进过程性能(持续维持统计意义上的可预见性),从而达到所确定的过程改进定量目标。

2.4.2 CMMI 评估过程

随着 CMM 过渡到 CMMI,评估框架由 CMM 的 CAF 规范变成 CMMI 的评估需求 ARC (Appraisal Requirements/or CMMI);评估方法也由 CMM 的 IPI－CBA 评估方法变成 SCAMPI(Standard CMMI Appraisal Method for Process Improvement)方法。这种评估方法是由 CMMI 产品开发群组卡内基·梅隆软件工程研究所开发的,用来对软件组织的 CMMI 过程改进的结果进行评估,以判断软件组织的软件过程能力等级或软件能力成熟度等级。

SCAMPI 评估小组由主任评估师担任评估小组的领导,其成员由各方经验丰富的软件专业人员组成。小组成员还要经过 CMMI 和 SCAMPI 评估方法的培训,使他们在了解被评估的组织机构的同时,也懂得如何将 CMM/CMMI 模型及关键实践与该组织机构的要求建立关联。参与评估的人员应尽可能广泛,应包括:公司的管理人员、项目经理、开发人员、培训人员、采购人员等。

评估过程主要分成三个阶段:最初的计划和准备、现场评估和报告结果。每个阶段包括多

个步骤:

第一阶段:包括标识评估范围、拟定计划、准备评估群组、向参与者进行简要介绍、提供并检查评估调查表现及进行最初的文档评审。

第二阶段:集中于现场调查、进行访谈、采集数据、收集信息,回答 SEI 的 CMM/CMMI 提问单,文档审阅以及进行交谈,对整个组织中所应用的过程有一个全面的了解。接着进行数据分析、信息整理和检验,然后把这些数据和信息与 CMM/CMMI 模型要求进行比较,最后给出一个评估报告,在评估报告中,必须在 CMM/CMMI 的每个关键过程域的框架下,指出被评估组织的软件过程在哪些地方已经有效地执行了,哪些地方还没有执行或没有有效地执行。当且仅当所有评估小组成员一致通过的情况下,这个评估报告才有效。

第三阶段:是在评估报告的基础上,评估小组产生一个评估定级结果。评估定级的结果应与有关的关键过程域及其所属的目标相对应。评估报告和评估定级结果将送交主办者、现场主管以及其他有关的人员并上报 CMU/SEI。

只有经过 CMMI 管理机构的培训,并得到授权的 SCAMPI 首席顾问才能领导 SCAMPI 评估。首席顾问必须有相关学科的经验,CMMI 模型的知识并经过评估技术的培训。评估群组成员也是根据他们的知识、经验和技术来选拔的。建议 SCAMPI 评估群组最少要有 4 个人,最多不超过 10 个人。

CMMI 模型的评估的前提是软件组织已经参照某个软件能力成熟度等级的规定进行了相应的过程改进实践。而 CMMI 模型的评估仅是判断该组织是否满足软件能力成熟度等级所规定的目标。

由于 CMMI 模型的评估涉及的工作量非常大,一般来说一次性通过整个 CMMI 模型的代价是巨大的,这对一般的软件组织(特别是对于一些在过程管理方面还很不成熟的组织)来说,风险也是巨大的。因此软件组织应该采用循序渐进的方法,逐步实现 CMMI 模型所规定的过程改进要求。

CMMI 标准评估方案 SCAMPI 中推荐了 3 类评估方法供软件组织进行 CMMI 模型评估时适当选择。表 2-2 是 SCAMPI 的 3 类评估类型的特征表。

表 2-2　评估类型特征

特征	A 类	B 类	C 类
用途模式	1.严格而深入的过程调查 2.为改进活动打基础	1.初次 2.增加(部分) 3.自我评估	1.快速查看 2.增加
优点	覆盖全面;给出所调查的每个过程的强项和弱项;可以得到一致的可重复的结果;客观	可以使组织洞察自己的能力;找出最需要注意的方面作为改进的启动点;可促进高层接受改进建议	开销不大,持续时间短;反馈迅速
缺点	要求程多资源	不强调调深度、严格程度和覆盖面,不能用于成熟度等级评定	评估结果只能自己用,难以令高层接受;不足以制定出和谐的过程改进计划

特征	A 类	B 类	C 类
评估发起人	组织的最高管理者	主持过程改进大纲的任何经理	任何内部单位经理
评估组组成	外部的和内部的人	外部的或内部的人	外部的或内部的人
评估组规模	4～10 人＋评估组长	1～6 人＋评估组长	1～2 人＋评估组长
评估组资格	有经验	有适当经验	有适当经验
对评估组长的要求	主评估师	评估师或有评估经验的人	接受过评估方法培训的人

其中：

①A 类评估是全面综合的评估方法,要求在评估中全面覆盖评估中所使用的模型,并且在评估结果中提供对组织的成熟度等级的评定结果。

②B 类评估较少综合,花费也较少。在开始时进行部分自我评估,并集中于需要关注的过程域。不评定组织的成熟度等级。

③C 类评估也称为快估。主要是检查特定的风险域,找出过程中的问题所在。该类评估花费很少,需要的培训工作也不多。

对于一个准备全面实施 SCAMPI 的组织来说,可以将其过程改进分成几个层次进行,在不同层次间逐渐引入较高水平的评估:先通过几次 C 类评估找出过程缺陷,改进之后再导向 B 类评估。同样,B 类评估也可以执行多次,慢慢导向进行全面 SCAMPI 基准评估。整个评估过程可参照图 2-8。

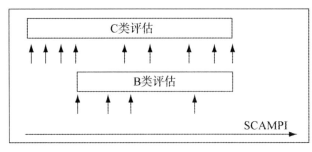

图 2-8　评估时序示例

2.4.3　我国的软件评估体系 SPCA

我国的软件行业与发达国家相比,无论在软件开发能力上,还是在软件过程管理水平上都存在较大的差距,尤其是落后的软件过程管理制约了开发能力的发挥。世界上一些国家的软件开发能力并不比我国强,但在国际软件市场上的份额却远超于我国,其主要原因之一是我们在软件开发管理方面明显落后。我国业界专业人士及相关部门已经认识到问题的存在及其后果的严重性,迫切要求通过标准化工作对软件产业发展提供必要的支撑与保障,加快我国软件能力模型标准的制定,推动软件产业的发展。为此,我国有关部门特别成立了软件体系评估标准特别工作组,同时提出了一个原则、两个目标。一个原则是:依据我国软件政策,利用国际先进经验,结合我国国情,制定出有助于指导和促进我国软件企业发展的评估模型标准。两个目标是：支持软件企业和企业内的软件组织对自身的软件过程能力实施持续性的内部改进；支持对软件企业的综合软件能力进行第二方和第三方评估。

工作组深入研究了 CMM、CMMI、ISO/IEC TR 15504、ISO 9000 以及其他有关的资料和文件以及国外企业实施 CMM 的实际情况，结合国情，确定了我国应以 CMMI 作为主要参考文件来制定标准，最终形成了 SJ/T 11234—2001《软件过程能力评估模型》和 SJ/T11235—2001《软件能力成熟度模型》行业正式标准，并于 2001 年 5 月 1 日正式实施。这就是中国的"软件过程及能力成熟度评估"，即 SPCA 评估。

SPCA 评估遵循由国家认证认可组监督管理委员会（CNCA）和信息产业部联合发布的《软件过程及能力成熟度评估指南》及《软件过程及能力成熟度评估监督管理办法》。国家认证认可组监督管理委员会（CNCA）授权的中国认证机构国家认可委员会（CNAB）和中国国家认证人员培训认可委员会（CNAT），已制定和试点实施了"软件过程及能力成熟度评估"认可规则，并成立 SPCA 工作组，以推动中国软件过程及能力成熟度评估的实施。

随着我国经济市场的日臻完善，SPCA 评估及其评估结果在市场化运作中将扮演更加重要的角色。广大用户和企业也越来越接受和认可 SJ/T 11234 和 SJ/T 11235 标准，并将其作为企业招投标、选择合作伙伴的一项指标，也作为第二方评估或评价的依据。这对我国软件企业和产业的提高、发展和壮大将产生积极的影响。

第3章 软件质量控制、改进与度量

3.1 软件质量控制、改进与度量概述

3.1.1 软件质量控制的内容

1. 软件质量控制的定义

从软件质量控制本身的技术意义上说,软件质量控制的定义为:软件质量控制是一组由开发组织使用的程序和方法,使用它可在规定的资金投入和时间限制的条件下,提供满足客户质量要求的软件产品并持续不断地改善开发过程和开发组织本身,以提高将来生产高质量软件产品的能力。根据这个定义,可以看到:

①软件质量控制是开发组织执行的一系列过程。

②软件质量控制的目标是以最低的代价获得客户满意的软件产品。

③对于开发组织本身来说,软件质量控制的另一个目标是从每一次开发过程中学习,以便使软件质量控制一次比一次更好。

因此,软件质量控制是一个过程,是软件开发组织为了得到客户规定的软件产品的质量而进行的软件构造、度量、评审以及采取一切其他适当活动的一个计划过程;同时,它也是一组程序,是由软件开发组织为了不断改善自己的开发过程而执行的一组程序。需要指出的是,无论是质量控制,还是过程改善,度量都是它们的基础。

2. 软件质量控制系统

软件质量控制对开发进程中软件产品(包括阶段性产品)的质量信息进行连续的收集和反馈,通过质量管理和配置管理机构及其功能,使软件开发进程朝着期望的质量目标方向发展。因此,软件质量控制是软件质量管理的指向器和原动力,而软件质量管理是软件质量控制的执行机构,即在软件开发中,为实现软件质量控制而执行一系列特定活动的机构。两者的紧密结合构成了软件质量控制系统,如图 3-1 所示。

由图 3-1 可以看到:质量管理是执行机构,技术开发是它的执行对象;质量管理不仅直接作用于技术开发,而且通过质量控制功能和配置管理功能间接地作用于技术开发;同时,质量控制和配置管理还控制着作为执行机构的质量管理。

质量控制承担两个方面的度量,即一是度量与计划和定义开发过程的一致性;二是度量产品或阶段性产品是否达到了质量要求。通过这种度量、信息收集、反馈及控制,就可以保证开发的产品能够达到可以信赖的程度。配置管理承担保管基线产品的职责。

需要注意的是,该控制系统的控制过程在整个产品开发期间一直起着作用,而不是仅在产品最终交付客户时才起作用。

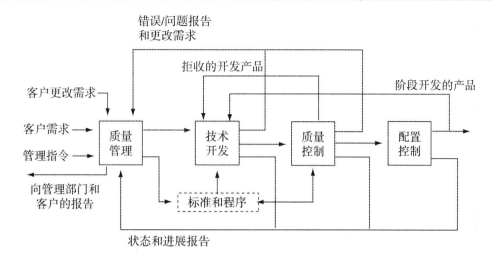

图 3-1　由质量管理和质量控制组成的质量控制系统

3.1.2　软件质量度量的内容

1. 软件质量度量的概念

软件工程的目标就是在费用和进度可控的情况下开发高质量的软件产品,那么什么样的软件才是高质量的软件呢? 不同的人从不同的角度给出了不同的答案。Garvin 总结了 5 种不同的质量观:从用户出发的质量观、生产者的质量观、以产品为中心的质量观、以商业价值为标准的质量观和理想的质量观。

①从用户出发的质量观:"质量即符合使用目的"。高质量的软件指的是能够满足用户需求的软件。

②生产者的质量观:"质量取决于它是否满足给定的标准和规约"。这种质量观是瀑布式软件开发过程的核心,强调在软件开发过程的每个阶段都以前一阶段的结果作为标准,验证本阶段的工作是否满足其要求。

③以产品为中心的质量观:"质量是产品一系列内在属性的总和"。例如,一台电视机的质量好坏是通过度量其清晰度、色彩丰富度、抗干扰能力和使用寿命等指标来做出评价的。

④以商业价值为标准的质量观:"在一定价格限制下来满足用户的需求"。满足用户需求是有成本的,不能无限制地、不计成本地满足用户需求。

⑤理想的质量观:"产品的内在优劣程度",高质量就是尽善尽美。

软件质量度量采用的是以产品为中心的质量观,这种质量观比较客观,适合于产品之间的比较。

对管理者而言软件质量度量需要达到以下目标:

①需要度量软件开发过程中不同阶段的费用。

例如,度量开发整个软件系统的费用(包括从需求分析阶段到发布之后的维护阶段)。必须清楚这个费用以决定在保证一定利润的情况下的价格。

②为了决定付给不同的开发小组的费用,需要度量不同小组职员的生产率。

③为了对不同的项目进行比较,对将来的项目进行预测,建立基线及设定合理的改进目标

等,需要度量开发产品的质量。

④需要决定项目的度量目标。例如,应达到多大的测试覆盖率,系统最后的可靠性应有多大等。

⑤为了找出是什么因素影响费用和生产率,需要反复测试某一特定过程和资源的属性。

⑥需要度量和估计不同软件工程方法和工具的效用,以便决定是否有必要把它们引进公司。

对软件工程师而言软件质量度量需要达到以下目标:

①需要制定过程度量以监视不断演进的系统。这包括设计过程中的改动,在不同的回顾或测试阶段发现的错误等。

②需使用严格的度量术语来指定对软件质量和性能的要求,以便使这些要求是可测试的。例如,系统必须"可靠",可用如下更具体的文字加以描述:"平均错误时间必须大于 15 个 CPU 时间片。"

③为了合格需要度量产品和过程的属性。例如,一个产品是否合格要看该产品的一些可度量的特性,如"B 测试阶段少于 20 个错误","每个模块的代码行不超过 100 行",以及开发过程的一些属性,如"单元测试必须覆盖 90% 以上的用例"等。

④需要度量当前已存在的产品和过程的属性,以便预测将来的产品。例如:

·通过度量软件规格说明书的文档大小来预测目标软件的大小。

·通过度量设计文档的结构特性来预测将来维护的盲点。

·通过度量测试阶段的软件的可靠性来预测软件今后操作、运行的可靠性。

研究上面列出的度量目标和活动可以发现,软件度量的目标可大致概括为以下两类:

第一,使用度量来进行估计。这使得人们可以同步地跟踪一个特定的软件项目。

第二,应用度量来预测项目的一些重要的特性。需要注意的是,不能过分夸大这些预测的作用,因为它们并不完全正确的。

2.软件质量度量标准

目前,在软件开发过程中,往往忽视对软件产品的观测、计算和测量。形成这种状况的原因很多,很重要的一个方面是现在采用的很多度量方法并不能完全满足软件度量标准的要求。

软件质量度量必须满足的度量标准通常有以下几项。

①客观性:如果不存在来自测试者对度量的主观影响,则度量是客观的。

②适用性:如果度量结果能够明确地说明质量特性时,则表明度量是适用的。

③可靠性:如果在重复度量中,在同样条件下达到相同的效果,则认为度量是可靠的。

④经济性:当度量是在低成本下进行时,则它是经济的。度量的经济性如何主要取决于度量过程的自动化程度和数据量。

⑤可比较性:当某项度量与其他度量相关时,则度量具有可比较性。

⑥标准化:如果有一个可以明确表示度量结果的标度存在,则度量被认为是达到标准化。

⑦有效性:质量标准的有效性是最难被证明的。但如果不说明度量标准是有效的,就不能客观地评价软件质量。

3.软件质量度量的标度与准则

(1)软件质量度量的标度

用户对软件质量的要求可以通过软件特性的测量来获得,并将测量结果反映到某一标度

(Scale) 上。标度是具有已定义性质的一组值,它通过映射方式将观察或测量到的有关实体属性的行为转化为数字关系,以便利用数学手段处理数据并对其结果做出结论或判断。

目前,主要的度量标度有:

①标称标度。标称标度是一种最原始的测量方式,它侧重于将所测量到的属性归类到事先定义的类别中并转换成数值方式。类别之间没有顺序,任何对类别赋予不同的数字或符号的映射都可以接受,但这些数字并不代表数量上的差别。

例如,代码审查中所有已知的错误第一次出现的位置,可以简单地将其归类为软件需求规格说明以及软件设计和编码实现的错误,假设 M 表示映射,则如下的表示是可以接受的标称标度:

$$M(x) = \begin{cases} 0 & x \text{ 是需求规格说明错误} \\ 1 & x \text{ 是软件设计错误} \\ 2 & x \text{ 是编码实现错误} \end{cases}$$

②顺序标度。对标称标度按类别排序,便可构成顺序标度。顺序标度侧重于对一个被测量的属性进行评级,用于表示优先、难度等,保证度量值的结果不被破坏。

其主要特点如下:对实体的观察结果按属性进行排序;任何保持排序的映射,如任何单调函数都可以接受;数字仅表示队列,加、减和任何其他数学运算都没有意义。

只要组合对排序合理,这种分类就可以组合。例如,假设实体集为软件模块,希望描述的实体属性为其复杂性。最初所定义的模块复杂性类别有:不重要、简单、中等、复杂和不可理解 5 种,其隐含的排序为后者比前者复杂。由于映射必须保证这种顺序,因此,就不能像标称标度那样随意。分类不仅要保证不同的数字,而且要确保对复杂的模块赋予较大的数字。例如,如果 x 是不重要的,则

$$M(x) = \begin{cases} 3 & \text{如果 } x \text{ 是简单的} \\ 4 & \text{如果 } x \text{ 是中等的} \\ 5 & \text{如果 } x \text{ 是复杂的} \\ 10 & \text{如果 } x \text{ 是不可理解的} \end{cases}$$

③间隔标度。间隔标度包含更多的信息,比标称标度和顺序标度更加有效。它能捕捉类别之间的间隔长度信息。

其主要特点如下:间隔标度保持和顺序标度一样的排序;间隔标度保持差值,但不是比率,即已知任何处在映射范围之内的两个排序的分类之间的差值,但在该范围内计算两个分类的比率没有意义;间隔标度可以进行加减运算,而乘除运算没有意义。

假设不重要的和简单的复杂性之间与中等的和简单的复杂性之间具有同样的差值,则复杂性间隔测量必须保持这些差值。例如:

$$M(x) = \begin{cases} 6 & \text{如果 } x \text{ 是不重要的} \\ 2 & \text{如果 } x \text{ 是简单的} \\ 4 & \text{如果 } x \text{ 是中等的} \\ 6 & \text{如果 } x \text{ 是复杂的} \\ 8 & \text{如果 } x \text{ 是不可理解的} \end{cases}$$

假设两个间隔标度 M 和 M' 是满足间隔标度性质的两个标度,则总可以找到 a 和 b,使 M

$=aM'+b$ 成立。

④比率标度。比率标度比标称标度、顺序标度和间隔标度所包含的信息量更多,而且存在着经验关系,它是一种非常有效的测量标度。

其特点如下:保持排序、实体间间隔长度和实体间比率的测量映射;有 0 元素,表示缺少这种属性;测量映射必须从 0 开始,并以相等的间隔为单位增加;映射范围内适用于类别的所有运算都有意义。

⑤绝对标度。随着测量标度所包含的信息越来越多,定义分类所允许的转换增加了不少限制,绝对标度带有的限制最多。对任何两个测度 M 和 M',只允许标识的转换,只存在一种实现测量的方式,因此,M 和 M' 必须相等。

绝对标度的特点如下:绝对标度的测量只计数实体集中元素的个数;属性永远采用“实体出现 x 次”的形式;只有一种可能的测量映射,即实际计数;对产生计数的所有运算分析都是有意义的。

软件工程中有许多绝对标度的例子。例如,在集成测试过程中所观察到的失效数只能用一种方式测量——计数观察到的失效数。因此,失效数的计数是集成测试期间所观察到的失效数的绝对标度测度。

(2)软件质量度量的准则

不同的软件质量度量专家从不同角度提出软件质量度量的准则,分述如下:

①索林根的软件度量指南。软件度量专家索林根(Solingen)在《聚焦产品的软件过程改善》(Product Focused Software Process Improvement)中详细阐述了软件度量项目工程(Measurement Program Engineering)。

提出软件度量的十大方针,如下所示:

·准备让软件开发者参与软件度量项目。

·开始软件度量工程前了解软件产品的质量目标、过程模型和学习目的。

·软件度量项目工程为目标导向,确保具备有限但相关的度量设定。

·定期望值(假设)。

·由具有实际度量经验的人员按照规则对度量数据做出分析和解释。

·将度量数据的分析和解释聚焦于详细而精确的过程行为、全局过程或者产品质量目标,但是绝非聚焦于个人绩效。

·执行专门资源(人员)来支持度量项目工程的开发团队。

·评价实际产品质量和目标产品质量的差距。

·评价过程行为的影响(产品质量方面)。

·将特定情景中过程行为的知识存储到经验数据库中。

②高尔发的关键成功因素。品质与生产力管理集团(Q/P Management Group)总裁斯科特·高尔发(Scott Goldfarb)在《建立有效的度量体系》(Establishing a Measurement Program)中认为,建立并实施有效软件度量体系的关键成功因素包括如下:

·确定度量目标和计划。

·获得高层管理者的支持。

·拥有专属资源。

- 面向员工的培训、教育和营销推广。
- 日常工作中的度量一体化。
- 聚焦于项目团队的结果。
- 度量不要针对个人。
- 有效定义数据以及实情报告制度。
- 推动度量自动化。

③软件工程研究所的软件度量规则。美国卡内基·梅隆大学软件工程研究所在《软件度量指南》中列出了如下软件度量的规则：

- 理解软件度量方法只是达到目的的手段，而其本身并不是目的。
- 以应用度量结果而不是收集数据为中心。
- 理解度量的目标。
- 理解如何应用度量方法。
- 设定期望值。
- 制订计划以实现早期成功。
- 以局部为重点。
- 从小处着手。
- 将开发人员与分析人员分开。
- 确信度量方法适合要实现的目标。
- 将度量次数保持在最低水平。
- 避免浮夸度量数据。
- 编制度量工作成本。
- 制订计划使数据收集速度至少是数据分析和应用的3倍。
- 至少每月收集一次关于工作投入水平的数据。
- 明晰关于工作投入水平数据收集的范围。
- 仅收集受控软件的错误数据。
- 不要指望准确地度量纠错工作。
- 不要指望找到界定完善的放之四海而皆准的过程度量方法。
- 不要指望找到过程度量的数据库。
- 理解高级过程的特征。
- 应用关于生命周期阶段的简单定义。
- 用代码行表示规模。
- 明确将哪些软件纳入度量范围。
- 不要指望使数据收集工作自动化。
- 使提供数据的工作更容易。
- 使用商业上可用的工具。
- 认为度量数据存在瑕疵、不精确也不稳定。

④帕克的目标驱动软件度量原则。帕克（Park）、哥特（Goethert）和弗罗哈克（Florac）在1996年的《目标驱动软件度量指导手册》（Goal－Driven Software Measurement——A Guidebook)中提出软件度量的原则如下:

部门管理者的度量原则:

·设立清晰的目标。

·让员工协助定义度量手段。

·提供积极的管理监督——寻求和使用数据。

·理解员工报告的数据。

·不要使用度量数据来奖赏或者惩罚实施度量的员工,并确信他们知道你和其他任何人都遵守这一规则。

·建立保护匿名的惯例,对匿名提供保护将建立起信任并培育起可靠数据的收集机制。

·如果员工的报告基于对组织有用的数据,支持他们。

·不要强调那些排斥其他度量方式的某种度量方式或者指标。

项目管理者的度量原则:

·知晓组织的战略性焦点并强调支持该战略的度量手段。

·在追踪的度量手段上与项目组获得一致,并在项目计划中定义这些度量手段。

·向项目组提供规则有序的关于其所收集数据的反馈。

·不要私人单独地进行度量。

项目组的度量原则:

·尽最大努力报告准确而及时的数据。

·协助在管理中将项目数据聚焦于改善软件过程。

·不要使用软件度量夸耀自身的优秀,否则这将鼓励其他人使用其他数据展示其反面。

通用原则:

·软件度量本身不要成为一个战略。

·在软件过程改善的全局战略中整合软件度量,为此应该拥有或者开发一种这样的战略来联合软件度量计划。

·带着共同目标与课题从点滴做起。

·设计一种持续的软件度量过程,以使其:与组织目标、宗旨相联系;包括严格的定义;持续实施。

·在广泛实施所设计的度量手段和过程之前进行测试。

·对软件度量手段和度量活动的效果进行度量和监控。

⑤弗罗哈克的实用软件度量原则。弗罗哈克(Florac)、帕克(Park)和卡尔顿(Carleton)在《实用软件度量:过程管理和改善度量》(Practical Software Measurement:Measuring for Process Management and Improvement)中提出成功的过程度量原则如下:

·过程度量受商业目标驱动。

·过程度量手段源自软件过程。

·有效度量需要明确阐述的可操作性的定义。

·不同的人拥有不同的度量观点和需求。

·度量结果必须在产生结果的过程和环境中检验。

·过程度量应当跨越整个生命周期。

- 保持的数据应当提供分析未来的实际基线。
- 度量是进行客观沟通交流的基础。
- 在项目内部和项目之间对数据进行总计和比较需要细心的规划。
- 结构性的度量过程将强化数据的可靠性。

4. 软件质量度量的实施过程

（1）度量承诺

根据软件开发的技术和管理过程对软件度量的需求,确定度量目标,选择度量元,确定实施软件过程度量的侧重点,这是具有针对性地推进软件度量的第一步,也是高层管理者参与决策并提供相应的资源的重要环节。

（2）度量计划

基于确定的软件度量目标,根据软件开发的技术、管理、流程、问题等信息制定软件度量计划。在计划中正式确认产品、流程、角色、责任和资源相关问题及属性,为实施软件度量提供书面的、计划性的、具有可行性的、得到资源支持的保证。

（3）度量实施

根据软件度量计划对软件开发的项目、产品和过程等度量对象实施度量。通过度量收集、存储、分析有效的软件度量数据,并将度量和分析结果用于控制和改善软件过程。

（4）度量评估

对软件度量过程本身进行评估,对度量标准、度量流程、度量方法、度量对象、度量效用等做出评估,发现度量作业的问题点,总结度量作业的资产,并提出度量作业改善方案。

（5）度量改善

根据度量作业的改善方案在后续的度量作业中加以实施,将改善方案导入下一次软件度量过程之中。改善并不是水平方向上的简单重复作业,而是基于经验和教训的螺旋式上升过程,将软件度量的效用在软件开发过程中展现出来。

根据商业目标,一旦确定了需要度量哪些方面的内容、方法和责任人,就可以进行数据采集了,最后用于进行质量评估与改进。

3.1.3　软件质量改进的内容

1. 质量改进的定义

"质量改进"(Quality Improvement)是指对现有的质量水平在控制、维持的基础上加以突破和提高,将质量提高到一个新的水平的过程。ISO 9000－2000 版标准将其解释为:质量管理的一部分,它致力于增强满足质量要求的能力。

具体地讲,质量改进就是采取各种有效措施,提高产品、体系或过程满足质量要求的能力,使质量达到新的水平、新的高度,以提高活动和过程的效益与效率,向本组织及其顾客提供更多的收益。

维持和改进质量是相互联系的,维持的目的是防止差错以及避免问题的重复发生,充分发挥现有的能力,而质量改进的目的则是提高质量保证的能力。质量改进的前提是:充分发挥现有控制能力,使生产过程处于受控、稳定状态。在此基础上,使产品从设计、制造、服务到满足顾客需求达到一个新的水平。

2.质量改进的目标与原则

应在整个组织内确立质量改进目标,他们应与总经营目标紧密结合,并注重提高顾客满意及过程的效果和效率。应规定质量改进目标以便能测量其进展情况。这些目标应明确易懂,富有挑战性但又恰当。为达到这些目标而需共同工作的所有人员应理解实现目标的策略并取得共识。应定期评审质量改进的目标使其反映顾客不断变化的期望。

减少质量损失是质量改进努力的方向。质量损失应与损失产生的过程相联系。对于那些难于测量的质量损失,诸如信誉损失和没有充分利用人的潜力等,至少要做出估计,这是很重要的。各组织应利用每次改进质量的机会来减少质量损失。

质量改进的原则有以下几点:

①组织的产品、服务或其他输出的质量是由使用他们的顾客的满意度确定的,并取决于形成及支持他们的过程的效果和效率。

②质量改进通过改进过程来实现。组织内的每一项活动或每一项工作均包含一个或多个过程。

③质量改进是一种以追求更高的过程效果和效率为目标的持续活动。

④质量改进工作应不断寻求改进机会,而不是等待出现问题再去抓住机会。

⑤通过纠正过程的输出来减少或消除已发生的问题。预防和纠正措施消除或减少产生问题的原因,从而消除或减少问题的再发生。因此,预防和纠正措施改进了组织的过程,对质量改进是至关重要的。

3.质量改进的原理

(1)管理突破原理

管理突破是质量改进的基本原理。旧的标准水平与提出的新水平的差异是一个"长期性"的问题,管理者要解决这一被看作是"正常"的状态,并决心取得成果,从而达到一个新的较高的质量水平,这就是"突破"。

(2)过程原理

质量改进是通过改进过程实现的。组织内每一项活动或每一项工作均包含一个或多个过程。过程是各种可利用的资源、技术和方法的组合与活动。质量改进可以是全过程的改进,也可以是某一过程的改进,目的是追求更高的过程效益和过程效率。

质量改进是一项持续活动,只有下决心改变现状,通过持续地改进工作过程,协调各方面的关系,克服各种阻力,才能取得更高的过程效益和过程效率。可以这样说,质量改进的过程原理就是更有效地利用资源,不断地开展质量改进活动,以获得长期的效益和效率的结果。

(3)预防原理

质量改进的预防原理是指质量改进应致力于经常性寻找改进机会,而不只是等待问题暴露再去抓机遇。这就要求不断地致力于新产品、新工艺以及新工作方法等的研究,并进行必要的试验,以避免产生新的长期性问题,而且也可把偶然性质量问题减少到最低程度。

预防和纠正措施可以控制问题产生的原因,从而使问题不再出现或出现的可能性减少,这样使组织的过程不断得以改进,也不断提高过程的效益和效率。因此,预防和纠正措施是质量改进的关键问题。

4.质量改进的 PDCA 循环

质量改进的运行方式是 PDCA 循环。质量改进的 PDCA 循环各阶段的基本内容如下所示。

①计划(Plan)阶段:以提高产品质量、降低消耗为目的,通过分析诊断,制定改进的目标,确定达到这些目标的具体措施和方法。

②执行(Do)阶段:是按照已经制定的计划内容,克服阻力,扎扎实实地工作,以实现质量改进的目标。

③检查(Check)阶段:是对照计划要求,检查、验证执行的效果,及时发现计划过程中的经验和问题。

④总结(Action)阶段:是肯定成功的经验,并据此制定成标准、规程、制度,把失败的教训也变成标准,从而巩固成绩,克服缺点。

具体说来,PDCA 循环可以分成八个步骤(如图 3-2 所示):

①分析现状,找出存在的质量问题。对于存在的质量问题,要尽可能用数据加以说明。在分析现状时,要切忌"没有问题"、"质量很好"等自满情绪。

②诊断分析产生质量问题的各种影响因素。这就要逐个问题、逐个影响因素地详尽分析,切忌主观、笼统、粗枝大叶。

③找出影响质量问题的主要因素。影响质量问题的因素是多方面的,从大的方面来看,可以有操作者、机器设备、检测工具、原材料、工艺方法以及环境条件等,每个大方面又包含许多小的因素。要想解决质量问题,就要在许多因素中,全力找出主要的直接的因素,一般从主要影响因素入手,解决质量问题。

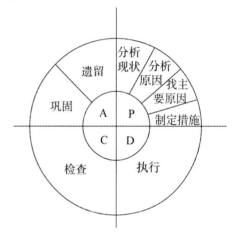

图 3-2　质量改进的 PDCA 循环

④针对影响质量的主要因素,制定措施、提出改进计划,并预计其效果。措施和活动计划应该具体、明确,一般要包括"5W1H"等内容。

"5W1H"是指为什么(Why)要制定这一措施;预计达到什么(What)目标;谁(Who)来执行;在哪里(Where)执行这一措施;何时(When)开始和完成;如何(How)执行等。

⑤按既定的计划执行措施。

⑥根据改进计划的要求,检查、验证实际执行的结果。

⑦根据检查的结果进行总结,把成功的经验和失败的教训都纳入有关的标准、制度和规定中,巩固已经取得的成绩,同时防止重蹈覆辙。

⑧提出这一循环尚未解决的问题,把它们转到下一次循环。

以上①②③④四个步骤是 P 阶段的具体化;⑤即 D 阶段;⑥即 C 阶段;⑦、⑧两个步骤是 A 阶段的具体化。

质量改进的 PDCA 循环,可以分为整个企业 PDCA 循环、部门的 PDCA 循环,部门内部各单位又有更小的 PDCA 循环,直至落实到每一个人。大循环与小循环之间关系十分密切,上一级的大 PDCA 循环是下一级 PDCA 循环的根据,下一级 PDCA 循环是上一级 PDCA 循环的具体化和得以实现的保证。它们彼此协同,互相促进,推动着企业质量体系的有效运转。与此同时,每次新的循环都有新的目标和内容,这意味着前进了一步,完成一次 PDCA 循环,上一个台阶,质量水平有新的提高。其过程如图 3-3 所示。

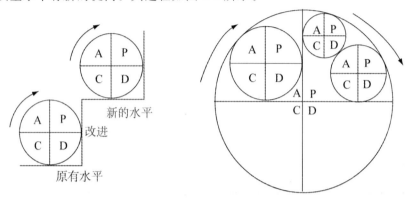

图 3-3　PDCA 循环过程示意图

3.2　软件质量控制的方法

用于软件控制的基本方法有目标问题度量法、风险管理法、PDCA 质量控制法,下面将分别进行讨论。

3.2.1　目标问题度量法

目标问题度量法是通过确定软件质量目标并且连续监视这些目标是否达到来控制软件质量的一种方法。这里的目标是客户所希望的质量需求的定量的说明。

为建立起客户需求的软件质量度量标准,首先应依据这些目标拟定一系列问题;然后根据这些问题的答案使产品的质量特性定量化;再根据产品定量化的质量特性与质量需求之间的差异,有针对性地控制开发过程及开发活动,或有针对性地控制质量管理机构,从而改善开发过程和产品质量。

这种方法的具体做法如下:

①对一个项目的各个方面(产品、过程和资源)规定具体的目标,这些目标的表达应非常明确。这样做一方面是为了能更好地理解在开发期间发生了什么;另一方面,是为了更容易地评估已经做好了哪些方面,还有哪些方面需要改进。

②对每一个目标,要引出一系列能反映出这个目标是否达到要求的问题,并要求对这些问题进行回答。这些问题的答案将有助于使目标定量化。

③将回答这些问题的答案映射到对软件质量等级的度量上,根据这种度量得出软件目标是否达到的结论,或确认哪些做好了,哪些仍需改善。

④收集数据。要为收集和分析数据做出计划。所收集的数据不仅在分析和度量质量目标时是必不可少的,而且应当保存起来长期使用,以便使目标得到长期、持续的改善。

这里有一个极好的关于控制现场使用中的软件产品质量(可维护性)改善的例子。一个在现场使用中的软件产品,试图通过增长型开发方式来提高它的质量可维护性,如图 3-4 所示。

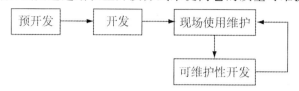

图 3-4 目标问题度量法示例图

在这个例子中的实际做法是:

①目标:改善现场使用中的软件产品的质量(可维护性)。

②问题:可维护性开发过程在预防和阻止缺陷发生方面有效吗? 正在发生哪些缺陷? 它们为什么会发生?

③度量:产品的缺陷密度;按缺陷类别划分的产品缺陷的发生频率;缺陷产生的频率分布以及缺陷发生所在阶段的频率分布。

具体做法是:首先确定质量目标;针对给定的目标,提出需要回答的问题;为了回答这些问题,需要收集和分析现场发生的故障数据,并把这些数据映射到该产品的质量—可维护性的等级度量上;最后,根据度量结果,确认目标是否达到,如果未达到,则应选择适当的质量控制技术,对开发过程、产品及资源实行控制,完成增长型开发的控制循环。

3.2.2 风险管理法

风险管理法是识别和控制软件开发中对成功地达到目标(包括软件质量目标)危害最大的那些因素的一个系统性方法。进行风险管理意味着危机还没有发生之前就对它进行处理,这就提高了项目成功的机会并减小了不可避免风险所产生的后果。

风险管理法包含两个部分的内容,即第一部分是风险估计和风险控制;第二部分是选择用来进行风险估计和风险控制的技术。

风险管理法的实施要进行以下几步:

①根据在软件开发中可能产生的问题的一般经验和该项目所表现出的具体的困难,识别与产品需求、过程及资源的当前状态有关的风险。

②评价风险发生的概率以及对项目产生影响的代价。

③根据发生概率的高低以及对产品影响的严重性将风险项目排队,确认它们的严重性等级。

④根据风险的严重性等级以及开发项目的限制条件,选择控制技术并制定使用它们的计划。

⑤使用所选定的技术执行使用它们的计划并监视减小或化解风险的进程。

⑥根据风险排解的情况,风险状态会发生变化。有必要不断地、重复地评价风险并将新的风险状态重新排队,然后采取正确的措施加以化解。

风险管理质量控制法与目标问题度量法的区别有以下两个方面:

第一,风险管理法中,质量控制技术的使用目的比起目标问题度量法更有针对性,它直接指向那些最具潜在危险的、严重影响开发成功的地方,竭力避免在这些地方出错。

第二,正确地选择质量控制技术是整个风险管理法的一个重要的部分,而目标问题度量法更多的是关注选择质量目标以及监视这些目标的改善进程。

3.2.3 PDCA 质量控制法

PDCA 是 Plan—Do—Check—Action 四个英文单词首字母的缩写。它包括 4 个部分:计划、执行、检查和行动,如图 3-5 所示。

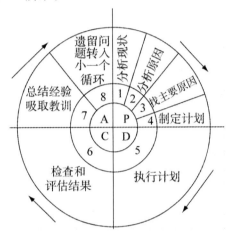

图 3-5 PDCA 质量控制阀组成示例图

(1)计划

计划就是分析当前现状,发现问题,找出原因和主要原因,制定质量方针、质量目标、质量计划书和管理原则等,如管理原则有"过程方法"、"管理的系统方法"和"持续改进"等。

(2)执行

执行是计划的履行和实现,主要按计划实地去做、去落实具体对策,并实施过程的监控,使活动按预期设想前进,最终达到计划设定的目标。

(3)检查

检查是对执行后效果的评估。检查是伴随着实施过程自始至终的,不断收集数据、信息获取的过程,并通过数据分析、结果度量来完成检查。检查在过程实施之初也应该经过充分的策划,为效果的评估做好评估。内部审核就是一项主要的检查工作。

在 PDCA 循环中,检查是承上启下的重要一环,是自我完善机制的关键所在。没有检查就无法发现问题,改进就无从谈起。在管理体系标准中,检查主要有如下两种形式。

第一,管理体系的检查,运用的工具是内部审核、管理评审、法律法规符合性评价、绩效测量等。

第二,产品和运行过程的检查,运用的工具是产品审核、产品检验、过程的监视和测量、安全关键特性的测量等。

它们是相辅相成的,如体系的检查指导着产品检查的顺利实施。

(4)行动

重点在于检查完结果,要采取措施,即总结成功的经验,吸取失败的教训,实施标准化,以后依据标准执行。行动是 PDCA 循环的升华过程,没有行动就不可能有提高。

PDCA 是一个循环、迭代的过程,这一点与前面的方法是一致的,但它还具有以下特点:

①对一个长期使用 PDCA 方法的开发组织来说,它的开发过程将不断地得到改善,从而不断地为产品设定新目标,不断地提高产品的质量和性能。

②PDCA 方法的成功取决于作为设定新目标基础的数据收集和检查活动。

③为找出缺陷的原因和发现改善的机会,PDCA 方法关注于过程、资源以及产品的度量。

3.3 软件质量改进的方法

当组织在数据收集和分析的基础上,按照一致而严格的步骤开展质量改进项目的活动时,质量改进就会逐步取得效益。

1. 全组织参与

当组织在质量改进上进行了很好的发动和管理时,该组织的全体人员及各管理层就会持续地承担并实施许多复杂程度不同的质量改进项目或活动。质量改进项目和活动会成为每个人员工作的一项正式内容,这些项目和活动的规模有大有小,有些需要组织跨部门的小组,甚至要由管理者参与实施,有些则由个人或小组承担。

质量改进项目或活动通常始于改进机会的识别,而改进机会的识别则基于对质量损失的测量和(或)与同领域占依靠地位的组织进行对比分析。一经确定,质量改进项目或活动就可以通过一系列步骤向前推进,并通过采取预防或纠正措施得以完成,最终使该过程达到和保持新的、更高的水平。质量改进项目或活动完成后,应立即选择和实施新的质量改进项目或活动。

2. 质量改进项目或活动的准备

组织的全体成员都应参与质量改进项目或活动的准备。对质量改进项目或活动的需要、范围和重要性应加以明确规定和论证。规定应包括有关的背景和历史情况,相关的质量损失以及目前的状况。如果可能,用具体的、定量的形式表述出来。应将项目或活动分配到人或小组,包括组长。应制定日程表并配置充足的资源。对质量改进项目或活动的范围、计划、资源配置和进展情况的定期评审也应做出规定。

3. 调查可能的原因

这一步骤的目的是通过数据的收集、确认和分析以提高对有待改进的过程性质的认识。应按照认真制定的计划采集数据。要尽可能客观地对原因进行调查,而不能去假设可能是什么原因并采取预防或纠正措施。决策应以事实为依据。

4. 确定因果关系

通过对数据进行分析,掌握待改进过程的性质,并确定可能的因果关系。区分巧合与因果关系是十分重要的,对那些所确定的似乎与数据保持高度一致性的因果关系,需要根据经认真制定的计划所采集的新数据加以验证和确认。

5. 采取预防或纠正措施

在确定因果关系后,应针对相应的原因制定不同的预防或纠正措施的方案并加以评价。

组织中参与该措施实施的成员应研究各方案的优缺点。能否成功地实施预防或纠正措施,取决于全体有关人员的合作。

6.确认改进

采取预防或纠正措施后,必须收集适当的数据并加以分析,以确认改进取得的结果。收集数据的环境应与以前为调查和确定因果关系而收集数据的环境相同。对伴随产生的其他结果,不管是希望的还是不希望的,也要求进行调查。

如果在采取预防或纠正措施之后,那些不希望的结果仍继续发生,且发生的频次与以前几乎相同,则需要重新确立质量改进项目或活动。

7.保持成果

质量改进结果经确认后,需保持下来。通常包括对规范和(或)作业或管理程序及方法进行更改,以及进行必要的教育和培训,并确保这些更改成为所有有关人员工作内容的一个组成部分。对改进后的过程则需要在新的水平上加以控制。

8.持续改进

如果所期望的改进已经实现,则应再选择和实施新的质量改进项目或活动。进一步改进质量的可能性总是存在的,可以根据新的目标再实施质量改进项目或活动。要安排好优先次序,为每一个质量改进项目或活动分配好时间期限,但时间期限不应限制有效的质量改进活动。

3.4 软件质量度量的方法

3.4.1 面向规模的度量

面向规模的软件度量是通过规范化质量或生产率的测量而得到的,这些测量基于所生产软件的"规模"。

图 3-6 是一个软件组织记录的简单的面向规模度量表示意图。该表列出了在过去几年中完成的每一个软件开发项目及其相关的度量。参考项目 alpha 表项:24 个人的月工作量,成本为 168000 美元,产生了 12100 行代码。应该注意到表中记录的工作量和成本涵盖了所有软件工程活动(分析、设计、编码及测试),而不仅仅是编码。项目 alpha 的更进一步的信息包括:产生了 365 页的文档;在软件发布之前,发现了 134 个错误;软件发布给用户之后运行的第一年中遇到了 29 个缺陷;3 个人参加了项目 alpha 的软件开发工作。

项目	LOC(代码行)	工作量	成本/千美元	文档页数	错误	缺陷	人员
Alpha	12100	24	163	365	134	29	3
beta	27200	62	440	1224	321	86	5
gamma	20200	43	314	1050	256	64	6
……							

图 3-6 面向规模的度量

这里选择代码行作为规范化值,以便能够产生可以与其他项目中同类度量相比较的度量。根据表中所包含的基本数据,能够为每个项目产生一组简单的面向规模的度量,并计算出其他有意义的度量:

- 每千行代码(KLOC)的错误数。
- 每千行代码(KLOC)的缺陷数。
- 每行代码(LOC)的成本。
- 每千行代码(KLOC)的文档页数。
- 每人月错误数。
- 每人月代码行(LOC)。
- 每页文档的成本。

这种度量并不是测量软件开发过程中的最好方法。大多数的争议都是围绕着使用代码行(LOC)作为关键的测量是否合适。LOC 测量的支持者称 LOC 是所有软件开发项目的"生成品",并且很容易进行计算;许多现有的软件估算模型使用 LOC 或 KLOC 作为关键的输入,并且已经有大量的文献和数据涉及 LOC。反对者们则认为 LOC 测量依赖于程序设计语言;它们对设计得很好、但较小的程序会产生不利的评判;它们不适用于非过程语言;而且它们在估算时需要一些可能难以得到的信息(如早在分析和设计完成之前,计划者就必须估算出要产生的 LOC)。

3.4.2 面向对象的度量

面向对象技术在当前比较盛行,面向对象软件开发的重点在于类,面向对象语言一般具有局部性、封装性、信息隐蔽性、继承性和抽象性等特征,必须采用面向对象度量方法。面向对象度量主要包括局部化度量、封装性度量、信息隐蔽性度量、继承性度量和抽象性度量,这些都体现在对于类的度量上。目前,用于面向对象度量的方法主要有 C&K 方法和 MOOD 方法两种。

1. C&K 方法

C&K 方法是基于继承树的一套面向对象度量方法,它定义了六个度量指标:类的加权方法数 WMC、继承树的深度 DIT、继承树的子数目 NOC、对象类间的耦合度 CBO、类的响应集合 RFC 和类的内聚缺乏度 LCOM。

①WMC 揭示用于开发和维护类的精力,WMC 的值越大,对子类的影响可能越大,其通用性和可复用性也就越差。

②DIT 的值越大,表示它可能的继承方法数目越大,复用程度越高,但将更难预测它的行为,且设计复杂性更大。

③NOC 的值越大,则复用性越好,表示该类在设计中的影响越大,此类应该成为测试重点。

④CBO 的值越大,则维护越难。

⑤RFC 的值越大,表示对该类进行测试和调试将更复杂。

⑥LCOM 的值越大,表示该类可以分裂成更多的子类,那么会增加类的复杂性,在开发过

程中也就越容易出错,类的内聚度越大越好,可以提高封装性。

2. MOOD 方法

MOOD 方法从封装性、继承性、耦合性和多态性四个方面给出了面向对象软件的六个度量指标。

①针对封装度量方面提出了两个指标:方法隐藏因子 MHF 和属性隐藏因子 AHF。

②针对继承度量方面提出了两个指标:方法继承因子 AIF 和属性继承因子 MIF。

③针对耦合度量方面提出了一个指标:耦合因子 CF。CF 能够判断每对类之间是否存在通过消息传递或语义联系产生的耦合。CF 的值越大,系统的封装性就越差,复用性也越差,可理解性也越差,维护的困难也越大。

④对多态性的度量,MOOD 方法用多态因子 PF 来衡量,它用继承的方法数目除以可能出现多态情况的最大方法数目,以此来反映一个系统的动态连接情况。

当然,面向对象的软件质量度量还处于发展阶段,这两种方法都仅揭示了软件的内部属性,还没有与软件的外部属性,如复杂性、可理解性、可维护性和可测试性等建立起对应关系,而人们更关心软件的外部属性,尚待进一步探究。

3.4.3 面向功能的度量

面向功能的软件度量使用软件所提供的功能的测量作为规范化值,由 Albrecht 首先提出,是一种基于功能点的测量。功能点是由基于软件信息领域可计算的(直接的)测量及软件复杂性的评估导出的。

功能点确定了五个信息域特性,信息域值按下列方式定义:

①用户输入数。计算每个用户输入,它们向软件提供面向应用的数据。

②用户输出数。计算每个用户输出,它们向用户提供面向应用的信息。

③用户查询数。一个查询被定义为一次联机输入,它导致软件以联机输出的方式产生实时的响应。每一个不同的查询都要计算。

④文件数。计算每个逻辑的主文件。

⑤外部接口数。计算所有机器可读的接口,利用这些接口可以将信息从一个系统传送到另一个系统。

收集到这些数据以后,就需要将每个计数与一个复杂度值(加权因子)关联上,采用功能点方法的组织建立一个标准以确定某个特定的条目是简单的、平均的还是复杂的。

有关功能点的计算还可以采用下面的方式:

$$FP = 总计数值 \times [0.65 + 0.01 \times \sum F_i]$$

式中,"总计数值"为所有条目的总和。

$F_i(i = 1 \sim 14)$ 是"复杂度调整值"(0~5)。等式中的常数和信息域值的加权因子是由经验确定的,如系统需要可靠的备份和复原吗?需要数据通信吗?有分布处理功能吗?系统是否在一个已有的、很实用的操作环境中运行?系统需要联机数据项吗?联机数据项是否需要在多屏幕或多操作之间切换以完成输入?需要联机更新主文件吗?输入、输出、文件或查询很复杂吗？内部处理复杂吗？代码需要被设计成是可复用的吗？设计中需要包括转换及安装吗？系统的设计支持不同组织的多次安装吗？应用的设计方便用户修改和使用吗？性能很关键吗？

一旦计算出功能点，则该以类似 LOC 的方法来使用它们，以规范软件生产率、质量及其他属性的测量：

①每个 FP 的错误数。

②每个 FP 的缺陷数。

③每个 FP 的成本。

④每个 FP 的文档页数。

⑤每人月完成的 FP 数。

3.4.4　扩展的功能点度量

针对功能点度量不适合于工程及嵌入式系统的情况，人们又提出了许多对功能点度量的扩展。在扩展的功能点度量中，一个功能点扩展称为特征点，是功能点度量的超集，能够用于系统及工程软件应用程序中。特征点度量适用于算法复杂性较高的应用程序。为了计算特征点，还要进行信息域值的计算及加权。除此之外，特征点度量增加了一个新的软件特性，即算法。算法定义为"特定计算机程序中所包含的一个特定的计算问题"。

实时系统和工程产品的功能点扩展由 Boeing 提出。Boeing 的方法是将软件的数据维与功能维及行为维集成起来考虑，以提供一个面向功能的测量，称为 3D 功能点度量，它适用于强调功能及控制能力的应用软件。这三个软件维的特性被"计算、定量及变换"成测量值，以提供软件的功能指标。

通过计算获得内部的程序数据结构和外部数据（输入、输出、查询及外部引用），并与复杂度测量（加权因子）结合起来，导出数据维的计算即可得到数据维的评估。而功能维的测量则是考虑"把输入变换成输出数据所需要的内部操作数"。为计算 3D 功能点，一个"变换"被视为一系列由一组语义表示的约束的加工步骤。一般情况下，一个变换是由一个算法来完成的，在处理输入数据，并将其变换成输出数据的过程中，它导致输入数据的根本改变。仅从一个文件中获取数据并简单地将其放到内存中的加工步骤并不是一个变换，因为数据本身并没有发生根本的改变。

为每个变换赋复杂度值是加工步骤数及控制加工步骤的语义语句数的一个函数。表 3-1 给出了在功能维中分配复杂度值的指导原则。

表 3-1　确定 3D 功能点中一个变换的复杂点值

语义语句 加工步骤	1～5	6～10	≥11
1～10	低	低	平均
11～20	低	平均	高
≥21	平均	高	高

　　控制维的测量是计算状态之间的变迁数。在控制维测量中,一个状态代表某种外部可见的行为模式,一个变迁是某个事件的结果,该事件引起软件或系统改变其行为模式(改变状态)。

　　在这里需要注意的是:功能点、特征点及 3D 功能点都代表同一种事物——软件提供的"功能"或"效用"。事实上,如果仅考虑应用软件的数据维,这些度量都得到同一个结果。对于更为复杂的实时系统,特征点计算的结果一般比仅仅使用功能点计算得到的结果高出 $20\% \sim 35\%$。

第4章　软件质量保证方法

4.1　软件开发环境的创建

要构建有效的开发环境,必须集中于人员(People)、问题(Problem)和过程(Process)三个方面。

4.1.1　不同阶层人员的配置

培养有创造力的、技术水平高的软件人员是关乎软件开发成败非常重要的因素,即"人因素"非常重要。软件工程研究所开发的人员管理能力成熟度模型(PM－CMM)的主要目的就在于"通过吸引、培养、鼓励和留住改善其软件开发能力所需的人才增强软件组织承担日益复杂的应用程序开发的能力,"人员管理成熟度模型为软件人员定义了以下的关键实践区域:招募,选择,业绩管理,培训,报酬,专业发展,组织和工作计划,以及团队精神/企业文化培养。在人员管理上达到较高成熟度的组织,更有可能实现有效的软件工程开发。

1. 项目参与者与项目负责人

参与软件过程(及每一个软件项目)的人员可以分为五类。对于这些软件项目参与人员。为了获得很高的效率,项目组的组织必须最大限度地发挥每个人的技术和能力。这是项目负责人的任务。

(1)高级管理者

高级管理者负责确定商业问题,这些问题往往对项目产生很大影响。有关高级管理者领导能力,Jerry Weinberg 在其论著中给出了领导能力的 MOI 模型:

①刺激(Motivate):鼓励(通过"推或拉")技术人员发挥其最大能力的一种能力。

②组织(Organization):融合已有的过程(或创造新的过程)的一种能力,使得最初的概念能够转换成最终的产品。

③想法(Ideas)或创新(Innovation):鼓励人们去创造,并感到有创造性的一种能力,即使他们必须工作在为特定软件产品或应用软件建立的约束下。

Weinberg 提出了成功的项目负责人应采用一种解决问题的管理风格,即软件项目经理应该集中于理解待解决的问题,管理新想法的交流,同时,让项目组的每一个人知道(通过言语,更重要的是通过行为)质量很重要,不能妥协。

(2)项目(技术)管理者

项目(技术)管理者在一个项目中必须计划、刺激、组织和控制软件开发人员。一个有效的项目管理者应该具有以下四种关键品质:

①解决问题。一个有效的软件项目经理应该能够准确地诊断出技术的和管理的问题;系统地计划解决方案;适当地刺激其他开发人员实现解决方案;把从以前的项目中学到的经验应用到新的环境下;如果最初的解决方案没有结果,能够灵活地改变方向。

②管理者的身份。一个好的项目经理必须掌管整个项目。他在必要时必须有信心进行控制,必须保证让优秀的技术人员能够按照他们的本性行事。

③成就。为了提高项目组的生产率,项目经理必须奖励具有主动性和做出成绩的人,并通过自己的行为表明约束下的冒险不会受到惩罚。

④影响和队伍建设。一个有效的项目经理必须能够"读懂"人;他必须能够理解语言的和非语言的信号,并对发出这些信号的人的要求做出反应。项目经理必须在高压力的环境下保持良好的控制能力。

(3)开发人员

负责开发一个产品或应用软件所需的专门技术人员。

(4)软件需求人员

负责说明待开发软件的需求的人员。

(5)最终用户

一旦软件发布成为产品,最终用户是直接与软件进行交互的人。

2.合理分配人力资源

具有凝聚力的小组,其成功的可能性会大大提高。下面给出为一个项目分配人力资源的若干可选方案,该项目需要 n 个人工作 k 年。

方法一:

· n 个人被分配来完成 m 个不同的功能任务,相对而言几乎没有合作的情况发生;

·协调是软件管理者的责任,而他可能同时还有六个其他项目要管。

方法二:

· n 个人被分配来完成 m 个不同的功能任务($m<n$),建立非正式的"小组";

·指定一个专门的小组负责人;

·小组之间的协调由软件管理者负责。

方法三:

· n 个人被分成 t 个小组;

·每一个小组完成一个或多个功能任务;

·每一个小组有一个特定的结构,该结构是为同一个项目的所有小组定义的;

·协调工作由小组和软件项目管理者共同控制。

这三种方法每一种都有其自身的优缺点,但是通过不断的实践验证,只有组织小组(方法三)是生产率最高的。

根据"最好的"小组组织的管理风格、组里的人员数目及他们的技术水平和整个问题的难易程度。Mantei 提出了三种一般的小组组织方式:

(1)民主分权式(Democratic Decentralized,DD)

采用民主分权式组织方式的软件工程小组中不指定固定的负责人。"任务协调者是短期指定的,之后就由其他协调不同任务的人取代"。问题和解决方法的确定是由小组讨论决策的。小组成员间的通信是平行的。

(2)控制分权式(Controlled Decentralized,CD)

采用控制分权式组织方式的软件工程小组有一个固定的负责人,能够协调特定的任务及负责子任务的二级负责人关系。问题解决仍是一个群体活动,但解决方案的实现是由小组负责人在子组之间进行划分的。子组和个人间的通信是平行的,但也会发生沿着控制层产生的上下级的通信。

(3)控制集权式(Controlled Centralized,CC)

在控制集权式组织方式中,顶层的问题解决和内部小组协调是由小组负责人管理的。负责人和小组成员之间的通信是上下级式的。

此外,Mantei 还给出了计划软件工程小组的结构时应该考虑的七个项目因素:

①待解决问题的困难程度。

②要产生的程序的规模,以代码行或者功能点来衡量。

③小组成员需要待在一起的时间(小组生命期)。

④问题能够被模块化的程度。

⑤待建造系统所要求的质量和可靠性。

⑥交付日期的严格程度。

⑦项目所需要的社交性(通信)的程度。

3. 协调和通信问题

对于一些大规模的软件开发项目,小组成员之间的关系往往比较复杂、混乱,协调起来比较困难。新的软件必须与已有的软件通信,并遵从系统或产品所加诸的预定义约束。为了有效地对它们进行处理,软件工程小组必须建立有效的方法,以协调参与工作的人员之间的关系。

建立小组成员之间及多个小组之间的正式的和非正式的通信机制是完成这项任务的主要手段。正式的通信是通过"文字、会议及其他相对而言非交互的和非个人的通信渠道"来实现的,而非正式的通信通常可以认为是软件工程小组的成员就出现的问题进行的日常交流。

4.1.2 问题合理的分解

随着项目的进展,经数周甚至数月的时间完成的软件需求的详细分析可能还会发生改变,即需求可能是不固定的。软件项目管理的第一个活动是软件范围的确定,软件项目范围在管理层和技术层都必须是无二义性的和可理解的。

问题分解又称为问题划分,是一个软件需求分析的核心活动。在确定软件范围的活动中并没有完全分解问题。分解一般用于两个主要领域:①必须交付的功能;②交付所用的过程。面对复杂的问题,经常采用问题分解的策略。也就是将一个复杂的问题划分成若干较易处理的小问题。由于成本和进度估算都是面向功能的,因此在估算开始前,将范围中所描述的软件功能评估和精化,以提供更多的细节是很有用的。

随着范围描述的进展,自然产生了第一级划分。项目组研究市场部与潜在用户的交谈资料,并找出自动拷贝编辑应该具有下列功能:

①拼写检查。

②语句文法检查。

③大型文档的参考书目关联检查(如对一本参考书的引用是否能在参考书目列表中找到)。

④大型文档中章节的参考书目关联的验证。

其中每一项都是软件要实现的子功能。同时,如果分解可以使计划更简单,则每一项又可以进一步精化。

4.1.3 过程模型的选择

软件开发过程必须选择一个适合项目组要开发的软件的过程模型,然后基于公共过程框架活动集合,定义一个初步的计划。待初步计划建立后,便可以开始进行过程分解,即建立一个完整的计划,以反映框架活动中所需要的工作任务。

软件项目组在选择最适合项目的软件工程范型以及选定的过程模型中所包含的软件工程任务时,有很大的灵活度。例如,一个相对较小的项目,如果与以前已开发过的项目相似,可以采用线性顺序模型;如果时间要求很紧,且问题能够被很好地划分,则可以选择 RAD 模型;如果时间太紧,不可能完成所有功能时,就可以选择增量模型。同样地,具有其他特性的项目将导致选择其他过程模型。一旦选定了过程模型,公共过程框架(Common Process Framework, CPF)应该适于它。CPF 可以用于线性模型,还可用于迭代和增量模型、演化模型,甚至是并发或构件组装模型。CPF 是不变的,充当一个软件组织所执行的所有软件工作的基础。

4.2 软件过程质量的度量

软件过程质量度量是对软件开发过程中各个方面质量指标进行度量,目的在于预测过程的未来性能,减少过程结果的偏差,对软件过程的行为进行目标管理,为过程控制、过程评价、持续改善等提供量化管理的基础。

软件过程质量会直接影响软件产品质量,通过软件过程质量的度量,提高过程成熟度以改进产品质量。而软件产品质量的度量反过来为提高软件过程质量提供必要的反馈和依据。

软件过程度量主要包括内容有:成熟度度量、管理度量和生命周期度量。

①过程成熟度度量(Maturity Metrics):主要包括组织能力度量、培训质量度量、文档标准化度量、过程定义能力度量、配置管理度量等。

②过程质量管理度量(Management Metrics):主要质量计划度量、质量审查度量、质量测试度量、质量保证度量等。

③生命周期度量(Life Cycle Metrics):主要包括需求过程度量、软件过程生产率度量、测试过程度量和维护过程度量等。

4.2.1 需求过程度量

对于需求过程的质量度量,除了需求分析中缺陷度量之外,主要集中在规约质量的度量和需求稳定性(需求变化)的度量上。当然,需求分析所存在问题也应该得到跟踪和度量,如 ICR (Issue Closed Rate)就是度量需求分析过程问题解决能力或效率。

1. 规约质量的度量

规约质量的度量是评估需求分析模型和相应的需求规格质量的特征,如明确性(无二义性)、完整性、正确性、可理解性、可验证性、内部和外部一致性、可完成性、简捷性、可追踪性、可修改性、精确性和可复用性等。此外,高质量的需求规格说明书应该是电子存储的、可执行的或至少可解释的、对相对重要性和稳定性进行注释的、在适当的详细级别提供版本化、组织、交叉引用和表示等。

尽管上述的许多特性在性质上看起来是定的,Davis 等人建议每一个质量特性可以用一到多个度量来表示。假设在一个规约中有 n_r 个需求,所以

$$n_r = n_f + n_{nf}$$

式中, n_f 为功能需求的数目; n_{nf} 为非功能需求数目(例如,性能)。为了确定需求的确定性(无二义性),Davis 等人建议了一种基于复审者对每个需求的解释的一致性的度量方法:

$$Q_1 = n_{ui}/n_r$$

式中, n_{ui} 是所有复审者都有相同解释的需求数目。当需求的模糊性越低时, Q 的值越接近 1。

功能需求的完整性可以通过计算以下比率获得:

$$Q_2 = n_u/(n_i \times n_s)$$

式中, n_u 为唯一功能需求的数目; n_i 为由需求规格定义或包含的输入的个数; n_s 为被表示的状态的个数。 Q_2 比率测度了一个系统所表示的必需的功能百分比,但是它并没有考虑非功能需求,为了把这些非功能需求结合到整体度量中以求完整,必须考虑需求已经被确认的程度。

$$Q_3 = n_c/(n_c \times n_{mv})$$

式中, n_c 为已经确认为正确的需求的个数; n_{mv} 为尚未被确认的需求的个数。

2. 需求稳定性的度量

对于软件的需求,常常难以一次性定义清楚,需求的变化又是必然的,而需求的变化必然影响到软件开发过程后面的各个阶段,包括设计、编程和测试等,所以说需求变化为对开发过程影响最大的因素之一,软件需求定性度量是关键性度量之一。

需求稳定性度量通过需求稳定因子(Requirements Stability Index,RSI)来表示,即

RSI=(所有确定的需求数－累计的需求变化请求数)/所有确定的需求数

所有确定的需求数(The Number of all Resolved Requirements Request,N3R)可以表示为

N3R＝初始需求请求列表数＋接受的需求变化请求数

而接受的需求变化请求数是累计的需求变化请求数和待定的需求变化请求数之差,其过程是动态的,软件开发过程中越到后面,需求越趋于稳定。RSI 越大,需求越稳定,其值越接近于 1。

4.2.2　软件过程生产率度量

软件生产率度量(Productivity Measurement)是在现有人员的能力和历史数据分析基础之上,来测量人员的生产力水平,包括软件开发过程整体生产率(成本核算模型)、软件编程效率和软件测试效率等,常常用产生代码行数/人·月,测试用例数/人·日等表示。

不管是为面向对象项目类/对象点的生产率度量,还是为面向过语言的功能点生产率度量都是两维的:工作量和产出。然而在软件中,尤其是项目级的生产率其概念是三维的:产出(交

付的大小或功能)、工作量和时间。由于在时间和工作量之间的关系不是线性的,因此,时间维不能被忽视。如果质量作为另一个变量,则生产率概念就变成四维的了,如图 4-1 所示。假如质量保持不变或质量标准作为已交付的需求的一部分,避免把生产率和质量混合起来而引起混乱,生产率还是保持一个三维的概念。

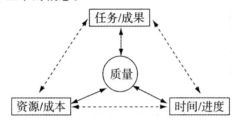

图 4-1　软件生产率度量的三维关系

保持其中的任何两维不变,变化的就是第三维。如工作量(任务)和资源(成本)不变,要提高生产率,就是缩短时间、加快进度;工作量(任务)和时间(进度)不变,按时发布产品,要提高生产率,就是尽量节省资源、降低成本。

软件生产率的度量是通过每人日代码行、每人月功能点、每人年类数或每个类平均人天数等这样的测量来实现的,尽管测量单位不同,但概念是一样的,都是测量每个工作量单位产生出的程序量。程序量可以用软件规模度量来计算,如代码行、功能点、类等,而工作量单位就更容易理解,不外乎是:人时(Man－hour)、人日(Man－day)、人月(Man－month)或人年(Man－year)。

对于每人月类数的影响因素,已经做了相关研究,并得到了一定的成果,如掌握影响差异的相关因子,包括模型类 vs. 用户接口类、具体类 vs. 抽象类、关键类 vs. 支持类、框架(Framework)类 vs. 客户类以及不成熟类 vs. 成熟类。

Stephen H. Kan 给出了来自于 IBM 开发的两个面向对象项目的数据,一个是开发商业框架的,另一个是 Web 服务有关的软件,测量限定在开发和测试而排除与设计及体系结构相关的工作量,其生产率数据如表 4-1 所示。

表 4-1　不同类型的应用软件对生产率的影响

	类(C++)	方法(C++)	Class/man－month	Methods/man－month
Web 服务	598	1029	2.6	3.5
框架	3215	24670	1.9	14.8

这个项目的生产率比前面讨论的业界标准要低得多。这些数据反映了不同的应用程序、软件系统、开发项目,其结果也有较大的不同。

4.2.3　测试过程度量

度量测试阶段的过程度量内容或项目很多,包括软件测试进度、测试覆盖度、测试缺陷出现/到达曲线、测试缺陷累积曲线、测试效率等。在进行测试过程度量时,要基于软件规模度量(如功能点、对象点等)、复杂性度量、项目度量等方法,可以从 3 个不同的测度来衡量度量测试的过程状态。

①测试广度是指在某一时刻测量提供的需求,有多少(在所有需求的数目中)已经被测试,它用来度量测试计划的执行、测试进度等状态。

②测试深度是对被测试覆盖的独立基本路径占程序中的基本路径的总数的百分比的测度,基本路径数目的度量可以用 McCabe 环形计算复杂度方法来计算。

③过程中收集的缺陷数度量,发现的、修正的和关闭的缺陷数量在过程中的差异、发展趋势等,为过程质量、开发资源额外投入、软件发布预测提供重要依据。

如前所述,测试过程的度量可以将过程状态度量和过程结果度量结合起来分析,使测试过程度量更有效。

在测试阶段,主要的过程质量度量如下:

①缺陷度量或缺陷分布度量(包括分布统计和密度)。

②测试用例的深度、质量、覆盖率和有效性。

③测试执行的效率和质量(例如执行率、通过率等)。

④缺陷报告的质量。

⑤测试覆盖率(测试整体的质量)。

⑥测试环境的稳定性或有效性。

缺陷度量是测试阶段的主要度量内容,包括产品缺陷度量和缺陷过程度量。测试环境的稳定性或有效性度量,就像软件有效性一样,用 MTTF 来测量。

下面将简单介绍测试用例的度量、基于需求的测试覆盖评估、基于代码的测试覆盖评估等度量。

(1)测试用例的深度、质量和有效性

测试用例是测试执行的基础,其质量的好坏直接关系到测试的质量,也就影响着软件质量的保证过程。测试用例的度量将包含测试用例的深度、质量和有效性,还包含自动化程度的度量,即多少比例的测试用例已实现自动化了。

测试用例的深度(Test Case Depth,TCD)度量可以表示为每千行代码(KLOC)的测试用例数或每个功能点/对象点的测试用例数,而测试用例的效率可以用每 100 或 1000 个测试用例所发现的缺陷数来衡量,不同的测试阶段是不一样,应该对同一阶段的不同版本进行比较,而不宜对同一版本的不同阶段进行比较。而测试用例的质量(Test Case Quality,TCQ)可以用测试用例发现的缺陷数量来度量,即

$$TCQ = 测试用例发现的缺陷数量/总的缺陷数量$$

因为还有一部分缺陷可以通过 ad－hoc 测试(随机、自由的测试)、集体走查(Work－through)和 Fire－drill 测试(类似消防训练的用户压力/验收测试)等其他手段发现。

(2)测试执行的效率和质量

测试执行的质量一般可以用软件发布后所遗留的软件缺陷和总缺陷数的比值来衡量,一般要求低于 0.5%,也可以通过种子公式或交叉测试等方法衡量。测试执行的效率可以用如下方法来综合度量:

①每个人日所执行的测试用例数。

②每个人日所发现的缺陷数。

③每修改 KLOC 所运行的测试用例数。

（3）缺陷报告的质量

缺陷报告质量是评估测试人员工作质量的方法之一。可测量的指标如下：

①缺陷报告有效性。所有修正或关闭的(等级高的)缺陷和测试人员所报的所有(等级高的)缺陷的比值，这个值越接近 1，有效性就越高，如果只考察等级高的缺陷，其正常值大约在 0.92～0.96。

②缺陷报告质量。可以用一些缺陷中间状态为"需要补充信息"、"不是缺陷"的缺陷数量来衡量，一般占总缺陷数的 3%～5% 为正常，高于或低于这个值都可能不正常，高于 5% 说明缺陷报告质量低；低于 3% 说明测试人员缺少怀疑精神。

（4）基于需求的测试覆盖评估

基于需求的测试覆盖评估是依赖于对已执行/运行的测试用例的核实和分析，所以基于需求的测试覆盖评测就转化为评估测试用例覆盖率，测试的目标是确保 100% 的测试用例全部成功地执行。

通常在测试计划中就定义了测试的工作量、测试用例数量和测试用例覆盖率（98%～100%），根据事先确定的测试日程安排，可以将测试计划值做成曲线，然后根据实际执行结果，定期（每天或每周）去画实际值曲线，从而可以实施测试全过程监控和预测。

在执行测试活动中，评估测试用例覆盖率又可分为两类测试用例覆盖率估算。

①确定已经执行的测试用例覆盖率，即在所有测试用例中有多少测试用例已被执行。假定 Tx 是已执行的测试过程数或测试用例数，R_{ft} 是测试需求的总数：

$$已执行的测试覆盖 = Tx/R_{ft}$$

②确定成功的测试用例覆盖率，即在所有执行的测试用例中有多少是成功执行的。假定 Ts 是已执行的完全成功、没有缺陷的测试过程数或测试用例数。

$$成功的测试覆盖 = Ts/R_{ft}$$

（5）基于代码的测试覆盖评估

基于代码的测试覆盖评估是对被测试的程序代码语句、路径或条件的覆盖率分析。如果应用基于代码的覆盖，则测试策略是根据被测试过的源代码数量来制定。这种测试覆盖策略类型对于安全至上的系统是十分重要的。

评估代码覆盖率，需要断定测试目标期望的被测的代码行总数，在测试中执行过的代码行数及其百分比，将此结果记录在测试评估报告中；代码覆盖可以建立在控制流（语句、分支或路径）或数据流的基础上；控制流覆盖的目的是测试代码行、分支条件、代码中的路径或软件控制流的其他元素；数据流覆盖的目的是通过软件操作测试数据状态是否有效。

基于代码的测试覆盖率通过以下公式计算：

$$已执行的测试覆盖 = Tc/Tnc$$

式中，Tc 为用代码语句、条件分支、代码路径、数据状态判定点或数据元素名表示的已执行项目数；Tnc 为代码中的项目总数。

4.2.4 维护过程度量

当一个软件产品的开发过程完成之后，该产品被发布到软件服务运行环境或投入市场时，软件就进入了维护阶段。维护阶段的度量是用平均失效时间（MTTF）、基于时间缺陷（或用户问题数）到达率来实现。这两项度量是描述维护阶段产品质量及其改进的过程，但还不能完全反映维护过程的质量，因此，还需要定义其他一些指标度量软件维护工作。

维护阶段的需求变化和缺陷是软件维护最主要的工作，需求变化可以继续用需求稳定因子来度量，缺陷修正的度量指标是缺陷到达率和报告的问题修复率，可以简单地计算每个月或每个星期末没有解决的用户所报告问题以及用趋势图来直观表征缺陷修正的过程。

积压缺陷管理指标（BMI）也是维护过程的有效的度量，BMI 反映的是解决的问题与该月报告的问题的比率。假如 BMI 大于 100%，则表示积压的缺陷正在减少；假如 BMI 小于 100%，则表示积压的缺陷正在增加。更重要的是，通过控制技术来帮助维护过程的改进。如设定适当的控制限度，一旦超过了控制限度时应当进行更多的调查和分析，采取相应的、有效的措施。

IEEE Std.982.1－1958 建议了一个软件成熟度指标（SMI），它提供了对软件产品的稳定性的指示（基于为每一个产品的发布而做的变更），以下信息可以确定：

$$M_T = \text{当前发布中的模块数}$$
$$F_c = \text{当前发布中已变更的模块数}$$
$$F_a = \text{当前发布中已增加的模块数}$$
$$F_d = \text{当前发布中已删除的前一发布中的模块数}$$

软件成熟度指标以下面的方式计算：

$$SMI = [M_T - (F_a + F_c + F_d)]/M_T$$

当 SMI 接近 1.0 时，产品开始稳定。SMI 也可以用做计划软件维护活动的度量。产生一个软件产品的发布的平均时间可以和 SMI 关联起来，而且也可以开发一个维护工作量的经验模型。

4.3　软件产品质量的度量

软件产品质量包含了两个层次——产品本质质量和用户满意度，因此，软件产品质量度量主要集中在以下几个方面。

①软件平均失效时间，即 MTTF 度量，方法用来测量失效之间的时间间隔的平均值。

②缺陷密度，基于软件规模（源代码行数、功能点数、对象点数等）来测量每个单位内的缺陷数或预测软件发表后潜在的产品缺陷。

③软件产品质量属性度量，如复杂性度量、内聚力、耦合性、适用性、可用性、可维护性、可扩充性度量等。

④可靠性度量。

⑤顾客满意度度量。

4.3.1　软件复杂性度量

软件复杂性的度量可以评估软件系统的可测试性、可靠性和可维护性，可以提高工作量估计的有效型和精度，并且在测试和维护过程中，帮助选择更有效的方法来提高软件系统的质量和可靠性以及今后系统设计、程序设计的改进。

1. McCabe 复杂性度量

McCabe 复杂性度量建立在程序控制流和图论的基础上,它将程序控制流表示为有向图,将程序复杂性定义为有向图的 Cyclomatic 数,即线性独立回路的最大个数。

(1)图

一个图 G 是一个三元组 $[v(G),E(G),\varphi_G]$,其中 $v(G)$ 是一个非空节点集合,$E(G)$ 是边集合,φ_G 是从边集合 E 到节点无序偶或有序偶集合上的函数。

如果边 e_i 与节点无序偶 (v_j,v_k) 相关联,则称该边为无向边。如果 e'_j 与节点有序偶 (v_j,v_k) 相关联,则称该边为有向边。每一条边都是无向边的图称之为无向图,如图 4-2 所示。每一条边都是有向边的图称之为有向图,如图 4-3 所示。

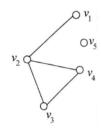
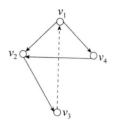

图 4-2 无向图　　　　图 4-3 有向图

一个有向图是强连通的,即对于图 G 中的任何一对节点,两者之间总是相互可达的。

(2)Cyclomatic 数

强连通有向图的 Cyclomatic 数定义为

$$v(G)=m-n+1$$

式中,m 为图 G 边的条数;n 为图 G 的节点个数。

对于图 4-3 有:$m=5,n=4$,于是 $v(G)=m-n+1=5-4+1=2$。

(3)程序的图形表示

计算程序的 McCabe 度量,首先要将程序的控制流表示为有向图。图 4-4 所示的程序控制流的图形,表示为图 4-5。

程序起点为 start,第一个处理节点为 entry,最后一个处理节点为 exit,节点为 stop。由于从节点 k 没有路径可达节点 a,显然图 4-5 不是强连通的。如果人为地附加一有向边 13,这样就得到一个强连通图,如图 4-6 所示。

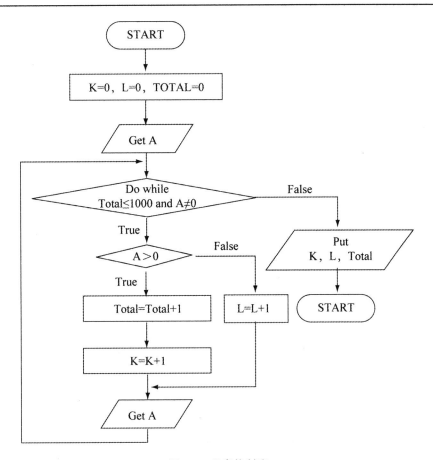

图 4-4　程序控制流

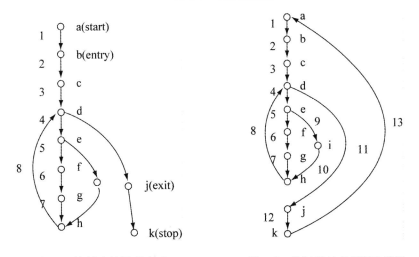

图 4-5　控制流的图形表示　　　图 4-6　控制流对应的强连通图

（4）McCabe 度量

程序的 McCabe 度量即为程序控制流对应的附加有向边所构成的强连通图的 Cyclomatic 数。

对于图 4-6 有：$m = 13, n = 11$，于是 $v(G) = m - n + 1 = 13 - 11 + 1 = 3$。

（5）结构化控制结构

Mills 曾证明，任一程序都可用 IF－THEN－ELSE、DO WHILE 和 SEQUENCE 三种控制结构来描述。以下分别讨论这三种结构的 McCabe 度量。

①IF－THEN－ELSE 结构。图 4-7 所示是一个典型的 IF－THEN－ELSE 结构，它所对应的强连通图如图 4-8 所示。对于图 4-8 有：$m = 6, n = 5$，于是 $v(G) = m - n + 1 = 6 - 5 + 1 = 2$。

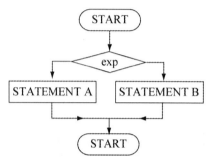

图 4-7　IF－THEN－ELSE 结构　　　　图 4-8　IF－THEN－ELSE 结构的强连通图

②DO WHILE 结构。图 4-9 所示为一个典型的 DO WHILE 结构，它所对应的强连通图如图 4-10 所示。对于图 4-10 有：$m = 5, n = 4$，则可以得到 $v(G) = m - n + 1 = 5 - 4 + 1 = 2$。

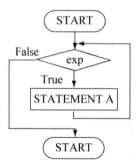

图 4-9　DO WHILE 结构　　　　图 4-10　DO WHILE 结构的强连通图

③SEQUENCE 结构。图 4-11 所示为一个典型的 SEQUENCE 结构，它所对应的强连通图如图 4-12 所示。对于图 4-12 有：$m = 4, n = 4$，于是 $v(G) = m - n + 1 = 4 - 4 + 1 = 1$。

由此可见，McCabe 度量的实质是对程序控制流复杂性的度量，它没有考虑程序的数据流。SEQUENCE 结构复杂性最低，而程序每增加一个决策点，复杂性便增加 1。

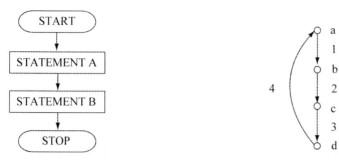

图 4-11 SEQUENCE 结构　　　　图 4-12 SEQUENCE 结构的强连通图

2. Halstead 复杂性度量

Halstead 复杂性度量的实质就是对文本的复杂性进行度量,其基本思想是对源程序进行静态分析,通过统计程序中的操作符和操作数对软件中潜在的缺陷数及开发工作量等进行估计。

设 n_1 表示程序中不同操作符的数量,n_2 表示程序中不同操作数的数量;N_1 表示程序中操作符出现的总数;N_2 表示程序中操作数出现的总数。以下给出一个用 PL/I 语言编制的源程序片断。

/ * X becomes the maximum of A and B * /

if A>B

then X=A;

else X=B;

显然有:$n_1 = 4, N_1 = 6, n_2 = 3, N_2 = 6$。

在软件实现结束之后,可根据这些数据预计以下度量元。

(1)程序词汇量

$$l = n_1 + n_2$$

(2)观察到的程序长度

$$L = N_1 + N_2$$

(3)估计的程序长度

$$\hat{L} = n_1 \log_2 n_1 + n_2 \log_2 n_2, \hat{L} = \log_2 (n_1 !) + \log_2 (n_2 !)$$

(4)程序量

$$V = L \log_2 l$$

长度为 L 的程序中有 l 个词汇,可以认为等概率地选自 $l = n_1 + n_2$ 词汇,对程序设计人员来说,熵为 $H = -L \log_2 (n_1 + n_2) = -L \log_2 l$,其绝对值为 V,反映了程序在词汇上的复杂性。

(5)程序实现难度

$$D = \frac{n_1}{2} \times \frac{N_2}{n_2}$$

式中,N_2 可以用 $n_2 \log_2 n_2$ 估计。

（6）程序级别

$$L_1 = \frac{1}{D}$$

高级程序设计语言的程序级别接近或达到 1，对于低级程序设计语言，L_1 的值在 0～1 之间。

（7）程序员工作量

$$E = \frac{V}{L_1}$$

这里的程序员工作量指的是实现已有算法，从规模为 $l = n_1 + n_2$ 的符号表中做 $L = N_1 + N_2$ 次选择，需要 $V = L\log_2 l$ 次比较。考虑到程序实现的困难，每次比较都要 $D = \frac{n_1}{2} \times \frac{N_2}{n_2}$ 次心理判别，因此，总的心理判别数为 $E = V \times D$。

（8）需要时间

$$T = \frac{E}{S}$$

式中，S 为 Stroud 数，其典型值为每秒 5～20 个初等智力鉴别单位。

（9）缺陷数

$$B = \frac{V}{3000} \approx \frac{E^{2/3}}{3000}$$

Halstead 指出，对于一般的程序设计语言，如 C 语言、PL/I 语言、FORTRAN 语言等，D＜115；如果 D＞160，则说明该程序存在着严重的问题。

对于前面的例子，根据上述计算公式，可得到

$$l = n_1 + n_2 = 4 + 3 = 7$$

$$L = N_1 + N_2 = 6 + 6 = 12$$

$$\hat{L} = n_1\log_2 n_1 + n_2\log_2 n_2 = 4\log_2 4 + 3\log_2 3 = 12.76$$

$$\hat{L} = \log_2(n_1!) + \log_2(n_2!) = \log_2(4!) + \log_2(3!) = 7.71$$

$$V = L\log_2 l = 12\log_2 7 = 33.68$$

$$D = \frac{n_1}{2} \times \frac{N_2}{n_2} = \frac{4}{2} \times \frac{6}{3} = 4.0$$

$$L_1 = \frac{1}{D} = \frac{1}{4} = 0.25$$

$$E = \frac{V}{L_1} = \frac{33.68}{0.25} = 134.72$$

$$T = \frac{E}{S} = \frac{134.72}{5} = 26.94 \quad （取 S = 5）$$

$$B = \frac{V}{3000} = \frac{33.68}{3000} = 0.011$$

在实际应用中，应从 Halstead 假设来分析其适用范围，它的基本参数只有 n_1、n_2、N_1、N_2。即使是 n_1、n_2、N_1、N_2 基本相同的软件，由于问题本身的差异及其复杂性，详细设计的控制结构、数据结构的复杂程度可能相差甚远。

Halstead 度量考虑的是标准水平的软件开发人员，引用了比较起来不那么精确的心理学

成果如 Stroud 数,导致度量的精度不高。但是如果把它的应用限制在编码实现阶段,即便是较粗糙的度量仍然是有意义的。

对于 Halstead 度量中的缺陷数的估计存在着不少争议。由于软件缺陷的产生来源于很多因素,不仅仅取决于 n_1、n_2、N_1、N_2。如 Naib 等人提出的改进建议,软件的缺陷数在相当程度上与软件开发组织本身的质量控制水平和开发能力等相关,不同的开发组织以及不同的开发人员是不同的。

程序设计语言一般在软件需求分析阶段就已经确定,编程人员使用的操作符个数 n_1 即基本确定;软件需求规格说明与概要设计文档中确定的输入、输出数 n_2^* 就基本接近于 n_2。因此,在概要设计阶段就可以用 Halstead 公式对 N 的估计值 N^* 做出估计,对给定的程序设计语言有从统计得出的转换系数 C_1,于是就可以估计源程序行数 N^*/C_1。这样,就可以很容易地估算出软件的编码实现成本。

3. Thayer 度量

Thayer 认为,要得到程序的复杂性度量就必须清楚程序的内在因素和逻辑结构。他同时认为,程序的复杂性由程序的以下内在因素所决定:

· 程序的可读性:与程序的注释语句有关。
· 逻辑复杂性:与程序的分支、循环结构等有关。
· 输入/输出复杂性:与程序的输入/输出语句有关。
· 计算复杂性:与程序中的赋值语句及其所包含的算术运算符有关。
· 接口复杂性:涉及构成软件的各个单元之间以及应用软件与系统软件、软件与硬件之间的接口关系。

(1)逻辑复杂性

对于逻辑复杂性,用 L_{TOT} 表示软件中每一个单元的复杂性,其定义为

$$L_{TOT} = \frac{LS}{EX} + L_{LOOP} + L_{IF} + L_{BR}$$

式中,LS 为逻辑语句的数量;EX 为可执行语句的数量;L_{LOOP} 为循环复杂性度量;L_{IF} 为 IF 条件语句的复杂性度量;L_{BR} 为分支复杂性度量。

循环复杂性度量 L_{LOOP} 可用下式进行计算

$$L_{LOOP} = \left(\sum M_I W_I \right) 1000, W_I = 4^{I-1} \left(\frac{3}{4^q - 1} \right), \sum W_I = 1$$

式中,M_I 为软件单元在第 i 嵌套层中的循环次数;W_I 为权系数;q 为软件单元中的最大嵌套数;系数 1000 是按逻辑循环在逻辑复杂性 LTOT 中的相对重要性赋予的。

IF 条件语句复杂性度量 L_{IF} 可按下式进行计算

$$L_{IF} = \left(\sum N_i W_I \right) 1000$$

式中,N_i 为软件单元中第 i 嵌套层中 IF 条件语句数量;W_I 为权系数;系数 1000 是按 IF 条件语句在逻辑复杂性 L_{TOT} 中的相对重要性赋予的。

分支复杂性度量 L_{BR} 可按下式进行计算

$$L_{BR} = 0.005 N_{BR}$$

式中,N_{BR} 为软件单元中的分支数;系数 0.005 是按逻辑复杂性中分支系数的相对重要性

赋予的。

（2）接口复杂性

对于接口复杂性，其定义为

$$C_{INF} = AP + 0.5(SYS)$$

式中，AP 为软件单元与其他单元的接口数；SYS 为软件单元与系统程序的接口；系数 0.5 是用来反应系统程序接口与应用程序接口的相对重要性。

（3）计算复杂性

对于计算复杂性，其定义为

$$CC = \frac{CS}{EX} \times \frac{L_{SYS}}{\sum CS} \times CS, L_{SYS} = \sum L_{TOT}$$

式中，CS 为用于计算的语句数。

（4）输入/输出复杂性

对于输入/输出复杂性，其定义为

$$C_{I/O} = \frac{S_{I/O}}{EX} \times \frac{L_{SYS}}{\sum S_{I/O}} \times S_{I/O}$$

式中，$S_{I/O}$ 为软件单元中输入/输出的语句数量。

（5）程序的可读性

程序的可读性是一个非常复杂的度量，因为程序的可读性越高，程序的复杂性就越小，其定义为

$$U_{READ} = \frac{COM}{TS + COM}$$

式中，TS 为软件单元中可执行语句和不可执行语句之和，但不包括注释语句；COM 为注释语句的数量。

（6）软件单元的复杂性

软件单元的复杂性定义为

$$C_{TOT} = L_{TOT} + 0.1C_{INF} + 0.2CC + 0.4C_{I/O} + (-0.1)U_{READ}$$

式中，四个权系数 0.1、0.2、0.4 和 −0.1 分别用来权衡各个子因素对软件单元复杂性的影响程度。

4.3.2　软件缺陷度量

质量是反映软件与需求相符程度的指标，而缺陷被认为是软件与需求不一致的某种表现，因此通过对测试过程中所有已发现的缺陷进行评估，可以了解软件的质量状况。也就是说，软件缺陷评估是评估软件质量的重要途径之一，软件缺陷评估指标可以看作是度量软件产品质量的重要指标，而且缺陷分析也可以用来评估当前软件的可靠性或预测软件产品的可靠性变化。

软件评估首先是建立基线，为软件产品的质量、软件测试评估设置起点，这个基准线上再设置测试的目标，作为对系统评估是否通过的标准。缺陷评测的基线是对某一类或某一组织的结果的一种度量，这种结果可能是常见的或典型的。基准对期望值的管理有很大帮助，目标

就是相对基准而存在,也就是定义可接受行为的基准,如表 4-2 所示。

表 4-2　某个软件项目质量的基准和目标

条　　目	目　　标	低 水 平
缺陷清除效率	＞95％	＜70％
缺陷密度	每个功能点＜4	每个功能点＞7
超出风险之外的成本	0％	≥10％
全部需求功能点	＜1％每个月平均值	≥50％
全部程序文档	每个功能点页数＜3	每个功能点页数＞6

软件缺陷评估的方法有很多,从简单的缺陷计数到严格的统计建模,基于缺陷分析的产品质量评估方法如下。

1. 缺陷密度

Myers 有一个关于软件测试的著名的反直觉原则:在测试中发现缺陷多的地方,还有更多的缺陷将会被发现。这个原则背后的原因在于:缺陷发现缺陷多的地方、漏掉的缺陷可能性也会越大,或者表示测试效率没有被显著改善之前,则在纠正缺陷时将引入较多的错误。这条原理的数学表达就是缺陷密度的度量——每 KLOC 或每个功能点(或类似功能点的度量——对象点、数据点、特征点等)的缺陷数,缺陷密度越低意味着产品质量越高。

2. 缺陷率

缺陷率的通用概念是一定时间范围内的缺陷数与错误几率(Opportunities For Error,OFE)的比值。前面已经讨论过软件缺陷和失败的定义,失败是缺陷的实例化,可以用观测到的失败的不同原因数来近似估算软件中的缺陷数目。

软件产品缺陷率,即使对一个特定的产品,在其发布后不同时段也是不同的。例如,对应用软件,90％以上的缺陷是在发布后两年内被发现出来。而对操作系统,90％以上的缺陷通常在产品发布后需要 4 年的时间才能被发现出来。

3. 阶段性缺陷清除率

阶段性缺陷清除率是测试缺陷密度度量的扩展。除测试外,它要求跟踪开发周期所有阶段中的缺陷,包括需求评审、设计评审、代码审查。由于编程缺陷中的百分比很大程度上是同设计问题有关的,进行正式评审或功能验证以增强前期过程的缺陷清除率有助于减少出错的注入。基于阶段的缺陷清除模型反映开发工程总的缺陷清除能力。

进一步分析缺陷清除有效性(Defect Remove Efficiency,DRE),DRE 可以定义为:

$$\frac{开发阶段清除的缺陷数}{产品中潜伏的缺陷数} \times 100\%$$

由于潜伏缺陷的总数是不知道的,因此,必须通过一些方法获得其近似值,如经典的种子公式方法。当用于前期的和特定阶段的时候,此时 DRE 相应地被称为早期缺陷清除有效性和阶段有效性,对给定阶段的潜伏缺陷数,可以估计为

当前阶段的潜伏缺陷数＝当前阶段排除的缺陷数＋以后发现的缺陷数

给定阶段的 DRE 度量值越高,遗漏到下一个阶段的缺陷就越少。

缺陷在各个阶段注入到阶段性产品或者成果中去,如表 4-3 所示是与缺陷注入和清除相关联的活动分析,通过该表可以更好地理解缺陷清除有效性。回归缺陷是由于修正当前缺陷时而引起相关的、新的缺陷,因此,即使在测试阶段,也会产生新的缺陷。

表 4-3 与缺陷注入和清除相关联的活动分析

开发阶段	缺陷注入	缺陷清除
需求	系统/概要设计	详细/程序设计
编码和单元测试	集成测试	系统测试
验收测试	需求收集过程和功能规格说明书	设计工作
设计工作	编码	集成过程、回归缺陷
回归缺陷	回归缺陷	需求分析和评审
设计评审	设计评审	代码审查、测试
构建验证、测试	测试、评审	测试、评审

这样,阶段性的 DRE 又可以定义为

$$\frac{(这一阶段)排除的缺陷数}{(这一阶段)入口处存在的缺陷数 + (这一阶段)开发过程中注入的缺陷数} \times 100\%$$

清除的缺陷数等于检测到的缺陷数减去不正确修正的缺陷数。如果不正确修正的缺陷数所占的比例很低(经验数据表明,测试阶段大概为 2%),清除的缺陷数就近似于检测到的缺陷数。

4.整体缺陷清除率

首先引入几个变量,F 为描述软件规模用的功能点;D_1 为在软件开发过程中发现的所有缺陷数;D_2 为软件发布后发现的缺陷数;D 为发现的总缺陷数。因此,$D = D_1 + D_2$。

对于一个应用软件项目,则有如下计算方程式(从不同的角度估算软件的质量)。

① 质量 $= D_2/F$。

② 缺陷注入率 $= D/F$。

③ 整体缺陷清除率 $= D_1/D$。

假如有 100 个功能点,即 $F = 100$,而在开发过程中发现了 20 个错误,提交后又发现了 3 个错误,则 $D_1 = 20, D_2 = 3, D = D_1 + D_2 = 23$。

① 质量(每功能点的缺陷数)$= D_2/F = 3/100 = 0.03(3\%)$

② 缺陷注入率 $= D/F = 20/100 = 0.20(20\%)$

③ 整体缺陷清除率 $= D_1/D = 20/23 = 0.8696(86.96\%)$

有资料统计,美国的平均整体缺陷清除率目前只达到大约 85%,而对一些具有良好管理和流程等著名的软件公司,其主流软件产品的缺陷清除率可以超过 98%。

4.3.3 顾客满意度度量

顾客满意,可以说是软件产品质量最终的体现,因此也是软件产品度量的最重要组成部分。顾客满意度指标(Customer Satisfaction Index,CSI)以顾客满意研究为基础,对顾客满意度加以界定和描述。顾客满意度度量一般都通过对顾客进行访问、调查、分析来获得,但对具体的一次度量,会因为质量策略、质量管理理念、价值取向等不同,造成其度量的焦点也不同。简单的度量只有一个度量指标——顾客满意度,复杂的度量把顾客满意度量分解为多个度量的指标。

顾客满意度度量是改善服务过程中不可或缺的一部分,是任何一个业务流程都必须提供的。相关的顾客反馈带来的好处可能远远胜于度量本身,确实可以给软件组织带来不可低估的衍生利益。度量的作用如下。

①了解所提供的服务、产品,从而更好地改进产品或服务。

②专注化的服务——向顾客传递更为清晰的信息,在内部员工中和外部的顾客中传达顾客导向。

③度量期望与交付之间的差距,使目标更清楚,从而提高控制能力。

④根据顾客导向来进行资源分配,提高服务效率。

⑤在管理流程中加入要素置换。

⑥更多的员工,提高质量意识、成就感、工作满足感。

⑦更多的顾客参与,更好的内部与外部沟通。

⑧获得更多有关竞争对手的反馈。

顾客满意度的度量,主要有以下三种工具。

1. 顾客满意度级度

顾客满意度级度(CSM)是指顾客满意度的等级体系,有 3 级度法、5 级度法、7 级度法、9 级度法、10 级度法等。一般常用的是 3 级度法、5 级度法和 7 级度法,尤以 5 级度法最常见。

顾客满意度级度,可以用数轴来表示,以 7 级度法为例,如图 4-13 所示。

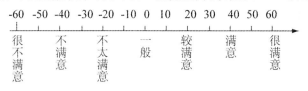

图 4-13　顾客满意度数轴

这个数轴有 7 个等级:很不满意,不满意,不太满意,一般,较满意,满意和很满意。给它们可以分别赋值为 $-60,-40,-20,0,20,40,60$,分数总和为零。在实际操作中,可按下面公式计算

$$CSM = \sum X/N$$

式中,CSM 代表顾客满意度得分;$\sum X$ 代表调查项目的顾客平分和,N 表示调查项目的数量。CSM 得分高,表明顾客满意度高;反之,则相反。

应当指出的是,CSM 的界定是相对的,因为满意虽然有层次之分,但毕竟界限模糊,从一个层次到另一个层次并没有明显的界限。之所以进行顾客满意度划分,目的是便于企业进行顾客满意度评价与分析;CSM 是顾客满意度综合评价的结果,未考虑影响顾客满意度的相关因素。

顾客满意度级数,也可用外在表征来描述,如表 4-4 所示。

表 4-4　顾客满意度外在表征描述法

CSM	外在表征	具体描述
很不满意	愤慨、恼怒、投诉、反宣传	顾客在购买或消费产品或服务后感到愤慨、恼羞成怒、难以容忍,不仅企图找机会投诉,还可能会进行反宣传以发泄心中的不快。
不满意	气愤、烦恼	顾客在购买或消费产品或服务后气愤、烦恼,但尚可忍受,希望通过一定方式进行弥补,也可能进行反宣传,提醒其他人不要购买同样的产品或服务。
不太满意	抱怨、遗憾	顾客在购买或消费产品或服务后抱怨、遗憾,虽心存不满,但往往将就了。
一般	无明显正负情绪	顾客在购买或消费产品或服务后感到无所谓好或差,还算过得去或凑合。
较满意	好感、肯定、赞许	顾客在购买或消费产品或服务后产生好感,肯定、赞许,虽不很满意,但比上不足,比下有余。
满意	称心、赞扬、愉快	顾客在购买或消费产品或服务后感到称心、赞扬、愉快,不仅对自己的选择给予积极肯定,还愿意向他人推荐。
很满意	激动、惊喜、满足、感谢	顾客在购买或消费产品或服务后产生激动、惊喜、满足与感谢,不仅对自己的选择给予完全肯定,还积极向他人推荐。

2.顾客满意率

顾客满意率(CSR)是指在一定数量的目标顾客中表示满意的顾客所占的百分比,也是用来测评顾客满意度的一种工具,即

$$CSR = S/C \times 100\%$$

式中,CSR 为顾客满意率;C 为目标顾客数量;S 为目标顾客中表示满意的顾客数量。

顾客满意率计算简单,但信息单一,仅有顾客满意和不满意信息,没有顾客可感知效果,计算的结果是百分比。因而不能进行同价比较,不能准确、完整地描述顾客满意度。

3.顾客满意度指数

顾客满意度指数(CSI),是一种完全从顾客角度来测评一个企业、行业、产业乃至整个国家经济运行质量的新型指标,是运用计量经济学的理论来处理多变量的复杂总体,全面、综合地度量顾客满意度的一种指标。也就是说,CSI 是一种用特定的模型测量出来的产品或服务用户满意程度的指标。从某种程度上来说,CSI 是对 CSD 的改进、深化和发展。相比较而言,CSI 更能准确、完整、真实地反映顾客的满意度。

4.4　软件开发的估算

在软件项目开始之前,必须对整个项目需要的时间、工作量及人员进行估算。此外,计划者必须预测所需要的硬件及软件资源和包含的风险。通过实施软件计划提供一个框架,使得管理者能够对资源、成本及进度进行合理的估算。软件计划的第一个活动是确定软件范围。软件范围描述了功能、性能、约束条件、接口及可靠性。在范围说明中给出的功能被评估,并在某些情况下被进一步精化,以便在估算开始之前提供更多的细节。

在软件范围描述中,最不精确的方面就是对可靠性的讨论,这一阶段很少使用软件可靠性测量。典型的硬件可靠性特性如平均失败间隔时间(Mean－Time－Between－Failure,MT-BF)难以转换到软件领域使用,不过,软件的一般性质可能引发某些特殊的考虑来保证可靠性。虽然不能在范围说明中精确地量化软件可靠性,但可以利用项目的性质来辅助工作量及成本的估算,以保证可靠性。

4.4.1　软件开发工作所需资源的估算

估算完成软件开发工作所需的资源也是软件计划的一个重要任务。若将开发资源表示成一个金字塔,处于资源金字塔的底层的是开发环境、硬件及软件工具,提供支持开发工作的基础。再高一层是作为软件建筑块的可复用软件构件,能够极大地降低开发成本,并提早交付时间。人员处于金字塔的顶端,是主要的资源。上述的每一类资源都由四个特征来说明:资源描述、可用性说明、需要该资源的时间及该资源被使用的持续时间。后两个特征可以看成是时间窗口。对于一个特定的窗口而言,资源的可用性必须在开发的最初期就建立起来。

1. 人力资源

计划者在开始评估范围及选择完成开发所需的技术时,对于组织的职位(如管理者、高级软件工程师等)及专业技能(如电信、数据库、C/S等)都要加以描述。一般来说,一个软件项目所需的人员数目在完成了开发工作量的估算之后就能够确定。

2. 可复用软件资源

可复用性是指软件建筑块的创建及复用。在计划进行过程中应该考虑下面四种软件资源分类。

①可直接使用的构件,已经经过验证及确认且可以直接用在当前的项目中的构件。

②具有完全经验的构件。为以前类似于当前要开发的项目建立的规约、设计、代码或测试数据,对于这类构件进行所需的修改,其风险相对较小。要求当前软件项目组的成员在这些构件所代表的应用领域中具有丰富的经验。

③具有部分经验的构件。为以前与当前要开发的项目相关的项目建立的规约、设计、代码或测试数据,但需做实质上的修改,对于这类构件进行所需的修改会有相当程度的风险。相对于完全经验的构件,当前软件项目组的成员在这些构件所代表的应用领域中仅有有限的经验。

④新构件。软件项目组为满足当前项目的特定需要而必须专门开发的软件构件。

作为一种资源,软件计划者在应用可复用构件时应该考虑以下指导原则:

①在可直接使用的构件能够满足项目的需求的情况下,有限选择它,以降低开发总体成本及相对风险。

②在使用具有完全经验的构件情况下,修改和集成的风险是可以接受的。项目计划中应该反映出这些构件的使用。

③使用具有部分经验的构件时,必须详细分析它们在当前项目中的使用。如果这些构件在与软件中其他成分适当集成之前需要做大量修改,就必须小心行事。

在软件过程的开发阶段能够尽早说明软件资源需求。这样才能进行可选方案的技术评估,并及时获得所需的可复用构件。

3.环境资源

软件工程环境(Software Engineering Environment,SEE)是支持软件项目的环境,集成了硬件及软件两大部分。硬件提供了一个支持工具(软件)平台,这些工具是产生通过良好的软件工程实践而得到的工作产品所必需的。由于大多数软件组织中均有多个小组需要使用SEE,因此,项目计划者必须规定硬件及软件所需的时间窗口,并验证这些资源是否可用。

4.4.2 软件开发项目估算的方法

在大多数情况下,如果将待解决的问题作为一个整体来考虑则太复杂了。此时可以选择一种可靠的估算成本及工作量方法——分解技术,把问题重新划分成一组较小的(也更易管理的)问题估算出可接受的风险。

1.软件规模的估算

项目估算的好坏取决于要完成的工作的规模估算。在项目计划中,规模是指软件项目可量化的结果。如果采用直接的方法,规模可以用 LOC 来测量。如果选择间接的方法,规模可以用 FP 来表示。Putnam 和 Myers 建议了四种估算问题规模的方法:

①"模糊逻辑"法。是一种使用模糊逻辑基础的近似推理技术。在该方法中,计划者必须说明应用软件的类型,建立其定性的规模估算,之后在最初的范围内精化该估算。

②功能点法。对信息域特性进行估算。

③标准构件法。软件由若干不同的"标准构件"组成,这些构件对于一个特定的应用领域而言是通用的。项目计划者估算每一个标准构件的出现次数,然后使用历史项目数据来确定每个标准构件交付时的大小。对于其他标准构件也可以进行类似的估算及计算,将它们合起来就得到最终的规模值(以统计方式调整)。

④修改法。一个项目中包含对已有软件的使用,但该软件必须做某种程度的修改才能作为该项目的一部分。在使用修改法时,计划者要估算必须完成的要修改的数目及类型(如复用、增加代码、修改代码、删除代码)。对于每一类修改使用"工作比率",即可估算出修改的规模。

上述每种估算规模的方法所产生的结果可以在统计上进行结合,以产生一个三点或期望值估算。可以通过建立关于规模的乐观、可能及悲观值,并用公式将它们结合起来。

2.基于问题的估算

在软件项目估算中,LOC 和 FP 数据有两种作用:首先是作为一个估算变量,用于估算软件中每个成分的规模;其次作为从以前的项目中收集来的,并与估算变量结合使用的基线度量,以建立成本及工作量估算。

尽管是两种不同的估算技术,但 LOC 和 FP 估算两者之间还是有其共同之处的。项目计划者从界定的软件范围说明开始,根据该说明将软件分解为可以被单独估算的功能问题。然后,估算每一个功能的 LOC 或 FP(估算变量)。当然,计划者也可以选择其他元素进行规模估算,诸如类及对象、修改或受到影响的业务过程。

下一步将基线生产率度量(如 LOC/(人·月)或 FP/(人·月))用于变量估算中,从而导出每个功能的成本及工作量。将所有功能估算合并起来,即可产生整个项目的总体估算。在组织中,生产率度量是多样化的,这样只使用一个单一的基线生产率度量来做决定并不科学。一般情况下,平均的 LOC/(人·月)或 FP/(人·月)应该按项目领域来计算,即项目应该根据项目组的大小、应用领域、复杂性以及其他相关的参数进行分类,之后才计算各个子领域的生产率平均值。当估算一个新项目时,首先应将其对应到某个领域上,然后,才使用合适的生产率的领域平均值进行估算。

在分解所要求的详细程度上及划分的目标上 LOC 和 FP 估算技术之间存在一定的差别。当 LOC 被用作估算变量时,必须要进行分解,且常常需要分解到非常精细的程度。分解的程度越高就越有可能建立合理的准确的 LOC 估算。对于 FP 估算,它并不是集中于功能上,而是要估算每一个信息域特性(包括输入、输出、数据文件、查询和外部接口,及 14 个复杂度调整值)。这些估算结果则用于导出 FP 值,该值可与过去的数据比较,并可用于产生项目估算。

当然,不管使用哪种估算变量,基于历史数据或直觉,项目计划者都要从估算每个功能或信息域的范围值开始,由计划者为每个功能或每个信息域值的计数值都估算出一个乐观的、可能的及悲观的规模值。当确定了一个范围值时,就暗示了不确定性的程度。接着,计算三点或期望值。估算变量(规模)的期望值(Expected Value,EV),可以通过乐观值(S_{opt})、可能值(S_m)及悲观值(S_{pess})估算的加权平均值来计算:

$$EV = \frac{(S_{opt} + 4S_m + S_{pess})}{6}$$

式中,给予"可能值"估算以最大的权重,并遵循 β 概率分布。

3. 基于过程的估算

过程估算,即将过程分解为相对较小的活动或任务,再估算完成每个任务所需的工作量。其基本的估算步骤如下:

①从项目范围中得到的软件功能描述。对于每一个功能,都必须执行一系列的软件过程活动。

②计划者可以估算完成每一个软件功能的软件过程活动所需的工作量,这些数据可以用矩阵表示。

③将平均劳动力价格(成本/单位工作量)与估算出的工作量结合进行计算,得到其成本估算。

基于过程的估算是独立于 LOC 或 FP 估算而进行的,到目前为止已经有了两或三种成本及工作量的估算,它们之间可以进行比较和结合。如果两组估算基本一致,则有理由相信估算是可靠的。否则,如果这些技术得到的结果几乎没有相似性,则必须进行更进一步的研究。

第5章 软件质量保证技术

5.1 文档编制

计算机软件文档是组织的知识资产,文档的质量直接涉及组织知识的共享和复用,直接影响组织质量水平的显示和团队能力的提升。软件文档的一部分是软件过程中的中间工作产品,是过程评审的输入;软件文档的另一部分是软件产品的最终提交物,是项目验收的依据之一。为了规范文档的编制,国家发布了 GB/T 8567—2006《计算机软件文档编制规范》的标准。

5.1.1 软件开发的主要项目文档

在软件过程中产生的文档只有两类:产品文档和过程文档。产品文档包括用户和系统文档。高质量的文档的重要性在不断提高,影响文档质量的因素包括文档标准、文档质量保证和有效的文档书写风格等。

软件项目的文档因开发方法的不同而有所差异,但进行软件项目的开发时,文档一般都应该包括以下几项:

①可行性研究报告。可行性研究报告是可行性研究阶段产生的文档,主要用于根据对现行系统的调查、分析和研究,提出若干个系统的开发方案及其评价,供领导进行决策。

②项目开发立项报告。项目开发立项报告是在项目正式开发前,由开发单位提出或委托开发单位提出要开发的新系统的目标、功能、费用、时间、对组织机构的影响等内容的申请项目立项文档。

③项目开发设计报告(物理设计报告)。可行性报告获得批准后,为保证系统开发工作按计划、按质量、按时间地完成,就需要在系统开发之前拟订一份较为详细的系统开发计划。

④项目分析报告(逻辑设计说明书)。项目分析报告是开发单位与用户之间的交流桥梁和工具,同时也是系统开发阶段最重要的工作。项目分析工作的好坏很大程度上决定了新系统的成败。

⑤项目设计报告(程序设计说明书)。项目设计报告是在项目分析报告的基础上,根据项目分析报告进行新系统的物理设计撰写完成的。

⑥程序设计报告。程序设计工作在项目设计报告工作之后,经调试通过后,再完成程序设计报告,以便为软件的调试和维护工作提供依据。

⑦项目测试报告(测试说明书)。项目测试报告主要是对计算机系统的调试工作的总结。在项目实施阶段,项目测试是一项重要的工作。在项目投入运行前,要进行计算机系统与整个工作系统的调试。

⑧项目使用及维护手册。项目使用手册的最终用户是业务人员,他们是系统的最终使用者;系统维护手册是提供给具有一定计算机专业知识的系统维护或管理人员使用的。

⑨项目评价报告。根据项目可行性分析报告、项目分析报告、项目设计报告所确定的新系统的目标、功能、性能、计划执行情况、新系统实现后的经济效益和社会效益等方面进行评价是项目评价报告的主要作用。

⑩项目开发总结报告。在项目正式运行一段时间后,需要开发人员对所做的工作进行总结,找出不足,为今后的开发工作提供借鉴,这就是项目开发总结报告。

5.1.2　文档编制的过程及注意事项

1. 文档编制的过程

文档编制过程如图 5-1 所示。文档编制过程可以看作是记录生存周期过程或活动产生的信息的过程,这一过程包含一组活动,用来计划、设计、开发、生产、编辑、分发和维护所有有关人员需要的文档。

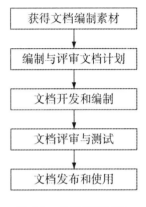

图 5-1　文档编制过程

(1)获得文档编制素材

负责文档编制的主要是专门的文档编写人员,也有部分企业通过软件设计、开发、测试和维护人员进行文档的编制。

对于专门的文档编写人员来说,他们需要清楚地了解文档、编写所需的所有素材的来源和存放位置。编写用户文档,如用户手册的最终目的就是帮助用户易学易用,因此一般安排了解相关业务领域的人员编写。无论哪类人员编写文档,都应具备敬业精神和一定的语言功底,还要具有相关专业的知识和业务领域知识。必要时,应对编写人员进行规范性方面的培训和相关的业务培训。

(2)编制与评审文档计划

文档计划是配置管理计划的一部分,可以包含在质量保证计划中,也可以单独编写。无论采用哪种形式编写,都应明确描述以下内容:

①文档的名称、目的、范围和权限、文档的预定读者和使用目的、版权信息、文档的保密级别等基本信息。

②所需编写的文档清单和类型。

③编写的工具及工具的版本。

④编写的责任人、时间进度要求及成本估计。

⑤文档编写使用的模板、文档质量与评审要求。

⑥文档修改变更的控制方法,以及文档版本历史和文档审核记录等。

⑦文档的交付方式、存储、检索、备份和处理要求。

文档计划需要通过评审后方能执行,若发生变更,则应再次评审并通知相关人员。

(3)文档开发与编制

按照文档计划,由相关责任人按照规定的模板和风格负责编制文档。在文档编写过程中,对那些出现频率高的技术术语,应在编写时建立词汇表,使所有的编写人采用一致的技术术语,以免产生理解上的歧义。

（4）文档评审与测试

为确保文档描述的内容真实反映了项目开发成果的实际情况,在完成文档初稿编写工作后,还需要以同行评审的方式,进行技术的正确性、结构清晰性和内容完整性方面的评审,以发现相关的偏离情况。然后提交规范性审核。规范性审核一般由 QA 部门负责,关注文档的格式、标点符号、语言的应用和错别字等方面。最后,进行文档的测试,从文档的总体上考察下列内容:

①正确性:用户文档中所有的信息都应是正确的,不能有歧义和错误的表达。

②易理解性:用户文档对于正常执行其工作任务的一般用户应是易理解的。

③完整性:用户文档应包含的产品使用所需信息。

④易浏览性:用户文档应易于浏览,使相互关系明确。每个文档应有目录和索引表。

⑤一致性:文档中的每个术语的含义都应完全保持一致。

（5）文档发布与使用

文档在发布之前,首先按照组织规定的文档标识规范进行统一的标识,然后按组织规定的发布程序进行。文档发布完成后,应以公告的方式告知文档的相关使用者,告知文档的存放位置和访问方式。需要注意的是,递交给用户的文档还需要打印并装订整齐。另外,一旦发布的文档发生变更,还应及时告知相关使用者,确保其使用者使用的是最新版本的文档。

2.文档编制中需要注意的因素

文档编制是软件开发过程的有机组成部分,也是一个从初稿经过反复检查和修改,直至正式交付使用的过程。它不仅要保证文档的质量,又要体现特定开发项目的特点,要求文档在编制过程中还需要重点考虑下述因素。

第一,为文档读者提供便利。每一种文档都有特定的读者。不同的文档使用人员对文档的关注重点是不同的,编写人员应充分考虑到文档预期读者的需求,必须注意适应特定读者的特点、水平和要求。

第二,文档规模应与合同的要求相适应。文档的规模应与项目的规模和复杂性相适应。文档的数量也应与项目规模和合同的要求相适应。文档的编制成本一般应控制在项目总成本的 $5\%\sim10\%$。

第三,注意文档的自包含性。有些文档的内容看起来是重复的,但它是必要的。如每篇文档必须要有一个引言,说明文档的梗概,使读者能够很快明了文档所描述的主要内容,以决定是否使用该文档。

5.2　质量保证

质量保证贯穿软件整个生命周期,是保证软件产品和过程在项目生存周期内符合规定的要求,并遵守已制订的计划而提供足够保证的一组活动。质量保证可以是内部的或外部的,这是由证明产品质量或过程质量的证据是提交给组织的管理者还是提交给需方决定的。

质量保证是一项有计划开展的活动,其目标是保证软件产品以及为提供这些产品所采取的过程符合规定的要求,并遵守所制订的项目计划。为了使质量保证活动按计划有序地开展,就必须制订适合的质量保证计划文档,在合同有效期内执行并保持。

一般来说,质量保证计划的内容主要有以下几点:

①开展质量保证活动的质量标准、方法、规程和工具。

②合同评审和协调的规程。

③质量记录的标识、收集、归档、维护和处理规程。

④按合同规定需方能得到质量保证活动和任务的记录。

⑤开展质量保证活动的资源、进度和职责。

⑥质量保证人员能够进行客观的评价,并启动、影响、解决和验证问题的解决。

⑦验证、确认、联合评审、审核和问题解决活动的安排,对于不符合合同要求的应形成记录文档并作为问题解决过程的输入。

⑧问题解决以及纠正和预防措施。

5.2.1　产品保证

产品包括软件过程的中间产品和最终交付的产品。中间产品的质量保证,是按照质量保证计划的安排,采取一系列的评审、验证、确认、审计和问题解决的质量保证活动来进行的。活动产生的记录数据是进行内部度量的输入,内部度量的结果可以显示软件过程能力,为软件过程能力的改进活动提供决策。最终交付产品的质量保证,是采用一系列的评审、产品审计、系统测试、确认测试、验收测试等质量保证活动来进行的。通过这些质量保证活动,在准备交付软件产品时,应保证它们完全满足合同要求,并且需方可以接受。

最终交付产品的质量保证,是采用一系列的评审、产品审计、系统测试、确认测试、验收测试等质量保证活动来进行的。其中,产品审计是证明所要求的全部配置项均已生产出来,当前的产品与规定的需求相符合,技术文档规格说明完全而准确地描述了各配置项,曾经提出的所有变更请求均已得到解决的过程。产品审计的目的可以总结为:验收产品和启动软件,向顾客或用户提供充分的证据;建立软件产品基线。

产品审计包括:功能配置审计和物理配置审计。

(1)功能配置审计

功能配置审计(FCA)是一种验证审计,验证了配置项的开发是否完全满足特定的性能和功能特性,并且所有的操作和支持文档是否是齐备的。

功能配置审计的目的是:

①验证待交付软件产品的实际性能与已成为基线的需求和设计文档的要求是否相一致。

②确保软件配置项的功能完整性。

(2)物理配置审计

物理配置审计(PCA)是一种对照已成为基线的技术文档,对将交付软件产品的版本进行正式检查的活动。

物理配置审计的目的是:

①验证配置项是否是按照已成基线的技术文档中的规定构建的。

②此活动的完成标志着产品基线的建立。

一般情况下,物理配置审计是在成功地完成了功能配置审计后进行的。

5.2.2 过程保证

过程保证是要保证一个项目采用的软件生存周期过程符合合同要求和项目策划的规定,并按照计划进行。过程保证的具体内容为:内部软件工程实践、开发环境、测试环境和数据库符合规定;适用的主合同要求传达到分包方,并且分包方的软件产品满足主合同要求;需方和其他各方按照合同、协议和计划获得需要的支持和合作;软件产品和过程度量符合所制定的标准和规程;确定的项目团队人员具有为满足项目需求所需的技能和知识,并接受必要的培训。

过程保证是通过过程审计来实现的。过程审计依据软件开发过程,检查项目是否严格按照该项目已定义的进行的,目的是保证项目中的所有过程活动都在受控范围内,尽早发现并解决项目过程中存在的问题,减少其对后续活动的影响。

过程审计应由专门的审计小组执行,每次审计前应制订审计实施计划,并由审计小组编制检查表。审计结束后,应形成审计报告提交至管理者,审计报告中应包含针对所发现问题的改进建议。

(1)过程审计的类型

过程审计可以分为阶段性审计、周期性审计和事件驱动审计3种类型。

①阶段性审计。针对某个特定的项目开展,客观地检查该阶段的工作产品和活动是否满足过程、标准和需求。项目过程包括如下阶段:

· 项目策划阶段;

· 需求阶段;

· 设计阶段;

· 编码阶段;

· 测试阶段;

· 产品发布阶段。

由于阶段性审计对项目过程各阶段都应进行审计,这样当软件组织同时开展多个项目时,对所有的项目都展开阶段性审计可能要耗费大量的资源和成本。因此,只有遇到一些较为重大的项目时才选择应用阶段性审计。

②周期性审计。周期性审计要求软件组织制订周期的过程审计计划,并在原则上保证审计的频度相对均匀。例如,每月一次,并应符合全覆盖原则,即在一个周期内对组织当前所有项目至少进行一次审计。

③事件驱动审计。事件驱动审计是一种根据组织中项目实施的情况,普遍发生某一不合格时,选择触发时机,临时进行有针对性的过程审核。

(2)过程审计的方法

过程审计常用的方法有:现场观察过程执行情况;查阅相关文件记录;访谈,针对5W1H(Why、When、Where、What、Who、How),提出问题并倾听;进行实际演示或测定。

过程审计中的记录如下:详细的实施计划;准备检查表;文件参考、引证、条款项;潜在问题的记录以备深入跟踪;须由其他人员协助证实的信息。进行过程审计前应准备好检查表示例,如表5-1所示。

表 5-1　《过程审计检查表》示例

项目名称		检查依据							
检查内容					计划审计日期				
审计人员		被审计部门			实际审计日期				
阶段	序号	检查项	检查依据	检查方式	检查记录	差异	检查结果	建议改进方式	下次跟踪检查时间
需求开发	1								
	2								
	3								
	…								

5.3　实施验证

"验证"是为了保证软件开发的工作产品满足其规定的要求而进行的活动,涉及验证准备、验证执行和确定纠正措施。同级审查是验证工作的重要组成部分,是一种有效消除缺陷的机制。

5.3.1　验证过程的影响因素及执行人员

1.影响验证过程的因素

决定一个项目或采用的某项技术是否需要作验证,应从分析项目需求的关键性和技术风险出发。在验证的过程中,需要考虑的关键性因素如下:

①在一个系统或软件要求中,存在引起死亡、人身伤害、任务失败、财经损失或是灾难性的设备损坏等未被发现的错误的可能性。

②可获得的经费和资源。

③所用软件技术的成熟度,以及应用这种技术的风险。

2.验证过程的人员执行

由于目的的不同,"验证"活动可由不同组织和人员来执行。

①供方的"验证"。由开发团队内部的其他人员或开发组织的 QA 人员来承担验证任务,证明开发出来的软件成果或文档是符合策划的要求,是正确的。供方的"验证"常用的验证手段包括同行评审、配置审核、结果分析比对、形式化证明、测试等。

②需方的"验证"。由需方人员或委托第三方来承担验证任务,证明所提交的软件是符合合同要求的。常用的验证的方法是系统试运行、验收测试、审核、审计等。

③第三方的"验证"。独立的有资质的验证机构来承担验证任务,他们根据验证的需求方委托的要求,证明所提交的软件产品符合委托方的要求。常用的验证方法有:评审和审核所提

交的资料(如项目文档)、执行测试、审计等。

5.3.2 验证的任务

本节主要是对验证任务进行描述,在项目策划时,应根据特定项目的关键特性,选择和策划相关的验证任务。

1.合同验证

合同验证一般在合同评审过程中完成。验证时,一般应考虑下列准则:

①供方应具有满足需求的能力。

②需求是前后一致的,并覆盖用户的需要。

③为处理需求变更和升级问题规定适当的规程。

④对项目各方的接口关系与合作,应规定规程及其范围,包括所有权、批准权、版权和机密要求。

⑤按照需求规定验收准则和规程。

如果发现与用户的要求不一致时,应修改或调整合同的描述;如果发现自身的技术能力和管理能力不足,应作为项目的风险,作为风险管理的输入。

2.过程验证

进行过程验证时,在项目执行开始前,应通过对确定的项目软件过程的评审和培训活动,进行验证;在项目执行过程中,应通过对过程的审计,验证所选择的软件过程是否有效;在项目结束时,应评审所设定的软件过程的有效性,作为组织的知识产权。一般情况下,过程验证时要考虑下列准则:

①项目策划要求是适当的、及时的。

②为项目选定的过程是适当的、已实施的,按计划执行并满足合同要求。

③项目过程所采用的标准、规程和环境是适当的。

④根据合同要求为项目配备经过培训的人员。

3.需求验证

需求验证是对客户提出的关键需求特性验证其可行性和可实现性。项目验证时,可以通过参照当前技术水平、成功案例的经验和实施能力与成本进行评审,搭建模拟环境,建立软件原型等手段进行。一般情况下,验证时要考虑下列准则:

①系统的需求是前后一致的、可行的、可测试的。

②根据设计准则,把系统的需求恰当地分配给硬件项、软件项和人工操作。

③软件的需求是前后一致的、可行的、可测试的,并准确地反映系统的需求。

④通过适当严格的方法表明涉及安全、安全保密和关键性的软件需求是正确的。

4.设计验证

设计验证主要针对设计的软件架构和数据库顶层设计是否正确反映了用户需求的关键特性,软件设计是否正确和完全反映了需求,采用的关键算法是否正确,软件执行的流程是否适应用户的操作水平等方面予以验证。验证时要考虑下列准则:

①设计是正确的,与需求一致并可追踪到需求。

②设计实现正确的事件顺序、输入、输出、接口、逻辑流、定时分配和规模预算、差错的定义、隔离和恢复。

③可以从需求导出选定的设计。

④通过适当严格的方法表明设计正确地实现了安全、安全保密和其他关键性的需求。

设计验证的方法如下：

①采用与项目团队及用户一起的联合评审方法,向他们介绍软件设计的情况和关键技术,以获得相关方(共利用者)的认可。

②采用需求跟踪管理,建立需求跟踪矩阵,需求跟踪矩阵在整个项目周期中是不断更新的,可以使项目实现的过程可视化。如表 5-2 所示为需求跟踪矩阵的示例,图中的列数将随着项目的进展不断延伸,例如将增加单元、集成、系统和验收的测试用例,以验证项目实施的正确性。

表 5-2　需求跟踪矩阵的示例

项目名称			项目负责人		
1	原始需求	软件功能点	设计元素	代码单元	…
2					
3					
…					

5.编码验证

编码验证要验证软件编码是否符合规定的《软件编码规范》要求,并且是否正确反映了预定的功能和性能要求。验证时要考虑下列准则：

①编码可追踪到设计和需求并且是可测试的、正确的,并符合需求和编码标准。

②编码实现正确的事件顺序,前后一致的接口关系、正确的数据和控制流程图、完整性、恰当的定时分配和预算估计、差错的定义、隔离和恢复。

③可以从设计或需求导出选定的编码。

④通过适当严格的方法表明编码正确地实现了安全、安全保密和其他关键性的需求。

6.集成验证

集成验证时,首先应通过审计,将集成进系统的对应代码单元名称和版本号与已填入“代码单元”列中的数据进行对照,以确认集成的完整性和版本的一致性。然后在“单元测试用例”列的后面再增加一个“集成测试用例”列,填入对应的集成测试用例编号,再进行集成测试,验证集成的正确性。对系统集成验证时要考虑下列准则：

①每个软件项的软件部件和软件单元已完整地、正确地集成到软件项中。

②系统的硬件项、软件项和人工操作已完整地、正确地集成到系统中。

③已根据集成计划完成集成任务。

此外,在进行集成验证时,还应记录“集成连接路径”,用以表述集成测试时的连接方式。

5.4 确 认

确认是一个确定需求和最终的、已建成的系统或软件产品是否满足特定的预期用途的过程,用于验证软件的功能和非功能特性与用户的要求一致性。通常情况下,一个项目完成后就需要做确认工作,确认的程度由项目的规模、复杂性和用户业务的关键性决定。

对一个项目进行确认工作时,首先应建立一个确认系统或软件产品的确认过程,包括与执行确认任务有关的方法、技术和工具加以选择。如果一个项目需要做独立的确认工作,应选择一个负责进行确认工作的合格组织,并确保执行确认任务的管理者的独立性和权力。

确认的方法主要是测试和审核。其中,确认测试是验证软件的功能和非功能特性与用户的要求一致性,需要建立确认测试计划,为分析测试结果准备选定的测试需求、测试用例和测试规格说明,确保这些测试需求、测试用例和测试规格说明反映特定的预期用途的特殊要求。

如图 5-2 所示,用图的形式描述了确认测试的步骤。

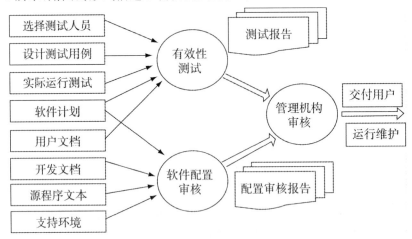

图 5-2　确认测试的步骤

(1)有效性测试

有效性测试是确认测试的第一步,通常采用黑盒测试的方法,由开发方组织,用户代表参加,验证被测软件是否满足用户在需求规格说明书中所列出的需求。

在完成全部测试用例的测试后,所有的测试结果可以分为两类:

①测试结果与预期的结果相符。

②测试结果与预期的结果不符的清单。这种情况下,必须对软件进行返工和调整,完成后再进行回归测试,直到用户确认为止。

(2)软件配置审查

软件配置审查的目的是保证软件配置的所有成分都齐全,从软件开发环境中彻底分离出来,软件各部分的质量都符合规定的要求,并具有维护阶段所必需的细节,且已经编排好分类的文档目录。

（3）提交测试报告

将有效性测试报告和软件配置审查报告提交给管理机构裁决，决定是否发布该软件，必要时还要召开专家鉴定会，听取专家意见。最终将软件交付用户使用。

5.5　联合评审

联合评审的目的是评价特定项目某项活动的状态和产品的过程，它既在项目管理级进行又在技术级进行，并且要在整个合同或项目的有效期内进行。

5.5.1　联合评审的内容

联合评审主要包括管理评审与技术评审。

1. 项目管理评审

项目管理评审是指根据项目计划和进度安排，在项目的开始和其后的各个项目节点或项目周期例会，依据标准和指南进行项目状态的评价。一般项目管理评审都是由主管项目的高级经理主持或委托组织级的 QA 负责人主持，由项目经理和项目各实施小组报告项目进展情况，质量保证主管报告项目过程和产品的监视情况。然后，由参加评审的人员进行提问和讨论，最后由高级经理做出决策和总结。评审的记录人记录评审的内容，并整理会议纪要，审核批准后分发给相关人员，作为下一阶段项目执行的依据。

2. 技术评审

技术评审一般由组织的技术主管主持，必要时应有组织的技术专家参加。技术评审中由项目的技术负责人或软件架构师报告需要评审的技术情况，由参加评审的人员进行提问和讨论，最后由技术主管做出决策和总结。评审的记录人记录评审的内容，并整理会议纪要，审核批准后分发给相关人员，作为下一阶段项目执行的依据。

5.5.2　评审的常用类型及方法

评审（Review）的主要目的是找出产品中存在的缺陷并评估质量，表 5-3 列出了几种人们常用的评审类型。

表 5-3　项目评审的类型

评审类型	评审目的
教育评审	让其他涉众来催促与项目相关的技术论题
管理评审	向上层管理者提供信息，以帮助他们做出如下决策：发布产品；继续（或取消）开发项目；批准（或拒绝）提案；改变项目范围；调整资源或改变承诺
同级评审	寻找工作产品中的缺陷和改变契机
项目后的评审	对最近完成的项目或阶段进行评审，让未来的项目吸取经验
状态评审	向项目负责人和其他项目成员提供最新的项目状态信息，包括里程碑的进度、所遇到的问题、所识别的或受控的风险

评审是需要投入的,特别是时间和人力资源的投入。但是评审可以带来不少难以计数的额外回报。其中之一是从他人对自己工作的反馈中获得的知识。评审在项目成员间传播产品、项目和技术知识,补充了正规的交流和培训机制。通过评审相互培训,彼此交换知识,从而降低了因人员跳槽而丢失关键信息的风险。它们帮助小组建立共同的期望,建立对技术工作产品一致的认识。可以说,评审带来的这些回报几乎总是超过它们的花费。

在软件开发生存期的各个阶段,评审都是存在的。目前,在业界中普遍应用的软件评审方法有 7 种:审查、小组评审、走查、结对编程、轮查、临时评审。如图 5-3 列出了各种评审方法的正式程度。

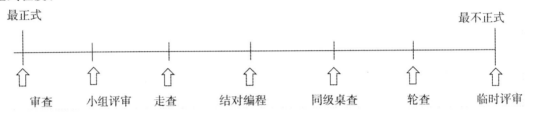

图 5-3　评审方法的正式程度

表 5-4 以表格形式简要列出了各类方法的区别。

表 5-4　不同评审方法的比较 1

评审方法	评审参与人	评审目的	评审方式	适用对象	严格程度
审查 (Inspection)	作者之外的个人或小组	发现缺陷,揭示违反既定标准的问题	会议方式	软件生存期中重要阶段的产品	1
小组评审	作者也可以作为评审组长	发现缺陷,达成共识	会议方式	阶段产品	2
走查	产品作者起主导作用	发现缺陷,达成共识	会议方式	源代码或设计构件	3
结对编程	结对编程人员	一旦发现缺点,立即予以纠正	两个开发者在一个工作站上进行	编码过程	4
同级桌查或结对评审	作者以外的一个人	发现缺陷	个人独立评审	阶段产品	5
轮查 (Pass Around)	多人组成的并行同级桌查	发现缺陷	多人各自独立评审,然后汇总	阶段产品	6
临时评审	一个程序员	解决当前问题	与作者讨论	需要解决的问题	7

注:表中的"严重程度"指标,1 为最严格,7 为最不严格。

表 5-5 以表格的形式对从评审的计划、评审的准备、评审会议、能否找错和纠错、对评审结

果是否需要验证的视角给出了比较。

表 5-5　不同评审方法的比较 2

比较 评审方法	计划	准备	会议	找错	纠错	验证
审查	√	√	√	√	×	√
小组评审	√	√	√	√	可能	×
走查	√	×	√	√	可能	×
结对编程	√	×	×	√	√	×
同级桌查	×	√	可能	√	可能	×
轮查	×	√	×	√	可能	×
临时评审	×	×	√	√	可能	×

现对走查、审查等这两种方法进行重点阐述。

（1）走查

走查组由 4～6 名成员组成。以规格说明走查组为例，成员至少包括 1 名负责起草规格说明的人，1 名负责该规格说明的管理员，1 名客户代表，以及下阶段开发组（在本例中是设计组）的 1 名代表和 SQA 小组的 1 名代表。其中，SQA 小组的代表应该作为走查组的组长。

为了能发现重大的错误，走查组成员最好是经验丰富的高级技术人员。必须把被走查的材料预先分发给走查组每位成员。走查组成员应该仔细研究材料并列出两张表：一张是该成员不理解的术语，另一张是他认为不正确的术语。

走查组组长引导该组成员走查文档，力求发现尽可能多的错误。走查组的任务仅仅是标记出错误而不是改正错误，改正错误的工作应该由该文档的编写组完成。走查的时间不要超过 2 小时，这段时间应该用来发现和标记错误，而不是改正错误。

走查主要有以下两种方式。

①参与者驱动法。参与者按照事先准备好的列表，提出他们不理解的术语和认为不正确的术语。文档编写组的代表必须对每个质疑做出回答，要么承认确实有错误，要么对质疑做出解释。

②文档驱动法。文档编写者向走查组成员仔细解释文档。在此过程中走查组成员不时针对事先预备好的问题或解释过程中发现的问题提出质疑。这种方法可能比第一种方法更彻底，往往能检测出更多的错误。经验表明，采用文档驱动法时许多错误是由文档讲解者自己发现的。

（2）审查

审查的范围比走查更广泛。审查组通常由 4 人组成。以设计审查为例，审查组由一位组长及设计人员、编程人员和测试人员各 1 名组成。组长既是审查组的管理人员又是领导人员。审查组必须包括负责当前阶段开发工作的项目组代表和负责下一阶段开发工作的项目组代表。测试人员应该是负责设计测试用例的软件工程师，当然，测试人员同时又是 SQA 小组的成员则更好。在 IEEE 标准中建议审查组由 3~6 名成员组成。

通常,审查的步骤比较多,有如下 5 个基本步骤。

①综述。由负责编写文档的一名成员向审查组成员综述该文档。在综述会议结束时把文档分发给每位与会者。

②准备。评审员仔细阅读文档。最好列出在审查中发现的错误的类型,并按发生频率把错误类型分级,以辅助审查工作的进行。这样的列表有助于评审员们把注意力集中到最常发生错误的区域。

③审查。评审组仔细审查整个文档。和走查一样,这一步的目的也是找出文档中的错误,而不是改正它们。审查组组长应该在一天之内写出一份关于审查的报告。通常,每次审查会不超过 90 分钟。

④返工。文档的作者负责解决在审查报告中列出的所有错误及问题。

⑤跟踪。审查组组长必须确保所提出的每个问题都圆满地解决了(要么修正了文档,要么澄清了被误认为是错误的条目)。必须复查对文档所做的每个修正,以确保没有引入新的错误。如果在审查过程中返工量超过 5%,则应该由审查组再对文档全面地审查一遍。

审查过程不仅步数比走查多,而且每个步骤都是正规的。这种正规性体现在仔细划分错误类型,并把这些信息运用在后续阶段的文档审查及未来产品的审查中。

审查是检测错误的一种好方法,用这种方法可以在软件开发过程的早期阶段发现错误,也就是说,能在修正错误的代价变得很昂贵之前就发现错误。因此,审查是一种强大而且经济有效的错误检测方法。

每次的 FTR 都以会议的形式进行,只有经过适当地计划、控制和相关人员的积极参与,FTR 才能获得成功。

5.5.3　评审会议

每次评审会议都需遵守以下规定:

①每次会议的参加人数 3~5 人。

②会前应做好准备,但每个人的工作量不应超过 2 小时。

③每次会议的时间不应超过 2 小时。

按照上述规定,显然 FTR 关注的应是整个软件的某一特定(且较小)的部分。例如,不是对整个设计评审,而是逐个模块走查,或走查模块的一部分。通过缩小关注的范围,更容易发现错误。因此,FTR 的关注点集中于某个工作产品,即软件的某一部分(如部分需求规格说明、一个模块的详细设计、一个模块的源程序清单)。

评审会议前,生成评审对象的责任人(即生产者)通知项目管理者工作产品已经完成,需要进行评审。项目管理者与评审负责人联系,评审负责人负责评估工作产品是否准备就绪,创建副本,并将其分发给 2~3 个"评审人员",以便事先准备。每个评审人员应该花 1~2 个小时评审工作产品、做笔记或者用其他方法熟悉这一工作产品。与此同时,评审负责人也对工作产品进行评审,并制定评审会议的日程表(通常安排在第二天开会)。

评审会议由评审负责人主持,所有评审人员和开发人员参加。

FTR 会议首先讨论日程安排,然后让待评审工作产品的开发人员"遍历"其工作产品,做简单介绍;评审人员提出事先准备的问题,当问题被确认或错误被发现时,记录员要将其一一记录下来;评审会议结束时,所有 FTR 的参加者必须做出决定:

①接受该工作产品,不再做进一步的修改。

②由于该工作产品错误严重,拒绝接受(错误改正后必须再次进行评审)。

③暂时接受该工作产品(发现必须改正的微小错误,但不必再次进行评审)。

当决定做出之后,FTR 的所有参加者都必须签名,一方面表明参加了会议,另一方面表明同意评审会议的决定。

5.5.4　评审报告和记录保存

在 FTR 期间,一名评审者(记录员)主动记录所有被提出来的问题。在会议结束时对这些问题进行小结,并形成一份"评审问题列表"。此外,还要形成一份简单的"评审总结报告"。评审总结报告中将阐明如下问题:

①评审对象是什么。

②有哪些人参与评审。

③发现了什么,结论是什么。

评审报告是项目历史记录的一部分,可以分发给项目负责人和其他感兴趣的评审参与方。评审问题列表有两个作用,首先是标识产品中的问题区域,其次将被用作指导生产者对产品进行改进的"行动条目"。在评审总结报告中,评审问题列表应当作为附件。

SQA 人员必须参与评审。他们一方面观察评审过程的合理性,另一方面将会在今后对问题列表中各个问题的改正情况进行跟踪、检查并通报缺陷修改情况,直到评审通过或问题彻底解决。

5.5.5　评审指导原则

进行正式技术评审之前必须建立评审指导原则,分发给所有评审人员,并得到大家的认可,然后才能依照它进行评审。不受控制地评审,通常比没有评审更加糟糕。

下面是正式技术评审指导原则的最小集合:

①评审工作产品,而不是评审工作产品的生产者。评审负责人应该引导评审会议,以保证会议始终处于恰当的气氛中,并在会议失控时立即休会。

②制定会议日程,并且遵守会议进程安排。评审负责人应确保话题不偏离方向,控制时间。

③限制争论和辩驳。在评审人员提出问题时,未必所有人都认同该问题的严重性。不要争论,应该将其记录在案,留待会后进一步讨论。

④对各个问题都要发表见解,但是以发现问题为主。不要试图解决所有记录的问题。问题的解决通常由生产者自己或者在其他人的帮助下在评审会议之后完成。

⑤做书面笔记。然后,可以在笔记基础上确定对问题的优先顺序和准确描述。

⑥限制参与者人数,并坚持事先做准备。将评审涉及人员的数量保持在最小的必需值上。但是,所有的评审组成员都必须事先做好准备。评审负责人应该向评审人员要求书面意见(以表明评审人员的确对工作产品进行了评审)。

⑦为每个可能要评审的工作产品建立一个检查表。检查表能够帮助评审负责人组织FTR 会议,并帮助每个评审人员将注意力集中在重要问题上。应该为分析、设计、实现、甚至测试文档都建立检查表。

⑧为 FTR 分配资源和时间。为了让评审有效,应该将评审作为软件工程过程中的任务加以调度。而且要为由评审结果必然导致的问题改正活动分配时间。

⑨对所有评审人员进行有意义地培训。为了提高效率,所有评审人员都应该接受某种正式培训。培训内容不仅包括与评审过程相关的问题,而且应该涉及评审的心理学因素。

⑩评审以前所做的评审。听取汇报对发现评审过程本身的问题十分有益。最早被评审的工作产品本身可能就会成为评审指南。

由于评审是否成功取决于很多因素,如特定的工作产品类型等,因此,软件组织应该在实践中决定何种评审方法最合适。

5.6 审 计

审计源于会计学,20 世纪 60 年代引入到计算机系统中,当时称之为计算机审计(Computer Audit),主要对计算机的性能和效益进行监测和评估。20 世纪 90 年代后,随着信息网络的广泛应用,信息系统日趋复杂,尤其是对关键业务应用的可靠性、可用性要求十分苛刻。于是审计的概念进一步延伸到对信息系统的审计。

按国际上通用的规范,信息系统审计有以下 6 个方面的主要内容:

①评估信息系统计划、管理及组织架构的战略、政策、标准及相应的实践过程。

②评估技术基础设施及运行实践的效能和效率。

③评估信息资源在逻辑访问、运行环境以及 IT 基础设施各方面的安全性。

④评估系统灾难恢复及保证业务连续性的能力。

⑤评估业务应用系统开发、实施与维护的方法和过程。

⑥评估业务流程的风险管理水平。

由此可见,审计是全面的,对信息系统,从计划开始,到设计、编程、测试、运行、维护直至淘汰的整个生命周期都要实施。

审计的目的是保证项目建设过程的每个环节处在可监控的常态管理之中。由于审计在项目完成时验收起到一定作用,在信息系统开发、运行、维护过程中也有着显著的意义。因此,要求审计定期或不定期地进行,以发现问题和解决问题,适应新的环境变化和业务需求。

5.6.1 审计的分类

审计是采用客观的标准和组织既定的规范对系统的策划、开发、使用维护等相关活动和产物进行完整地、有效地检查和评估。审计涉及整个软件的生命周期,审计对象涵盖整个软件过程的所有活动和中间产品,以及包括系统实施的相关外部环境。

从审计的概念上分,审计按照系统的生命周期分为业务计划审计、业务开发审计、业务执行审计、业务维护审计以及涵盖整个系统周期的通用业务审计,如表 5-6 所示。

表 5-6　依据概念分类的审计说明

审计种类	说　　明
业务计划审计	面向信息系统的企划,对信息系统的投资可行性、系统规划与公司战略的相关性、系统开发计划的可行性以及系统需求的完整性和正确性进行审核和验证
业务开发审计	对系统开发的各个阶段的相关人员的活动、信息、中间产品进行审核,确认这些活动、信息和中间产品的规范性、有效性和对于系统目标的符合性
业务执行审计	确认与信息系统运行相关的数据、软硬件、安装环境等是否符合信息系统的运营要求,同时对系统的功能性、可靠性、易用性、效率、维护性和可移植性等进行评估
业务维护审计	对信息系统的维护活动和维护结果实施审核和评价,发现在维护中可能出现的各种漏洞和系统维护中亟待改善的问题
通用业务审计	涉及文档管理、进度管理、人员管理、采购管理、风险管理等,检查这些过程的规范性和有效性,并提出改进的建议

从软件过程来看,覆盖全生命周期的审计如表 5-7 所示。

表 5-7　覆盖全生命周期的审计

审计种类	说　　明
项目管理审计	对项目的可行性、需求的完整性、项目计划、项目的进度与成本控制进行审核和评审
过程审计	对项目的执行过程是否按照既定的软件过程活动的执行进行审计,以发现过程的偏离以及项目风险,提出过程改进的建议
软件配置审计	按照计划的配置基线,审计进入配置库的中间产品和最终产品是否完整,及符合规定的要求
系统验收审计	审核最终的成果是否满足合同的要求,审计项目费用和计划执行的偏离情况,给出客观的评价,以决定是否发布或接受最终成果

5.6.2　审计的要求

由于审计是一种一方(审计方)审计另一方(被审计方)的软件产品或活动的行为。为了确保审计的公正性和客观性,要求参与审计方应具有独立性。在进行组织内部审计时,应由与软件开发过程没有直接关联的质量保证部门承担;进行外部审计时,应聘请有资质的独立的第三方承担。

审计必须站在客观公正的立场上,收集审计信息,生成审计报告并提交给被审计方。被审计方应对审计中发现的问题,做出解决问题的计划与措施。通过审计促使系统生命周期活动和成果的质量水平的提升,降低系统的风险。

5.7 问题解决

问题解决是指为分析和解决问题(包括不合格)而定义的活动,不论问题的性质或来源如何,它们都是在实施开发、运作、维护或其他过程期间暴露出来的问题。其目的是及时提供响应对策,并形成文档,以保证所有暴露的问题都能得到分析和解决,并认识到发展趋势。

5.7.1 建立问题解决过程

(1)确立问题发现机制

在软件过程的各个阶段都会有问题产生,因此需要通过周期报告(周报、月报、度量报告等),以及评审活动、业务会议、审计、验证、确认等活动的记录,发现问题。

(2)标识问题

对问题分类并排出优先顺序,每一问题均应按类别和优先权分级,以便于进行分析和解决问题。

(3)问题发布和反馈

问题解决的责任部门与责任人应对发布的问题进行评估,接受或拒绝。拒绝时应说明情况,接受时应提出问题解决的计划和途径。

(4)跟踪

对问题解决的情况进行跟踪和检查,获得解决过程的信息,报告问题的状态。

(5)评价

评价问题是否得到解决,不良趋势是否扭转,变更是否已在适当的软件产品和活动中正确地实现等,评估是否引入了新的问题。

5.7.2 问题跟踪

对于在软件产品或活动中发现的问题(包括不符合项)时,应采用编制问题报告的方式对发现的每个问题进行描述。问题报告是上述闭环过程的一部分:从发现问题开始,到问题及其原因的检查、分析和解决,直到问题的趋势检测为止。

问题跟踪表如表 5-8 所示。

表 5-8 问题跟踪表

记录编号:

前次问题跟踪表编号			
问题责任人		QA 人员	
要求完成日期		实际完成日期	
问题描述: [描述发现的问题;问题可能产生的风险(可选)]			

续表

问题责任人签字		日期	
QA 人员签字		日期	
问题解决情况描述： （可按阶段描述监控与验证情况） 结论：□已解决　□未解决,下次问题跟踪表编号：_____			
问题责任人签字		日期	
QA 人员签字		日期	

5.8　需求变更控制

在软件开发过程中,需求是一直变化着的。需求的变更引发了相关配置项的变更,引发了基线的变更,引发了项目计划的变更,变更必须通过变更控制程序,经过变更控制委员会(CCB)的审批。变更必须是可追溯的,其影响范围必须经过评估,变更涉及的相关涉众必须对变更有充分的认识和准备。

5.8.1　需求的不确定性

软件需求的准确性将直接影响到软件项目或产品的质量、交货日期、客户的验收,以及由此引起的开发成本的不确定因素。软件需求分为用户需求、技术需求和项目需求 3 类。其中,用户需求的不确定性是客观存在的,不可避免的。软件需求作为一个需求工程越来越受到软件界的重视。

软件需求的管理涉及需求确定、需求实现和需求变更 3 个方面,所以,需求管理的问题是贯穿在整个软件开发周期中的。因此,针对软件需求的不确定性,可以从项目管理、过程管理、开发方法和需求管理工具等方面进行综合治理。

1. 项目管理

项目管理的好坏是项目成功的关键,项目的生命周期分为识别需求、提出解决方案、执行项目和结束项目 4 个阶段。识别项目的需求和界定项目的范围是建立项目计划的关键。项目计划实施过程中必须强调反馈和控制,跟踪项目的需求源,对项目需求的变化进行控制。同时,在项目管理过程中,还需要与客户的紧密合作,把需求的不确定因素纳入项目管理的全过程中。

2. 文档化与顾客有关的过程

需求管理的目的是在顾客和软件项目之间建立对将由该软件项目处理的顾客需求的共同理解,与顾客的约定是策划和管理软件项目的基础。需求管理工作包括两点：

第一,通过与顾客的交流来获取需求,并进行有效的组织和记录；

第二,使顾客和项目团队在系统变更需求上达成一致。

对与顾客关系的控制依靠遵循有效的变更控制过程,并将其用文档化的程序加以规定,用过程的方法将软件需求过程加以管理,使其成为"可重复的"过程,把需求的不确定因素纳入过程管理之中。

3.软件开发方法

基于需求的不可预期性,新方法的代表 Martin Fowler 在"新方法论"中提出了真正的软件需求的获取,通常要等软件出来后才会更清楚,即好的方法应能适应需求的变化。为此,近几年软件专家们陆续推出了一些新的方法,特别引人注目的是"轻载(Light Weight)"方法和过程,它们是相对于"重载(Heavy Weight)方法"(如 ISO9000、CMM、SPICE)而提出的。

4.软件需求管理工具

适当的采用需求管理工具,可以提高需求管理工作流程的自动化程度,使需求管理可以在项目实施过程中得到有效的推行。现在,越来越多的软件开发组织认识到软件需求管理的重要性,开始通过购买或自行研制的方式采用需求管理或项目管理的工具。

作为软件开发组织的项目管理者,应充分认识软件需求不确定性的事实,根据实际情况采取相应的对策。特别是在把进行项目开发转向产品开发,把企业做大做强的背景下,把握软件需求不确定性的认识尤其重要。一次性开发成功一个软件产品几乎是不可能的,尤其在市场竞争激烈的今天。一个软件产品从商业的角度看是应尽快进入市场,但要被用户认可,真正占领市场,必须不断地从用户的反馈中持续改进。

5.8.2 需求变更管理过程

一个有效的需求变更管理过程包括以下几个步骤:需求变更请求;需求变更的影响分析;变更决策和项目计划调整;需求变更确认。

1.需求变更请求

需求基线是需求变更的依据。需求基线建立后,相关的设计工作才能够启动。在软件进行中,若需求发生变更,则必须通过变更管理控制程序,实施变更后,还需要重新确定并发布新的需求基线,使相关涉众都获得需求变更的相关信息,而对与需求相关的工作产品也要进行相应的变更。

需求的变更往往是客户通过电话或面对面交流的形式发起的,由项目相关人员记录下来,填写变更请求单。文档化的变更请求必须得到客户的确认,由其应确认记录是否准确。

用户的需求是可以分层次的,一般而言可以分成以下 3 个层次。

①目标性需求:定义了整个系统需要达到的目标,是企业的高层管理人员所关注的;

②功能性需求:定义了整个系统必须完成的任务,是企业的中层管理人员所关注的;

③操作性需求:定义了完成每个任务的具体的人机交互,是操作人员所关注的。

需求分析人员应标识需求变更申请的所属需求级别,并识别需求基线中与变更申请中有冲突的需求。

2.需求变更的影响分析

进行需求变更影响分析的能力依赖于跟踪能力数据的质量和完整性。变更影响分析涉及技术影响分析、工作量评估、进度影响分析、成本影响分析和变更风险分析5个方面。

（1）技术影响分析的考虑因素

①识别出必须采购哪些第三方软件。

②识别出所有必须创建、修改和删除的设计组件。

③识别出必须添加、改变和删除的硬件组件。

④识别出必须创建、修改和删除的源代码文件。

⑤识别出所有在部署构建文档中变更的影响。

⑥估算将要设计新的各类测试用例的数量。

⑦识别出所有的用户界面修改、增加或删除的要求。

⑧实施和测试变更是否必须需要使用某些工具。

⑨是否要求原型或其他用户输入来验证变更。

⑩申请的变更是否会影响性能需求或其他的质量属性。

- 变更是否影响到系统关键属性，如：安全保密性。
- 识别出所有必须修改或创建的帮助界面、用户手册、培训资料及其他文档。
- 识别出变更影响到的相关系统应用程序、库文件或硬件组件。
- 识别出所有对报表、数据库和数据文件的修改、增加或删除的要求。
- 量化在关键资源的预算方面的所有影响，如内存、CPU处理量、网络带宽等。
- 识别出当被影响的组件不能完美地向后兼容时，变更对所实施的系统的影响。
- 申请的变更在已知的技术约束和当前人员技能水平的前提下是否可行。
- 申请的变更是否有开发、测试或操作环境中的计算机系统不能接受的要求。
- 识别出必须修改或删除的单元测试、整合测试、系统测试和验收测试用例。

（2）工作量评估

基于已分配资源，对任务列表中相关任务需要的工作量进行估算，这些工作量之和就是需求变更引起的工作量。

各类任务涉及的工作量及其应该考虑的因素如下：

①需求类任务：更新需求规约；重新评估和修改原型；更新需求跟踪矩阵。

②设计类任务：评审修改后的设计文档；建立新的设计组件；修改已存在的设计组件；开发新的用户接口组件；修改已存在的用户接口组件；开发新的用户发布和帮助界面；修改已存在的用户发布和帮助界面。

③编码类任务：开发新的源代码；修改已存在的源代码；开发新的报表；开发新的数据文件；修改已存在的报表；开发新的数据库元素；修改已存在的数据库元素；修改已存在的数据文件。

④部署类任务：购买或整合第三方软件；挑选、购买和集成硬件组件。

⑤测试类任务：重新测试变更后的工作产品；开发新的单元测试和整合测试；修改已存在的单元测试和整合测试；开发新的系统测试和验收测试用例；修改已存在的系统测试和验收测试用例；修改自动化测试的驱动；在单元、模块和系统级别进行回归测试；重新验证产品的安全性、可靠性、适应性是否满足标准。

⑥管理类任务：修改各种项目计划，识别出变更影响到的所有项目管理计划、软件质量保

证计划、配置管理计划等;评审、验证和确认活动。

⑦其他的附加任务:由变更引发的任何附加活动。

(3)进度影响分析

变更申请时不仅要考虑其对当前项目计划中任务造成的影响,还要考虑变更是否会影响市场、培训、用户支持计划。

(4)成本影响分析

在成本影响分析时,应考虑如果接受变更会对当前已投入的工作量造成多少损失;以及其是否会引起产品单元成本比增加,如增加第三方产品许可费等。

(5)变更风险分析

在变更风险分析时,应考虑不进行变更会导致什么样的结果,以及如果实施申请的变更会引起哪些不利的结果或风险。

3.变更决策和项目计划调整

将变更分析的结果填写在需求变更申请的分析中,交由 CCB 进行决策。若变更被批准,则应调整相应的项目计划,并进行变更的实施。

4.需求变更确认

变更实施完成后,应进行验证和确认,并把确认的记录归档。

5.8.3 需求跟踪管理

为了使需求处于受控状态,除了对需求阶段工作产品的变更外,还必须确认该变更对后续各工作产品进行了相应的变更。此时可以采取建立跟踪机制的方式来确认所有需求在每个阶段都被实现,以便建立和维护用户需求从需求分析开始到验收测试之间的一致性与完整性,这就是"需求跟踪"。

进行需求跟踪的一个简单的方法就是建立一个映射(这个映射可以用需求跟踪矩阵来实现),从需求到设计,从设计到编码,以及从编码到测试用例,把每个需求都映射到对应的位置。若要建立一个分配需求到软件功能点之间的映射,反映原始需求与软件功能点之间的对应关系,可以采用(原始需求 ID,软件功能点 ID)的形式。由于通常是一个原始需求被分解成多个软件功能点,因此,实际中常常会得到形如表 5-9 所示的映射。

表 5-9　需求与功能映射

原始需求 ID	软件功能点 ID
R1	FP1.1
	FP1.2
R2	FP2.1
	FP2.2
	FP2.3
R3	…

　　下面以 V 模为例来说明在设计、编码和测试过程中对软件需求规约的跟踪。一个典型的 V 模型结构包括：需求分析阶段、概要设计阶段、详细设计阶段、编码阶段、单元测试阶段、集成测试阶段和系统测试阶段。对应于需求规约要进行的测试活动是系统测试，用来验证需求规约中所有的功能和性能是否都按照特征要求被正确实现，此时可以通过建立一个软件需求规约到系统测试用例的映射来作为该软件功能点所对应的系统测试用例。

　　概要设计根据功能"独立分解"和"类似集中"原则对大的系统进行模块分解，以建立一个软件需求规约到各模块的映射，来反映该软件功能点在对应的模块里的实现。对应于概要设计要进行的测试活动是集成测试，验证数据能否在各模块间正常地流动。同时，也可以建立软件需求规约到集成测试用例的映射来反映该软件功能点所对应的集成测试用例。

　　详细设计是设计最小的功能单元（功能单元通过函数或过程来实现）来实现各模块的功能，此时可以建立一个软件功能点到功能单元的映射来反映哪些功能点在哪些功能单元里实现。对应于详细设计要进行的测试活动是单元测试，用来验证每个功能单元的逻辑是否正确。同时，也可以建立一个软件功能点到单元测试用例的映射，来反映该软件功能点所对应的单元测试用例。

　　编码是用代码实现详细设计中的每个功能单元。于是，可以用格式（原始需求，软件功能点，系统测试用例，概要设计集成测试用例，详细设计，单元测试用例，代码）来形成最终的需求跟踪矩阵，表 5-10 是一个典型的需求跟踪矩阵的样例。

表 5-10　典型的需求跟踪矩阵示例

项目名称			项目负责人			项目周期			当前阶段	
序号	原始需求	软件功能点	设计元素	代码单元		单元测试用例	集成测试用例	系统测试用例	验收测试用例	
1										

　　这种表格能够方便地跟踪需求是否被实现以及在哪里实现，当需求发生变更时，可以通过需求跟踪矩阵来对需求变更的影响进行分析。

第6章　软件测试概述

6.1　软件测试背景

随着计算机技术的迅速发展和广泛深入地应用,软件系统的规模和复杂性也与日俱增,软件中存在的缺陷与故障造成的各类损失也大大增加了,有的甚至会带来灾难性的后果。软件质量问题已成为所有使用软件和开发软件人员关注的焦点。而由于软件本身的特性,软件中的错误是不可避免的。不断改进的开发技术和工具只能减少错误的发生,但是却不可能完全避免错误。因此为了保证软件质量,必须对软件进行测试。软件测试是软件开发中必不可少的环节,是最有效的排除和防治软件缺陷的手段。

6.1.1　软件缺陷

1.软件缺陷产生的原因及修复代价

产业界(如 Nippon Electric、TRW)研究表明,软件故障不一定是由编码所引起的,大部分是因为在详细设计阶段、概要设计阶段甚至是在需求分析阶段存在的问题引起的。如果软件需求说明书写的不够全面、清楚,在开放过程中经常被更改,或开发组的成员之间没有很好地进行交流和沟通,都会导致软件缺陷。如图 6-1 所示,为软件缺陷的原因分布图。软件需求说明书产生的缺陷最大,其次是设计阶段产生的软件缺陷,由源代码引起的软件缺陷只占 7%,其他原因引起的软件缺陷占 10%。

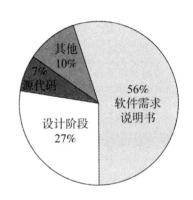

图 6-1　软件缺陷的原因分布图

软件从设计、编写、测试,直到用户公开使用的过程中,都有可能产生软件缺陷。缺陷被发现之后,要尽快修复这些被发现的缺陷。也许一开始,只是一个较小范围内的潜在错误,但随着产品开发工作的进行,小错误会扩散成大错误,为了修改后期的错误所做的工作要大得多,即越到后来往前返工也越远。如果错误小能及早发现,那只可能造成越来越严重的后果。缺陷发现或解决地越迟,成本就越高。

IBM 公司的研究结果表明,软件缺陷存在放大的趋势。如果在需求阶段漏过一个错误,则该错误可能会引起 K 个设计错误,K 称为放大系数。不同阶段的 K 的数值不同。经验表明,从概要设计到详细设计阶段的缺陷放大系数约为 1.5,从详细设计到编码阶段的缺陷放大系数约为 3。如图 6-2 所示即为缺陷放大的大致状况。

平均而言,如果在需求阶段修正一个错误的代价是 1,那么,在设计阶段就是它的 3～6 倍,在编程阶段是它的 10 倍,在内部测试阶段是它的 20～40 倍,在外部测试阶段是它的 30～70 倍,而到了产品发布出去时,这个数字就是 40～1000 倍。随着软件整个开发过程的推移,软件修正的费用呈几何倍数增长,如图 6-3 所示。

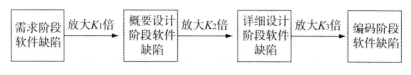

图 6-2　缺陷放大模型图

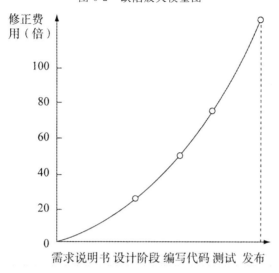

图 6-3　不同阶段的软件缺陷修正费用

2.软件缺陷带来的困扰

（1）放疗设备致死案

由于放射性治疗仪 Therac－25 的软件存在缺陷,导致几个癌症病人受到非常严重的过量放射性治疗,其中 4 个人因此死亡。一个独立的科学调查报告显示:即使在加拿大原子能公司已经处理了几个特定的软件缺陷,这种事故还是发生了。造成这种低级但致命错误的原因是缺乏软件工程实践,一种错误的想法是软件的可靠性依赖于用户的安全操作。

（2）爱国者导弹防御系统

美国爱国者导弹防御系统是主动战略防御(即星球大战)系统的简化版本,它在第一次海湾战争对抗伊拉克飞毛腿导弹的防御作战中,表现优异,赢得各界的赞誉。但它还是有几次失利,没有成功拦截伊拉克飞毛腿导弹,其中一枚在沙特阿拉伯的多哈爆炸的飞毛腿导弹造成 28 名美军士兵死亡。分析专家发现,拦截失败的症结在于爱国者导弹防御系统的一个软件缺陷,当爱国者导弹防御系统的时钟累计运行超过 14 小时后,系统的跟踪系统就会不准确。在多哈袭击战中,爱国者导弹防御系统运行时间已经累计超过 100 多个小时,显然那时系统的跟踪系统已经很不准确,从而造成这种结果。

（3）迪士尼的圣诞节礼物

1994 年圣诞节前夕,迪士尼公司发布了第一个面向儿童的多媒体光盘游戏——"狮子王童话"。这是迪士尼公司第一次进军儿童计算机游戏市场,由于该公司的品牌效应以及大力的广告宣传,"狮子王童话"的市场销售情况非常好,该游戏成为大多数父母圣诞节为孩子必买的礼物。

但随后的情况却出人意料。12 月 26 日,很多客户反映该游戏在自己的机器上无法成功安装或无法正常使用。后来才证实,出现这种情况的原因是迪士尼公司没有针对"狮子王童话"可能使用的各种机型进行系统兼容性测试,只是对少数机型进行了兼容性测试,所以导致该款游戏只能在少数几种机器上成功安装和运行。

(4)丹佛新机场推迟启用

丹佛新国际机场希望被建成现代的(state－of－the－art)机场,它将拥有复杂的、计算机控制的、自动化的包裹处理系统,而且,还有约 8530 千米长的光纤网络。不幸的是,在这包裹处理系统中存在一个严重的程序缺陷,导致行李箱被绞碎,居然还开着自动包裹车往墙里面钻。结果,机场启用推迟 16 个月,使得预算超过 32 亿美元。最终废弃这个自动化的包裹处理系统,使用手工处理包裹系统。

(5)西门子手机软件的缺陷

西门子公司公开向用户发出提醒公告,告知使用西门子 65 系列手机的用户,该系列手机存在着一个相当严重的软件缺陷,可能导致使用者耳聋。西门子 65 系列手机包括 C65、X65、L65、CV65、T65、XV65 及 CXT65 等。由于手机软件存在某个错误,使得手机在非正常情况下自动挂断,而此时用户可能并不能预料到,手机仍然贴在耳朵上,如果是在某种极端环境下,这样大的音量可能会导致使用者的听力受到损伤。当然,这种损害只会发生在当用户把手机贴在耳朵上时。所以为了防止用户遭到类似伤害,西门子公司告诫用户不要使用挂机铃声提示功能以及挂机动画功能等。除了禁止以上的功能外,西门子公司还补充说明用户应在手机提示低电量时停止通话。但是,用户也不用过于担心,在西门子公司的测试中,手机并非总是出现这种情况,只有在很少的情况下这种问题才会发生。虽然后来西门子公司修改了此类手机缺陷,但为此却损失了相当大的市场份额。

(6)微软 64 位服务器软件缺陷

2004 年上半年,微软公司承认,如果客户使用的是 64 位的 Windows Server 2003 企业版,并且硬件配置是英特尔安腾芯片,很可能突然死机。更可怕的情况是,死机后根本不可能重新启动,将给企业带来巨大的损失。微软公司称,该问题是由硬件管理程序在检测硬件设备时造成的,随后即推出了升级补丁程序。

上述的软件缺陷或漏洞仅仅是特例,在实际的信息领域中,软件缺陷或漏洞非常多,一些著名的软件缺陷经常被媒体所披露,比如那些打补丁的软件或者是那些经过修改升级的软件版本。

发现软件当中的错误或缺陷,尤其是那些不明显的、潜在的、细微的错误或缺陷称为软件测试。这些不足、错误或缺陷在软件工程或软件测试中叫作软件缺陷。

6.1.2　软件可靠性

随着人们对软件测试重要性的认识越来越深刻,软件测试阶段在整个软件开发周期中所占的比重日益增大。大量测试文献表明,通常花费在软件测试和排错上的代价大约占软件开发总代价的 50% 以上。现在有些软件开发机构将研制力量的 40% 以上投入到软件测试之中;对于某些性命攸关的软件,其测试费用甚至高达所有其他软件工程阶段费用总和的 3～5 倍。

在已投入运用的软件质量中,软件可靠性是其中一个重要标志。从实验系统所获得的统计数据表明,运行软件的驻留故障密度各不相同,与生命攸关的关键软件为每千行代码 0.01～1 个故障,与财务(财产)有关的关键软件为每千行代码 1～10 个故障,其他对可靠性要求相对较低的软件系统故障就更多了。然而,正是由于软件可靠性的大幅度提高才使得计算机得以广泛应用于社会的各个方面。

一个可靠的软件应该是正确的、完整的、一致的和健壮的。美国电气和电子工程师协会(IEEE)将软件可靠性定义为:系统在特定的环境下,在给定的时间内无故障地运行的概率。软件可靠性牵涉到软件的性能、功能性、可用性、可服务性、可安装性、可维护性以及文档等多方面特性,是对软件在设计、生产以及在它所预定环境中具有所需功能的置信度的一个度量,是衡量软件质量的主要参数之一。软件测试则是保证软件质量,提高软件可靠性的最重要手段。

6.2　软件测试概述

6.2.1　软件测试的定义

软件测试就是在软件投入运行前,对软件需求分析、设计规格说明和编码实现的最终审查,它是软件质量保证的关键步骤。

著名软件测试专家 Glen Myers 认为"软件测试是为了发现错误而执行程序的过程"。根据这个定义,软件测试是根据软件开发各个阶段的规格说明和程序的内部结构而精心设计的一批测试用例,并利用这些测试用例运行程序以及发现错误的过程,即执行测试步骤。测试是采用测试用例执行软件的活动,它有两个显著目标:找出失效或演示正确的执行。其中,测试用例是为特定的目的而设计的一维输入输出、执行条件和预期结果,测试用例是执行测试的最小实体。

测试步骤详细规定了如何设置、执行、评估特定的测试用例。除此之外,Glen Myers 在他关于软件测试的著作中陈述了一系列可以服务于测试目标的规则,这些规则也是被广泛接受的:

①测试是为了证明程序有错,而不是证明程序无错误。

②一个好的测试用例是在于它能发现至今未发现的错误。

③一个成功的测试是发现了至今未发现的错误的测试。

在这一测试定义中,明确指出"寻找错误"是测试的目的,相对于"程序测试是证明程序中不存在错误的过程",Myers 的定义是对的。因为把证明程序无错当作测试的目的不仅是不正确的、完全做不到的,而且对于做好测试工作没有任何益处,甚至是十分有害的。因此从这方面讲,可以接受 Myers 的定义以及它所蕴含的方法观和观点。不过,这个定义也有其局限性。它将测试定义规定的范围限制得过于狭窄,测试工作似乎只有在编码完成以后才能开始。更多专家认为软件测试的范围应当更为广泛,除了要考虑测试结果的正确性以外,还应关心程序的效率、可适用性、维护性、可扩充性、安全性、可靠性、系统性能、系统容量、可伸缩性、服务可管理性、兼容性等因素。随着人们对软件测试更广泛、深刻的认识,可以说对软件质量的判断绝不只限于程序本身,而是取决于整个软件研制过程。

根据上述内容,在此可以对软件测试做出如下定义:软件测试是为了尽快尽早地发现在软件产品中所存在的各种软件缺陷而展开的贯穿整个软件开发生命周期,对软件产品(包括阶段性产品)进行验证和确认的活动过程。

6.2.2 软件测试的特性

软件测试与分析、设计、编码等工作相比,具有若干特殊的性质。了解这些性质,将有助于我们正确处理和做好测试工作。

1.挑剔性

测试是对软件质量的监督和保证,所以测试是一种"挑剔性"行为。抱着为证明程序有错的目的去进行测试,才能把程序中潜在的错误找出来。因此,测试要避免带有感情色彩。不仅测试人员要有良好的职业道德,还要求程序开发人员能正确对待自己的软件错误,不能把测试理解为别人对自己工作的挑剔。

2.复杂性

人们常认为开发一个程序是困难的,测试一个程序则比较容易,这其实是误解。设计测试用例是一项需要细致和高度技巧的工作,稍有不慎就不能发现程序中存在的错误,因此,主张挑选有才华的程序员来参加测试工作。但测试员与程序员最好不是同一个人,因为自己测试自己的程序,就如同自己证明自己是错误的一样,心理状态是一个障碍。再加上定性的思维,不易发现理解、逻辑等方面的错误,导致测试失败。而由别人来测试程序则能更客观、更有效,也就容易取得成功。

3.不彻底性

测试只能证明软件中存在错误,不能证明软件中不存在错误。这句话揭示了测试所固有的一个重要性质,即不彻底性。所谓的彻底测试,就是让被测程序在一切可能的输入情况下全部执行一遍,这里"可能的输入"包括一切正确的输入和一切不正确的输入,这种测试也称为"穷举测试"。显然这两个"一切"在实际测试中是无法实现或行不通的,这就注定了一切实际测试都是不彻底的,因此不能保证测试后的程序不存在遗留的错误。

4.经济性

既然穷举测试行不通,在测试中就应该选择一些典型的、有代表性的测试用例,进行有限的测试。为了降低测试成本,选择测试用例时应注意遵守"经济性"原则。经济性原则包括两方面:

第一,要根据程序的重要性和一旦发生故障将造成的损失来确定它的可靠性等级,不要随意提高等级使测试成本增加。

第二,要认真研究测试策略,以便使用尽可能少的测试用例来发现尽可能多的程序错误。

6.2.3 软件测试的目的

软件测试的目的是为了保证软件产品的最终质量,在软件开发的过程中对软件产品进行质量控制。由软件测试历史的观点来看,测试关注执行软件来获得软件在可用性方面的信心并且证明软件能够满意地工作,这引导测试把重点投入在检测和排除缺陷上。现代的软件测试沿用了这个观点,同时还认识到许多重要的缺陷主要来自于对需求和设计的误解、遗漏和不正确。因此,早期的同行评审被用于帮助预防编码前的缺陷。证明、检测和预防已经成为一个良好测试的重要目标。

1. 证明

主要是获取系统在可接受风险范围内可用的信心;尝试在非正常情况和条件下的功能和特性;保证一个工作产品是完整的并且可用或可被集成。

2. 检测

主要是发现缺陷、错误和系统不足;定义系统的能力和局限性;提供组件、工作产品和系统的质量信息。

3. 预防

主要是澄清系统的规格和性能;提供预防或减少可能制造错误的信息;在过程中尽早检测错误;确认问题和风险,并提前确认解决这些问题和风险的途径。

需要注意的是,由于测试目标是暴露程序中的错误,所以从心理学角度看,由程序的编写者自己进行测试是不恰当的。通常情况下,在综合测试阶段由其他人员组成测试小组来完成测试工作。

6.2.4　软件测试的原则

软件测试的基本原则是站在用户的角度,对产品进行全面测试,尽早、尽可能多地发现缺陷,并负责跟踪和分析产品中的问题,对不足之处提出质疑和改进意见。零缺陷只是一种理想,足够好是测试的原则。

1. 软件测试贯穿于软件开发的各个阶段,应尽早开始

软件测试不等于程序测试,它是对软件形成过程中文档、数据以及程序进行的测试。由于软件的复杂性、抽象性,软件生命周期的每个阶段都有可能产生错误,故而不应当把软件测试看作是软件开发的一个独立阶段,而应将其贯穿于软件开发的各个阶段。

研究发现,“软件中的错误和缺陷具有放大的效应”,因此应该尽早从需求阶段、设计阶段就开始测试工作,确保错误被尽早发现,及时预防、改正,避免其扩散到下一阶段的开发中,从而为软件质量的提高打下良好的基础。

2. 软件测试严格按照测试计划执行,避免排除随意性

应该避免盲目的、没有目的的软件测试。测试计划包括:被测软件的功能、输入和输出,测试内容、各项测试的进度安排、资源要求、测试资料、测试工具、测试用例的设计、测试的控制方式和过程、系统集成方式、跟踪规程、回归测试的规定以及评价标准等。对于测试计划要明确规定,不能随意解释。只有严格按照软件测试过程管理的要求进行测试活动,才能保证软件测试的成功。

3. 软件测试不存在“穷尽测试”,当适合而止

测试与其他活动一样,必须一开始就具有很强的目的性;测试中还要判定何时可以终止测试。目前,软件测试阶段投入的成本和工作量通常要占软件开发总成本和总工作量的 50% 以

上。一般来说,一个极其简单的程序建立完备的测试用例都是相当困难的,则一个复杂应用程序的测试用例的庞大程度可想而知。因此,在测试之前要根据对软件可靠性的要求及对测试覆盖面的要求确定终止测试的标准、时间。

4.软件测试应由专门的测试小组进行,程序员避免测试自己的程序

一个显而易见的事实是,基于思维的惯性,人们很难发现自己生产产品的缺陷。主要原因是:第一,人们对自己产品的正确性过于自信,很难用挑剔的眼光看待自己的作品,因此对检查过程重视程度不够而导致一些错误不被发现;第二,程序员对软件规格说明理解错误等所引入的错误会更难发现。所以,由他人测试会更客观有效。另外,人们往往具有一种不情愿否定自己工作的心理,认为揭露自己程序中的问题总是一件不愉快的事。这一点就会成为测试自己程序的障碍。

通过上述分析可知,程序员应尽量避免测试自己的程序。推而广之,软件开发小组也应避免测试自己开发的软件。最好由专门的测试小组的人员来进行测试工作。但是,排错的工作还是应该让程序员自己来完成。

5.软件测试的每个测试用例都必须包含测试输入数据和对应的预期输出的描述

在定义测试用例时,人们往往只是考虑对用于测试的输入数据进行预定义,却往往忽视了在执行测试之前给出相应的输入数据的预期执行结果。这样就少了检验实际测试结果的基准,很可能把一个似是而非的错误结果当成正确结果。因此,完整的测试用例定义中必须包含两个内容:①用于测试的输入数据的定义;②相应的输入数据的预期执行结果的"正确"定义。

6.软件测试不能仅限于合法的输入条件,还应包括非法的输入条件

在测试程序时,合法和期望的输入条件往往给予了过多的关注,以检查程序是否能够完成它的功能,而忽视了不合法的和未预计到的输入条件。实际上,用不合法的输入条件测试程序比合法的输入条件能发现更多的错误。

人们难以保证软件在使用的过程中不会遇到无效的或意想不到的输入。为了确保软件的健壮性,不至于因为非预期的输入而造成错误的处理或更严重的系统失效,有必要在测试有效数据之外,对于一些非预期的或者无效的数据也进行相应的测试。

7.软件测试要遍及每一个测试结果

一定要全面、彻底地检查每一个测试结果,避免不可再现的测试。但这常常被人们忽略,导致许多错误被遗漏。

8.软件测试应对出现错误群集的程序段进行重点测试

经验表明,测试后程序中残留的错误数目与程序中已发现的错误数目成正比。这就是测试中的群集现象。根据这一规律,应该对出现错误群集的程序段进行重点测试,以提高测试投资的效益。"认为已发现的错误越多,则软件中尚未发现的错误越少,从而软件越可靠"的观点是错误的。

9.软件测试完成后的测试计划、测试用例、出错统计和最终分析报告应妥善保存

设计测试用例是一件耗费很大的工作,必须作为文档保存。因为测试并不是一次就能完成的,在测试出错误并修改后还要继续测试。这些测试文件对于后续测试都是很重要的,并为

产品维护提供了方便。

在软件测试中,一个好的测试用例往往是具有较高的发现至今尚未发现的错误的能力,而不是那些表明程序能够正常工作的测试用例。另外,要让最好的程序员去进行测试的工作,不要为使测试变得容易而更改程序。

6.2.5　软件测试的执行

1.测试用例的选择

如何选择测试用例是对测试人员智慧的考验。如图 6-4 所示,选择测试用例时要充分考虑测试的上下文:第一次测试还是回归测试;测试的持续时间;自动化脚本的准备情况;界面和用户体验的测试时间;性能是否符合用户要求;若是最后在进行测试则修改的难度有多大?

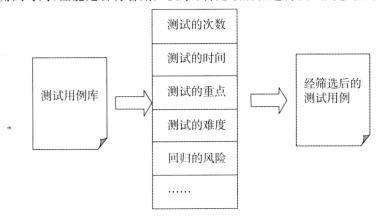

图 6-4　测试用例的合理选择

在第一次执行的测试中,基本的测试用例的选择策略时:先执行基本的测试用例,再执行复杂的测试用例;先执行优先级高的测试用例,再执行优先级低的测试用例。相对于第一次执行测试而言,回归测试的测试用例选择比较复杂,这是因为大部分的测试人员并不想将太多的实践和精力浪费在一些已经执行的测试用例上,但是又担心程序员修改会引发已经稳定的模块出现问题。

2.测试环境的搭建

在某些项目的测试过程中,搭建测试环境也是一项十分重要的工作,但也十分耗时。尤其是那些测试环境要求比较复杂的,需要在测试之前做好充分的准备。

根据具体产品特点和需要进行测试,测试环境的搭建包括的内容如图 6-5 所示。

对于测试过程中需要大量测试数据的,如容量测试、压力测试等,可以根据产品的具体测试要求,在数据库表插入大量的数据,准备大量的文件、生产大量的 Socket 包等。测试过程中可能使用专门的外部硬件设备的,如打印机、条码识别器、读卡机、指纹仪等。手机的应用测试则还可能要把所有支持的型号手机都要准备齐全。这些设备有些可以使用模拟器,有些则不可以。

需要注意的是,在搭建测试环境时,要尽可能的准备好一些真实的设备,至少要在这些设备上执行一次测试,以便验证真实的效果。经常会碰到这样一种情况,一些程序在手机模拟器

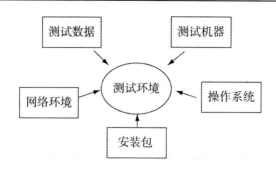

图 6-5　测试环境的搭建

上可以执行,但在真实的手机上运行时就会出现问题。或者在 PC 机查看的报表正确,而真正打印出来则会移位。有些产品需要支持多种操作系统,在做兼容性测试之前需要准备包含多种操作系统的计算机,或者考虑使用虚拟操作系统工具来安装多个操作系统,如 VM Ware、Virtual PC 等。有些测试则需要部署在多台机器上,并需要设置各种参数,那么就需要在测试之前准备好各种安装包。对于一些需要联网的测试,则还需要考虑网络的路由设置、拓扑结构等,此时就需要准备好网络设备和网络环境配置。

3. 每日构建的基本流程

程序模块的集成问题是导致开发受阻的常见原因,一些缺陷也常在集成阶段才集中出现,尤其是那些接口设计不好的软件。针对这一问题,最好的解决办法就是尽早集成、持续集成、小版本集成,通过每日构建来达到验证的目的。

这里所说的每日构建就是指每天定时把所有文件进行编译、连接、组成一个可以执行的程序过程。一般来说,每日构建的工作主要安排在晚上进行,因此也可以称为每晚自动构建。

一个简单的每日构建流程图如图 6-6 所示。

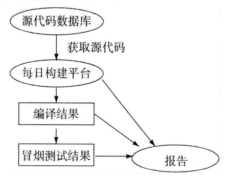

图 6-6　每日构建的基本流程

(1)通过每日构建来规范源代码管理

除了部分解决版本集成问题外,还可以对程序员的源代码嵌入嵌出行为做出规范性约束。如果程序员没有遵循一定的规范来实施嵌入、嵌出源代码,则就很有可能导致其他程序员的代码模块失效或者混乱。一种正确而谨慎的做法就是每次嵌入自己的修正代码前,获取所有新版本,并将所有代码通过编译,将确保不会影响他人的代码嵌入,否则必须先解决相应的问题,如图 6-7 所示。

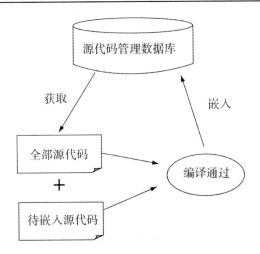

图 6-7　正确的源代码嵌入式行为

此时若程序员没有按照原代码控制规范修正代码的化,每日构建就很有可能发现编译问题。

(2)通过每日构建来控制版本风险

每日构建除了自动化编译程序外,还会结合自动化的冒烟测试,待编译通过后,自动运行冒烟测试用例的自动化脚本,进而使编译版本的初步质量得到评估和报告。这里涉及的冒烟测试的概念来源于硬件生产领域,硬件工程师一般通过给制造出的电路板加电,来查看电路板是否通电。如果设计不合理,则极有可能在通电的同时马上冒出烟,电路板不可用,因此也没有必要进行下一步的检测。软件行业借用这个概念,在一个变异版本发布后,先运行其最基本的功能,如启动登录、退出等。如果这些简单的功能运行都出现错误的话,则测试人员就没有必要进行下一步的深入测试了,直接把变异版本退回给开发人员修改即可。冒烟测试的测试用例应该是随着开发的深入而不断演进的。开始可能只需要验证程序是否能够正常启动和退出,随后则验证某些界面的打开和关闭功能,接着需要进一步验证某个功能流程是否流畅。

每日构建还可以结合自动化的单元测试和代码规范检查,也可以说每日构建是一个无人值守的自动化的基础平台。下面我们可以将每日构建的基本功能总结如下:

①能够降低出现"次品"的风险,防止程序质量失控,使系统保持在一个可知的良好状态,使故障的诊断变得容易。这样当每日构建不能通过时,就可以马上判定问题是昨天的某一个修改导致的。

②有效帮助测试人员自动执行某些类型的测试,进而达到持续测试的效果。同时还可能节约测试人员的时间。这样当测试人员拿到新的版本后,就可以马上投入到正式的测试中,不会因为某些无谓的错误导致测试无法执行下去。

③它还是一种提高士气的机制。项目组的所有人员每天都能看到构建出来的新版本增加了哪些新特性,并且,每天都比前一天要多一些、增强一些。

6.2.6　软件测试的停止

软件系统经过单元、集成、系统等测试,分别达到单元、集成、系统等测试停止的标准;软件系统已经过验收测试,并已得出验收测试的结论;软件项目需暂停以进行调整时,测试应随之暂停,并备份暂停点数据;软件项目在其开发生命周期内出现重大估算、进度偏差,需暂停或中止时,测试应随之暂停,并备份暂停点数据;软件受实际情况的制约,软件测试最终是要停止的。软件测试停止的 5 个标准如下:

①测试时间超过了预定的期限。

②执行了所有的测试用例,但是没有发生故障。

③使用特定的测试用例设计方案作为判断测试停止的基础。

④正面指出了停止测试的具体要求。

⑤根据单位时间内查出的缺陷的数量判断是否停止测试。

6.3　软件测试职业与人员的素质

6.3.1　软件测试职位

随着信息技术和互联网应用的迅速推广普及,软件产业已经进入一个崭新的发展阶段,软件越来越成为计算机和网络市场的核心和灵魂,它作为一种产品已经渗透到人类生活的各个环节。软件产品的业务功能越来越复杂,应用领域越来越广泛,结构类型也越来越多样化。软件测试作为软件产品质量保证的最重要、最有效的手段,已引起软件产品用户和软件开发人员越来越多的关注。软件测试服务已经成为软件产业领域的一个重要分支,并且具有巨大的发展潜力和可观的发展前景。

在微软等软件过程比较规范的大公司,软件测试人员的数量和待遇与程序员没有多大差别,优秀测试人员的待遇甚至比程序员还要高。在中国,随着 IT 行业的发展,产品的质量控制与质量管理正逐渐成为企业生存与发展的核心。在这个过程中,软件测试工程师是一个非常重要的角色。软件测试工程师的数量远远不能满足企业需求,软件测试工程师已经成为 IT 招聘一个新的亮点。因此,可以预见软件测试将会成为一个具有很大发展前景的行业。

软件专业人才职业市场对测试人员的技能提出了越来越高的要求。与此同时,对于软件工程师而言,自动化测试能力的发展又带来了许多新的就业机会,当前软件测试技术行业的市场状况是具有自动化测试经验的工程师供不应求。软件测试具体职位如下:

(1)初级软件测试工程师

具有计算机软件测试知识技能的毕业生或具有一定手工软件测试经验的人员。负责测试脚本,熟悉软件生命周期和测试技术。

(2)软件测试工程师/程序分析员

具有 1～2 年经验的测试工程师或程序员。负责编写自动化软件测试脚本程序,并担任测试编程的初期领导工作。具备编程语言、操作系统、网络与数据库等方面的技能。

(3)高级软件测试工程师/程序分析员

具有 3～4 年经验的测试工程师或程序员。负责辅助开发、维护软件测试或编程标准与过程;负责同级评审,并指导初级软件测试工程师或程序员进行工作。具备继续开拓编程的能力。

（4）软件测试组负责人

具有 4～6 年经验的软件测试工程师或程序员。负责管理 1～3 名软件测试工程师或程序员，担负进度安排和工作规模，成本估算的职责。

（5）软件测试/编程负责人

具有 6～10 年经验的软件测试工程师或程序员。负责管理 8～10 名技术人员，担负进度安排或工作规模，成本估算、按照计划和预算目标交付产品的职责，负责开发项目的技术方法，为用户提供支持与演示。具有开发特定领域的技术专长。

（6）软件测试/质量保证/项目经理

具有 10 年以上的开发与支持活动的工作经验。管理若干人员以及整个软件开发生命周期，负责把握项目方向及盈亏责任。

6.3.2　软件测试人员应具备的基本素质

软件测试是一项非常严谨、复杂、艰苦的和具有挑战性的工作。随着软件技术的发展，对专业化、高效率软件测试的需求趋势越来越明显，对软件测试人员的基本素质的要求也越来越高。概括地说，软件测试人员应具备下列基本素质。

（1）软件工程技能

软件测试人员必须了解软件工程（设计、开发和简单测试）、应用、系统、自动测试编程、操作系统、数据库、网络系统和协议的设计及使用。

（2）具有整体观念，对细节敏感

大型软件的测试工作十分复杂，软件测试人员应善于把握好整体与局部的关系，选择相应的测试数据、测试手段以及测试时间，敏锐地发现那些深藏不露的软件缺陷。

（3）具有创新精神和超前意识

测试显而易见的错误并不是软件测试人员的工作，他们的工作应该是以富有创意的、甚至超常规的手段来寻找软件缺陷。根据测试过程和测试结果，应善于发现问题的症结所在，对错误的类型和错误的性质做出准确的分析和判断。

（4）具有很强的沟通和交流能力

测试人员在测试工作中需要同各类人员进行沟通，因此，必须能够同测试涉及的所有人进行沟通，具有与技术（开发者）和非技术人员（客户、管理人员等）的交流能力。既要可以和用户谈得来，又能同开发人员很好地沟通，当与软件开发人员研究故障报告和问题时，软件测试人员应善于表达自己的观点，沉着、老练地与可能缺乏冷静的软件开发人员进行合作。当发现的软件缺陷有时被软件开发人员认为不重要、不用修复时，测试人员应耐心地说明软件缺陷为何必须修复，尽量通过实际演示清晰地表达观点。具备了这种能力，测试人员可以将冲突和对抗减少到最低程度。

（5）团队合作精神

在软件工程各种开发模型和处理方式的背后，极为重要的一个环节便是工作人员之间的相互合作，团队协作精神能否很好地在工作中贯彻，在根本上决定了一个项目能否开发成功。软件测试人员应与软件开发人员密切合作，共同努力才能保证项目的顺利完成。即使在目前稍具规模的软件项目中，测试工作都需要不止一个测试人员参加，单凭一个人的力量是无法完成复杂的测试工作的,这就要求所有测试人员精诚合作,共同努力。如果缺少团队合作精神,测试工作不可能顺利进行。

(6)不懈努力,追求完美

软件测试人员应当追求完美的软件,即使知道某些目标无法达到,也应当尽力地接近目标。在测试过程中,软件测试人员应当总是不停地尝试,他们可能会碰到转瞬即逝或者难以重现的软件缺陷。测试工作不能心存侥幸,而是应该尽一切可能去寻找软件缺陷。

软件测试员的目标是发现潜在的软件缺陷。软件测试员所追求的目标是尽自己的努力,尽早找出产品存在的缺陷。软件测试员是软件客户的眼睛,应该站在客户应用的角度,代表客户说话,力求使软件趋于完善。软件测试员的工作与程序员的工作所需要的技术几乎相当。尽管软件测试员不必成为一个完美的程序员,但具有丰富的编程知识无疑对出色完成测试任务具有很大的帮助。

6.4 软件测试过程模型

随着测试过程管理的发展,测试人员通过大量的实践总结出了很多很好的测试过程模型,如 V 模型、W 模型、H 模型等。这些模型将测试活动进行了抽象,并与开发活动进行了有机的结合,是测试过程管理的重要参考依据。

6.4.1 测试 V 模型

V 模型描述了一些不同的测试级别,并说明了这些级别所对应的生命周期中不同的阶段。如图 6-8 所示,左边下降的是开发过程各阶段,与此相对应的是右边上升的部分,即各测试过程的各个阶段。

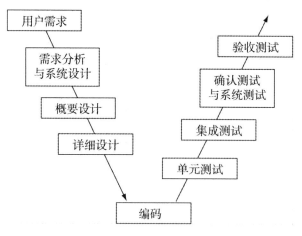

图 6-8 V 模型示意图

在模型图中的开发阶段一侧,先从定义业务需求开始,然后要把这些需求不断地转换到概要设计和详细设计中去,最后开发为程序代码。在测试执行阶段一侧,执行先从单元测试开始。然后是集成测试、系统测试和验收测试。

成功应用 V 模型的关键因素是设计测试案例的时机。V 模型的价值在于它非常明确地标明了测试过程中存在的不同级别,并且清楚地描述了这些测试阶段和开发过程期间各阶段的对应关系。

单元测试的主要目的是针对编码过程中可能存在的各种错误,例如用户输入验证过程中的边界值的错误。集成测试主要目的是针对详细设计中可能存在的问题尤其是检查各单元与其他程序部分之间的接口上可能存在的错误。系统测试主要针对概要设计,检查了系统作为一个整体是否有效地得到运行,例如在产品设置中是否达到了预期的高性能。验收测试通常由业务专家或用户进行,以确认产品能真正符合用户业务上的需要。

V 模型存在的问题:测试是开发之后的一个阶段,测试的对象是程序本身,这样易导致需求阶段的错误一直到最后系统测试阶段才被发现,如果问题不能及时被发现,这些隐含的问题也被带到下一个工序,正确的设计被编码,错误的设计也同时被编码。

6.4.2　测试 W 模型

V 模型未能体现出"尽早地、全面地进行软件测试"的原则,为了弥补 V 模型的不足,W 模型出现了。

W 模型由 Evolutif 公司提出。相对于 V 模型,W 模型增加了软件各开发阶段中应同步进行的验证和确认活动。如图 6-9 所示,W 模型由两个 V 字型模型组成,分别表示测试和开发过程,可以明显看出测试与开发的并行关系,也就是说,测试与开发是紧密结合的。

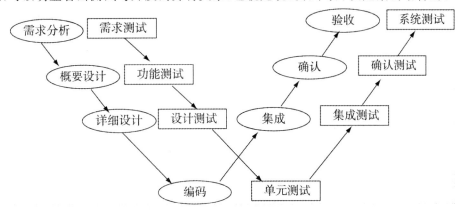

图 6-9　W 模型示意图

W 模型强调,测试伴随着软件开发的各阶段,测试的对象不仅仅是程序,需求分析、设计等同样需要测试。也就是说,测试与开发是同步进行的,当某一阶段的工作完成后,就可进行测试。W 模型有利于尽早地、全面地进行测试,以发现软件中存在的问题。W 模型也有利于全过程地测试。

W 模型存在的局限性:在 W 模型中,需求分析、设计、编码等活动被视为串行的,同时,测试和开发活动之间也是一种线性的关系,某开发活动完全结束后才可以正式开始进行测试,这样就无法支持迭代、自发性及变更调整。对于当前软件开发复杂多变的情况,W 模型并不能完全解决测试管理中面临的困惑。

6.4.3 测试 H 模型

与前两种模型相比,H 模型充分地体现了测试过程,演示了在整个生产周期中,某个(测试)层次上的一次测试"微循环"(可以看作是一个流程在时间上的最小构成单位)。图 6-10 中的"其他流程"可以是任意开发流程,例如设计流程和编码流程,也可以是其他非开发的流程,例如 SQA 流程,甚至是测试流程自身。向上的双线箭头表示在某个时间点,由于"其他流程"的进展(由于先后关系)而引发或者(由于因果关系)触发了测试就绪点,这个时候,只要测试准备活动完成,测试执行活动就可以进行了。

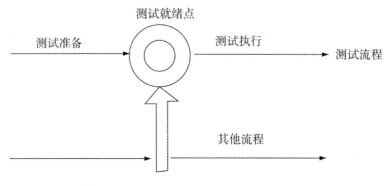

图 6-10　H 模型示意图

H 模型揭示了:

①软件测试不仅仅指测试的执行,还包括很多其他的活动。

②软件测试是一个独立的流程,贯穿产品的整个开发周期,与其他流程并发进行。

③软件测试要尽早准备,尽早执行。

④软件测试根据被测物的不同是分层次的,不同层次的测试活动可以是按照某个次序先后进行的,但也可能是反复的。

6.5　软件测试的发展现状及前景分析

6.5.1　软件测试的发展历程

软件测试是伴随着软件的产生而产生的,有了软件的生成和运行就必然有软件测试。在早期的软件开发过程中,测试的含义比较窄,将测试等同于"调试",目的是纠正软件中已经知道的故障,常常由软件开发人员自己完成这部分工作。对测试的投入极少,测试介入得也晚,常常是等到形成代码,产品已经基本完成时才进行测试。

20 世纪 50 年代末,软件测试才开始与调试区别开来,成为一种发现软件缺陷的活动。但由于一直存在着为了使我们看到产品在工作,就得将测试工作往后推一点的思想,测试仍然是落后于开发的活动。1972 年在北卡罗来纳大学举行了首届软件测试正式会议,1975 年 John Good Enough 和 Susan Gerhart 在 IEEE 上发表了"测试数据选择的原理"的文章,软件测试才被确定为一种研究方向。1979 年,Glen Myers 发表了测试领域的第一本最重要的专著:《软件测试艺术》。在书中,Myers 将软件测试定义为:"测试是为发现错误而执行的一个程序或者系统的过程"。

直到 20 世纪 80 年代早期,"质量"的号角才开始吹响。软件测试的定义发生了改变,测试不再是一个单纯发现错误的过程,而且包含软件质量评价的内容。软件开发人员和测试人员开始坐在一起探讨软件工程和测试问题。制定了各类标准,包括 IEEE 标准、美国 ANSI 标准和 ISO 国际标准。Bill Hetzel 在《软件测试完全指南》一书中指出:"测试是以评价一个程序或者系统属性为目标的任何一种活动,测试是对软件质量的度量"。

进入 20 世纪 90 年代,测试工具终于盛行起来。人们普遍意识到工具不仅是有用的,而且要对今天的软件系统进行充分的测试,工具是必不可少的。到了 2002 年,Rich 和 Stefan 在《系统的软件测试》一书中对软件测试做了进一步定义:"测试是为了度量和提高被测软件的质量,对测试软件进行工程设计、实施和维护的整个生命周期过程"。这些经典论著对软件测试研究的理论化和体系化产生了巨大的影响。

近 20 年来,随着计算机和软件技术的飞速发展,软件测试技术的研究也取得了很大的突破,测试专家总结了很好的测试模型,在单元测试、自动化测试等方面涌现了大量优秀的软件测试工具。

虽然软件测试技术的发展很快,但是其发展速度仍落后于软件开发技术的发展速度,使得软件测试在今天面临着很大的挑战。例如:

①软件在国防现代化、社会信息化和国民经济信息化领域中的作用越来越重要,由此产生的测试任务越来越繁重。

②软件规模越来越大,功能越来越复杂,如何进行充分而有效的测试成为难题。

③面向对象的开发技术越来越普及,但是面向对象的测试技术却刚刚起步。

④对实时系统缺乏有效的测试手段,对分布式系统的整体性能还不能进行很好的测试。

⑤随着安全问题的日益突出,对信息系统的安全性如何进行有效的测试与评估,成为世界性难题。

6.5.2　我国软件测试行业现状

在国内,软件测试尚处于起步阶段,但前景是光明的,有越来越多的人开始关注这个行业,因为有越来越多的人已投身到这个行业,也有越来越多的人喜欢这个行业。关于国内软件测试行业的现状,国内知名的人才服务机构智联招聘发布的《2006 年度软件测试行业专项调查报告》中,有几个值得注意的数据。

(1)对软件测试重要性的调查

68.2% 的受访企业认为软件测试非常重要,必须设立专门的测试部门,并将其视为与开发环节同等重要的地位。另外,31.8% 的企业选择了比较重要,而认为软件测试只起到"一定作用"或"可有可无"的比例为 0。可见软件测试得到了大部分人的重视。

(2)测试人员所占的比例

调查数据显示,被调查企业中测试人员与开发人员比例为 1:5 的企业高达 36.4%,比例为 1:2 的企业占 31.8%,比例为 1:1 及以上的企业仅占 31.7%。由此可见,部分公司的测试人员比例仍然偏低。

（3）测试行业的受欢迎程度

数据显示，在面向社会人群的调查中，有87％的被调查者表示出对软件测试行业的青睐。

（4）测试人员的能力情况

调查结果显示，企业在招聘人才时遇到"很多计算机专业应届毕业生缺乏实际经验和动手能力"和"以往做过测试的应聘者并未系统地掌握软件测试流程"问题的比例分别占到了72.7％和59.1％。

从这份报告中的数据大致可以看出，软件质量和软件测试受到越来越多人的重视，测试人员的需求量在增大。与此同时，软件测试人员的能力严重不足。分析近几年来很多测试人员的应聘表现，可以看出其能力不足和浮躁的差要原因有以下几种：

（1）础知识不够扎实

仅仅浮浅地了解一些基本的测试设计方法，并没有深入理解这些基本概念。

（2）专业技术不够精通

个人简历上写着精通某某技术或某某工具，但是基本上没有真正地实实在在的应用过。

（3）没有建立相对完整的测试体系概念，忽视理论知识

大部分人对软件测试的基本定义和目的不清晰，对自己的工作职责理解不到位。测试理论知识缺乏，认为理论知识没用而没有深入理解测试的基本道理。

这是软件测试行业在中国必然经历的一个不成熟阶段。软件测试行业最终会趋于平静，进入平稳的发展阶段。

6.5.3 软件测试发展趋势

伴随着软件工程的发展，软件测试的技术、方法以及观念也在不断地发展，软件测试发展具有如下趋势。

（1）软件测试受到重视

设置独立的软件测试部门将成为越来越多的软件公司的共识。

（2）测试工作将进一步前移

软件测试不仅仅是单元测试、集成测试、系统测试和验收测试，对需求的精确性和完整性的测试技术，对系统设计的测试技术将成为新的研究热点。

（3）测试职业将得到充分的尊重

测试工程师和开发工程师不仅是矛盾体，也是相互协调的统一体。测试工作和开发工作的地位同等重要，只有高水平的开发者才能胜任测试工作，而不是人们认为的没有能力做开发才去做测试。

（4）软件架构师、开发工程师、QA人员、测试工程师将进行更好的融合

他们之间要成为伙伴关系，而不是对立的关系，以使彼此可以相互借鉴，相互促进，而且软件测试工程师应该尽早地介入整个工程，在软件定义阶段就要开发相应的测试方法，使得每一个需求定义都可以测试。

（5）测试外包服务将快速增长

和软件开发外包一样，软件测试外包也将成为一种趋势。

(6)第三方测试将会扮演重要的角色

所谓第三方测试,就是由独立于软件公司之外的机构来进行测试。第三方测试更能公正、客观地评价软件,将被广泛地运用于大型软件的测试。

6.6 软件质量保证与软件测试的关系

软件质量保证与软件测试二者之间既存在包含又存有交叉的关系。软件测试能够找出软件缺陷,确保软件产品满足需求。但是测试不是质量保证,二者并不等同。测试可以查找错误并进行修改,从而提高软件产品的质量。软件质量保证则是避免错误以求高质量,并且还有其他方面的措施以保证质量问题。

1.软件质量保证与软件测试的共同点

从共同点的角度看,软件测试和软件质量保证的目的都是尽力确保软件产品满足需求,从而开发出高质量的软件产品。两个流程都是贯穿于整个软件开发生命周期中。正规的软件测试系统主要包括制定测试计划、测试设计、实施测试、建立和更新测试文档。而软件质量保证的工作主要为:制定软件质量要求、组织正式审查、软件测试管理、对软件的变更进行控制、对软件质量进行度量、对软件质量情况及时记录和报告。软件质量保证的职能是向管理层提供正确的可行信息,从而促进和辅助设计流程的改进。软件质量保证的职能还包括监督测试流程,这样测试工作就可以被客观地审查和评估,同时也有助于测试流程的改进。

2.软件质量保证与软件测试的不同点

二者的不同之处在于软件质量保证工作侧重对软件开发流程中的各个过程进行管理与控制,杜绝软件缺陷的产生。而测试则是对已产生的软件缺陷进行修复。

软件质量的一个不可忽视的威胁因素来自软件的修改和变更。所以软件测试是软件质量保证的关键步骤。测试可以发现故障,从而帮助开发者发现问题并纠正问题。测试是任何质量保证过程中必需的但不是所有的部分。对于一个系统测试得越多,就越能确保这一系统的正确性,然而测试通常不能保证整个系统运转的完全正确。因此,测试在保证质量方面的主要职责是找出那些在设计开始时就本应该避免的错误并进行修复。软件质量保证的任务首先是避免错误,要做到这一点,除了测试外还需要其他方面的处理。

第 7 章　软件测试策略

7.1　软件测试策略概述

依据软件本身的性质、规模及应用场合的不同,我们将选择不同的测试方案,以最少的软件、硬件及人力资源投入得到最佳的测试效果,这就是测试策略目标所在。软件测试的策略就是指测试将按照什么样的思路和方式进行。通常,测试过程要经过单元测试、集成测试、确认测试、系统测试、验收测试五个阶段。

7.1.1　软件测试策略的前提

一个好的软件测试策略必将给软件测试带来事半功倍的效果,它可以充分利用有限的人力和物力资源,高效率、高质量地完成测试。测试包括一系列组织良好的活动,需要事先制订计划并系统化地实施。这样,需要建立多个阶段,使得特定的测试用例设计技术和测试方法可以纳入软件工程步骤之中。目前业界已提出了不少测试策略,它们为测试提供了模版。通常,这些测试策略都具有以下基本假设:

①软件测试应从模块级别开始,向外延伸到整个系统的集成。

②测试应该是一个循序渐进的过程。

③自底向上方式更适合测试。

④不同的测试技术适用于不同的时机。

⑤软件开发者可以实施测试,但他们必须在独立测试小组的协助下进行。

⑥独立测试人员可以抛弃对产品的偏见,开发人员总认为其产品是正确的。

⑦测试和调试是两种不同的活动,但调试是任何测试策略都需要的。

⑧测试应该从构件层次开始,向外延伸到整个计算机系统的集成。

⑨验证应关注我们是否在正确地构造产品。

⑩确认应关注我们是否在构造正确的产品。

一个软件测试策略必须适用于低层测试以验证一小段代码是否正确实现,也要能用于高层测试,以确认系统主要功能是否符合用户需求。一个策略必须能为应用人员提供指导,并为管理者提供决策支持。

7.1.2　软件测试策略考虑的问题

一个测试策略既包括验证源代码单元正确性的低层次测试,又包括基于用户需求对系统主要功能进行确认的高层次测试。制订一个软件测试策略需要考虑很多问题,这里仅列出主要的几个方面。

(1)确保需求规格说明的精确性

测试的主要目标是尽可能多地发现错误。一个好的测试策略应该能够评价各种质量属性,包括可移植性、可维护性、灵活性和可用性等。这些质量属性要进行详细说明,同时保证是可度量的,以避免测试结论的不明确。

(2)对测试目标进行准确描述

为确保测试过程的成功,软件测试的目标要以可度量的方式进行准确描述。在测试计划中也要进行同样的陈述。

(3)保证用户可接受

为每一类需要理解软件的用户建立一个剖面。用例可以用来描述每类用户的交互场景,通过对产品的实际使用进行测试,这些用例可以减少整个测试工作量。

(4)设计自动化测试

软件应该被建造得足够强壮,以便于能够实现自我测试。这类软件可以用来诊断特定类型的错误,并可适用于自动化测试和回归测试。

(5)监控和改进测试过程

应该形成一个持续性的改进方式,以对软件测试过程进行监控,同时增强其有效性。测试策略必须是可度量和可监控的,可以使用软件测试准则来控制软件测试过程。

7.2　单元测试

单元测试又称模块测试,是软件测试的第一步,开始于编码阶段。单元测试是在编码完成后必须进行的测试工作,一般由程序开发者自行完成。

7.2.1　单元测试概述

1.单元测试的定义

单元测试(Unit Testing)是对软件基本组成单元进行的测试。这里的基本单元不一定是指一个具体的函数(Function)或一个类的方法(Method),而是软件设计的最小单位——模块。软件单元测试是检验程序的最小单位,是在软件开发过程中实施的最低级别的测试活动,即检查单元程序模块有无错误。在结构化程序编程中,测试的对象主要是函数或子程序过程;在面向对象的编程中,如 C++,测试的对象可能是类,也可能是类的成员函数,或是被典型定义的一个菜单、屏幕显示界面或对话框等。在某种意义上单元的概念已经扩展为组件(component)。

单元测试具有如下特点:

①单元测试是一种设计技术。单元测试使我们把程序设计成易于调用和可测试的设计,是一种设计技术。

②单元测试是一种验证行为。程序中的每一项功能都是用测试来验证它的正确性。

③单元测试是一种编写文档的行为。单元测试是一种文档,它是展示函数或类如何使用的最佳文档。这份文档是可编译、可运行的,并且它保持最新,永远与代码同步。

④单元测试可以保证代码质量、可维护性和可扩展性。

⑤单元测试具有回归性。单元测试避免了代码出现回归,编写完成之后,可以随时随地地快速运行测试。

通常,单元测试又称为模块测试。按照一般的理解,模块具有下列属性:

①模块名称。

②内部使用的数据,也称为局部数据。

③与其他模块或外界的数据联系。

④实现其特定功能的算法。

⑤被上层模块调用或调用下层模块的关系。

2.单元测试的目标

确保各单元模块被正确地编码是单元测试的主要目标,但是单元测试的目标不仅测试代码的功能性,还需确保代码在结构上可靠且健全,并且能够在所有条件下正确响应。如果这些系统中的代码未被适当测试,则其弱点可被用于侵入代码,并导致安全性风险以及性能问题。执行完全的单元测试,可以减少应用级别所需的工作量,并且彻底减少发生误差的可能性。如果手动执行,单元测试可能需要大量的工作,执行高效率单元测试的关键是自动化。

单元测试的具体目标可细化为如下几点:

①信息能否正确地在单元中流入、流出。

②在单元工作过程中,其内部数据能否保持其完整性,包括内部数据的形式、内容及相互关系不发生错误,也包括全局变量在单元中的处理和影响。

③在为限制数据加工而设置的边界处,能否正确工作。

④单元的运行能否做到满足特定的逻辑覆盖。

⑤单元中发生了错误,其中的出错处理措施是否有效。

单元测试是测试程序代码,为了保证目标的实现,必须制定合理的计划,采用适当的测试方法和技术,进行正确评估。

3.单元测试的内容

单元测试是针对每个程序模块进行的测试,其主要内容包括五个方面。

(1)模块接口测试

模块接口测试是单元测试的基础,主要检查进出模块单元的数据流是否正确。单元测试的第一步是对模块接口数据流的测试,如果不能确保数据正确地输入和输出,所有的测试都是没有意义的。

针对模块接口测试应进行的检查,主要是对模块接口进行如下方面的测试:

①模块接受输入的实际参数个数与模块的形式参数个数、类型是否匹配。

②调用其他模块时,所传送的实际参数个数与被调用模块的形式参数的个数是否相同,类型是否匹配,单位是否一致。

③调用内部函数时,参数的个数、属性和次序是否正确。

④在模块有多个入口的情况下,是否有引用与当前入口无关的参数。

⑤是否修改了只读型参数。

⑥全局变量在所有引用它们的模块中的定义是否相同。

⑦是否将某些约束当作参数来传送。

如果模块内包括外部输入／输出,还应考虑以下问题。

①文件属性及其打开语句的格式是否正确。

②格式说明与输入、输出语句给出的信息是否一致。

③缓冲区的大小与记录的大小是否匹配。

④所有文件在使用前是否已打开。

⑤对文件尾是否进行了处理,对文件结束条件的判断和处理是否正确。

⑥输出信息是否存在文字性错误。

(2)局部数据结构测试

模块的局部数据结构是最常见的错误根源,检查局部数据结构可以保证临时存储在模块内的数据在代码执行过程中是完整和正确的。局部数据结构测试的目标是设计测试用例检查数据类型声明、初始化、默认值等方面的问题,如有可能还要查清全局数据对模块的影响。

对于局部数据结构,应该在单元测试中注意发现以下几类错误。

①是否存在不正确的或不一致的类型说明。

②是否使用尚未赋值或尚未初始化的变量。

③变量是否存在初始化或默认值错误。

④变量名是否存在拼写或缩写错误。

⑤是否存在不相容的数据类型。

⑥是否出现下溢、上溢或者地址错误。

(3)路径测试

路径测试是一个典型的白盒测试方法,在嵌入式软件的单元测试中应用比较普遍,可以保证嵌入式软件的正确执行。

路径测试就是选择恰当的测试用例对模块中重要的执行路径进行测试。对重要执行路径和循环进行测试是最常用和最有效的测试技术,以发现因错误的计算、错误的比较和不适当的控制流而导致的缺陷。

常见的错误计算如下:

①是否存在操作符的优先次序不正确或被误解。

②是否存在运算方式的错误,包括运算精度是否够、变量的初值是否正确、表达式的符号是否正确、是否存在被零除的风险等。

常见的比较和控制流错误:

①是否存在不同数据类型变量之间的比较。

②是否存在错误的逻辑运算符或优先次序。

③是否存在因浮点运算精度问题而造成的期望值与实际值不相等的两值比较。

④关系表达式中是否存在错误的变量和比较符。

⑤是否存在错误的或不可能的循环终止条件;是否存在迭代发散而不能终止循环;是否错误修改了循环变量,导致不正确的多循环或少循环一次。

(4)错误处理测试

这项测试处理的重点是模块在工作中若发生了错误,出错处理是否有效。完善的设计应该能够预见各种出错条件,并设置适当的出错处理,从而提高系统容错能力,保证逻辑正确性。

错误处理测试主要测试程序处理错误的能力,检验是否存在如下问题:

①对运行发生的错误描述是否难以理解。

②提供的错误定位信息是否不足,以致无法找到出错的准确原因。

③所报告的错误与实际遇到的错误是否一致。

④是否存在不当的异常处理。

⑤是否按照预先自定义的出错处理方式来处理。

(5)边界测试

边界测试就是进行某一数据变量的最大值和最小值的测试,同时应进行越界测试,即输入不该输入的数据变量来测试系统的运行情况。需要特别注意数据流、控制流中恰好等于、大于或小于确定的比较值时出错的可能性。

测试对上述这五个方面的错误会十分敏感,因此,如何设计测试用例,以使模块能够高效率其中的错误就成为软件测试过程中非常重要的问题。

7.2.2 单元测试的环境

通常情况下,单元测试应该紧接在代码编写之后,在完成了程序编写、复查和语法正确性验证之后,就应该进行单元测试。单元测试环境的建立是单元测试工作进行的前提和基础。单元测试的环境并不一定是系统投入使用后所需的真实环境。

由于一个模块、函数、类或类中的一个方法(method)并不是一个能单独运行的独立程序,在进行测试时需要同时考虑该单元和外界的接口,因此要用到一些辅助模块来模拟与所测模块相联的其他模块。这些辅助模块通常可以分为两种:

(1)驱动(driver)模块

驱动模块的作用相当于所测模块的主程序。它接收测试数据,把这些数据传送给所测模块,最后再输出实际测试结果。驱动模块的作用为:

①接受测试输入。

②对输入进行判断。

③将输入传给被测单元,驱动被测单元执行。

④接受被测单元执行结果,并对结果进行判断。

⑤将判断结果作为用例执行结果并输出测试报告。

(2)桩模块(stub)

用于代替所测模块调用的子模块。桩模块可以通过少量的数据操作,并不需要实现子模块所有的功能,但是要根据需要来实现或者代替子模块的一部分功能。桩模块是一次性模块,主要是为了配合调用它的父模块工作。

通过开发驱动器和桩,将所测模块和与它相关的驱动模块及桩模块共同构成了一个"测试环境",如图 7-1 所示。

为了能够正确地测试软件,驱动模块和桩模块的编写,特别是桩模块可能需要模拟实际子模块的功能,因此桩模块的开发绝非易事。我们常常希望驱动模块和桩模块的开发工作比较简单,实际开销相对低些。比如说,有时候因为编写桩模块是困难费时的,我们就会尽量避免编写桩模块,即在项目进度管理时将实际桩模块的代码编写工作安排在被测模块前编写,以提高实际桩模块的测试频率,从而更有效地保证产品的质量,提高测试工作的效率。但是,虽然

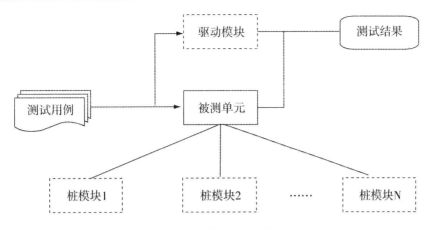

图 7-1　单元测试环境

桩模块提前编写了,但是针对具体单元模块的测试用例数据可能需要在测试前提前写在桩模块中,或者改变其中的数据,从而保证能够向上一级模块提供稳定可靠的实际桩模块,为后续模块测试打下良好的基础。很遗憾的是,仅用简单的驱动模块和桩模块有时不能完成某些模块的测试任务。

7.2.3　单元测试的策略

在选择单元测试的策略时,可以考虑 3 种方式:由顶向下的单元测试策略、由底向上的单元测试策略和孤立的单元测试策略。

1. 由顶向下的单元测试策略

这种测试策略的方法是:先对顶层的单元进行测试,把顶层所调用的单元做成桩模块。其次对第二层进行测试,使用上面已测试的单元作为驱动模块。以此类推直到完成所有模块的测试。

优点:在集成测试前提供系统早期的集成途径。由于详细设计一般都是由顶向下进行设计的,这样由顶向下的单元测试策略在执行上同详细设计的顺序一致。该测试方法可以和详细设计及编码进行重叠操作。

缺点:单元测试被桩模块控制,随着单元一个一个被测试,测试过程将变得越来越复杂,并且开发和维护的成本将增加。测试层次越到下层,结构覆盖率就越难达到。同时任何一个单元的修改将影响到其下层调用的所有单元都要被重新测试。底层单元的测试须等待顶层单元测试完毕后才能进行,并行性不好,测试周期将延长。

该策略比基于孤立单元测试的成本要高很多,不是单元测试的一个好的选择。但是如果单元都已经被独立测试过了,可以使用此方法。

2. 由底向上的单元测试策略

这种测试策略的方法是:先对模块调用层次图上最底层的模块进行单元测试,模拟调用该模块的模块做驱动模块。然后再对上面一层做单元测试,用下面已被测试过的模块做桩模块。以此类推,直到测试完所有模块。

优点:在集成测试前提供系统早期的集成途径。不需要桩模块。测试用例可以直接从功能设计中获取,而不必从结构设计中获取。该方法在详细设计文档缺乏结构细节时变得有用。

缺点:随着单元一个一个被测试,测试过程将变得越来越复杂,开发和维护的成本将增加。并且测试层次越到顶层,结构覆盖率就越难达到。同时任何一个单元的修改将影响到直接或间接调用该单元的所有上层单元被重新测试。顶层单元的测试需等待低层单元测试完毕后才能进行,并行性不好,测试周期将延长。并且第一个被测试的单元一般都是最后一个被设计的单元,单元测试不能和详细设计、编码进行重叠。

该策略是一个比较合理的单元测试策略,尤其当需要考虑到对象或复用时。但由底向上的单元测试是面向功能的测试,而不是面向结构的测试。这对于需要获得高覆盖率的测试目标来说是相当困难的。并且该方法同紧凑的开发时间表相冲突。

3. 孤立的单元测试策略

这种测试策略的方法是:不考虑每个模块与模块之间的关系,为每个模块设计桩模块和驱动模块。每个模块进行独立的单元测试。

优点:是最简单、最容易操作,可以达到比较高的结构覆盖率。由于一次只需要测试一个单元,其驱动模块比由底向上策略的驱动模块设计简单,其桩模块比由顶向下策略的桩模块设计简单。由于各模块之间不存在依赖性,所以单元测试可以并行进行,该方法对通过增加人员来缩短开发时间非常有效。该方法是纯粹的单元测试,上面两种策略是单元测试和集成测试的混合。

缺点:不提供一种系统早期的集成途径。另外需要结构设计信息,使用到桩模块和驱动模块。

该策略是最好的单元测试策略,如果辅助以集成测试策略,将可以缩短整个软件开发周期。

7.2.4 单元测试的过程

单元测试的过程如图 7-2 所示,由以下五个步骤组成。

① 在详细设计阶段完成单元测试计划。制定单元测试计划的主要依据是《软件需求规格说明书》、《软件详细设计说明书》,同时要参考并符合软件的整体测试计划和集成方案。这一阶段完成时输出《单元测试计划》。单元测试计划的主要内容包括测试时间表、资源分配使用表、测试的基本策略和方法。例如是否需要执行静态测试,是否需要测试工具,是否需要编制驱动模块和桩模块等。

② 建立单元测试环境,完成测试设计和开发。在这一阶段的主要任务是测试用例的设计编写、驱动模块和桩模块的设计及代码编制。

③ 执行单元测试用例,并且详细记录测试结果。执行阶段在代码编程完成之后进行,主要任务是执行具体的测试用例,验证《软件需求规格说明书》、《软件详细设

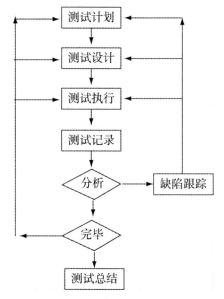

图 7-2 单元测试的过程

计说明书》。对测试中发现的错误或缺陷进行记录,生成《缺陷跟踪报告》。

④判定测试用例是否通过。

⑤提交《单元测试报告》。

7.3　集成测试

集成测试时单元测试的逻辑扩展,它的最简单形式就是将两个已经测试过的单元组合成一个组件,并测试它们之间的接口。组件是多个单元的集成聚合。在测试方案中,许多测试单元组合成的组件又可以聚合成程序的更大部分,最后将构成进程的所有模块一起测试。

7.3.1　集成测试的概述

1.集成测试的定义

集成测试就是将软件集成起来后进行测试。集成测试又称为子系统测试、组装测试、部件测试等。

集成测试主要是针对软件高层设计进行的测试,一般来说是以模块和子系统为单位进行测试。集成测试包含以下几层集成:

①模块内的集成,主要是测试模块内各个接口间的交互集成关系。

②子系统内的集成,测试子系统内各个模块间的交互关系。

③系统内的集成,测试系统内各子系统和模块间的集成关系。

不管哪个层面的集成,集成测试本质上都是测试接口之间的关系。一般的接口错误包括:

①配置/版本控制错误。

②遗漏、重叠或冲突函数。

③使用冲突的数据视图。

④破坏全局存储或数据的完整性。

⑤不一致的数据结构。

⑥客户发送违反服务器前提条件、顺序约束的消息。

⑦错误的参数或不正确的参数值。

⑧错误的对象和消息的绑定。

⑨由于不正确的内存管理分配/收回引起的失败。

⑩组件之间的服务。

⑪资源竞争。

⑫不正确的使用虚拟机、操作系统。

从单元测试到集成测试时,测试空间被扩大了,单元测试的测试空间主要是各个单元内部的测试空间,测试的是内部实现层的测试空间的一个子集,没有考虑不同单元间的组合关系。而集成测试针对的是接口层的测试空间,需要考虑内部单元的组合关系,测试的是整个接口层的测试空间。

2.集成测试的必要性

两个模块单独运行时都没有问题,但是集成到一起运行就可能出问题了,仅仅由于两个测试小组单独进行测试,没有进行很好沟通,缺少一个集成测试的阶段,结果导致 1999 年美国宇航局的火星基地登陆飞船在试图登陆火星表面时突然坠毁失踪。

在实践中,集成是指多个单元的聚合,许多单元组合成模块,而这些模块又聚合成程序,如分系统或系统。集成测试采用的方法是测试软件单元的组合能否正常工作,以及与其他组的模块能否集成起来工作。最后,还要测试构成系统的所有模块组合能否正常工作。集成测试依据的测试标准是软件概要设计规格说明,任何不符合该说明的程序模块行为都应该称为缺陷。

所有的软件项目都不能跨越集成这个阶段。不管采用什么开发模式,具体的开发工作总得从一个一个的软件单元做起,软件单元只有经过集成才能形成一个有机的整体。具体的集成过程可以分为显性集成过程和隐性集成过程。只要有集成,总是会出现一些常见问题,工程实践中,几乎不存在软件单元组装过程中不出任何问题的情况。集成测试需要花费的时间远远超过单元测试,直接从单元测试过渡到系统测试是极不妥当的做法。

在以下几种情况中一定要进行集成测试:

①对软件质量有较高要求的软件系统,如航天软件、电信软件、系统底层软件等都必须做集成测试。

②使用范围比较广、用户群数量较大的软件必须做集成测试。

③类库、中间件等产品必须做集成测试。

④使用类似 C/C++这种带指针的语言来开发的软件一般都需要做集成测试。

3.集成测试的两种模式

集成测试又称为组装测试。集成测试是通过测试发现和接口有关的问题来构造系统结构的系统化技术,其目标是将通过了单元测试的模块组装成一个设计中描述的系统结构。也就是说,集成与测试是同步进行的。

可以将集成测试的模式概括非渐增式测试模式和增量式集成模式,它们都有各自的优缺点,实际使用时要根据具体的系统来决定采用哪种模式。

(1)非渐增式测试模式

把所有模块按设计要求一次全部组装起来,然后进行整体测试,这称为非增量式集成。

优点:工作量较小;支持并行测试。

缺点:测试时可能发现很多错误,为每个错误定位和纠正非常困难,并且在改正一个错误的同时又可能引入新的错误,新旧错误混杂,更难断定出错的原因和位置,模块间接口错误发现晚。

(2)渐增式测试模式

增量式集成模式,程序一段一段地扩展,测试的范围一步一步地增大,错误易于定位和纠正,界面的测试亦可做到完全、彻底。

优点:模块间接口错误发现早;测试更彻底。

缺点:需要编写的软件较多,工作量较大;如果发生错误则往往和最近加进来的那个模块有关,便于诊断;需要较多的机器时间。

7.3.2　集成测试的环境

相对于单元测试环境而言,集成测试环境的搭建比较复杂(单机环境中运行的软件除外)。随着各种软件构件技术的不断发展,以及软件复用技术思想的不断成熟和完善,可以使用不同技术基于不同平台开发现成构件集成一个应用软件系统,这使得软件复杂性也随之增加。因此在做集成测试的过程中,我们可能需要利用一些专业的测试工具或测试仪来搭建集成测试环境。必要时,还要开发一些专门的接口模拟工具。在搭建集成测试环境时,可以从以下几个方面进行考虑。

1.硬件环境

尽量考虑实际使用环境,或搭建模拟环境。对于普通的应用软件来说,由于软件运行速度对于普通的应用软件来说,由于对软件运行速度影响最大的硬件环境主要是内存和硬盘空间的大小和 CPU 性能的优劣,因此,在搭建集成测试的硬件环境时,应该注意到测试环境和软件实际运行环境的差距。例如:很多中小型软件企业一般都是在 PC 上开发软件,甚至测试的时候也使用 PC。显而易见,在 PC 上所做的性能测试结果将会和软件在实际环境中运行的性能有很大差别。

2.数据库环境

除了在单机上运行的应用软件外,一般来说几乎所有的应用都会使用大型关系数据库产品,常见的有:Oracle、Sybase、Microsoft SQL Server 等。因为这些数据库产品各有千秋,用户可能会根据各自的喜好和熟悉程度来选择实际环境中使用哪个数据库产品。因此,在搭建集成测试所使用的数据库环境时要从性能、版本、容量等多方面考虑,至少要针对常见的几种数据库产品进行测试。只有这样才能够使产品不但能够满足某一个用户的要求,而且可以推广到更大的市场。

3.操作系统环境

考虑不同机型使用的不同操作系统版本。目前市场上,操作系统的种类很多,同一个软件在不同的操作系统环境中运行的表现可能会有很大差别,因此在对软件进行集成测试时不但要考虑不同机型,而且要考虑到实际环境中安装的各种具体的操作系统环境。

4.网络环境

网络环境也是千差万别,但一般用户所使用的网络环境都是以太网。一般来讲,把公司内部的网络环境作为集成测试的网络环境就可以了。当然,特殊环境要求除外,如有的软件运行需要无线设备。

5.测试工具运行环境

在系统还没有开发完成时,有些集成测试必须借助测试工具才能够完成,因此也需要搭建一个测试工具能够运行的环境。

6.其他环境

除了上面提到的集成测试环境外,还要考虑到一些其他环境,如:Web 应用所需要的 Web 服务器环境、浏览器环境等。这就要求测试人员根据具体要求进行搭建。

图 7-3 所示,为一个典型的集成测试环境示意图。

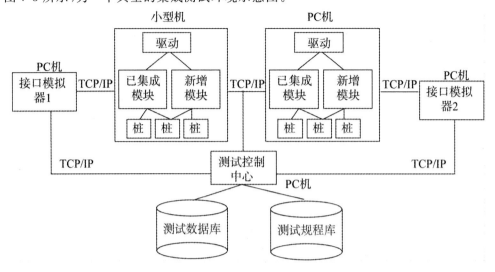

图 7-3　集成测试环境示意图

7.3.3　集成测试的策略

集成测试策略就是在分析测试对象的基础上,描述软件模块集成的方式、方法。集成测试的基本策略较多。如大爆炸集成(Big Bang Integration)、自底向上集成(Bottom－Up Integration)、自顶向下集成(Top－Down Integration)、三明治集成(Sandwich Integration)、协作集成(Collaboration Integration)和高频集成(High－frequency Integration)等。

1.大爆炸集成测试策略

大爆炸集成测试策略,属于非增值性集成,这种策略是先对每一个子模块进行测试(单元测试阶段),然后将所有模块全部集成起来一次性进行集体测试,如图 7-4 所示。

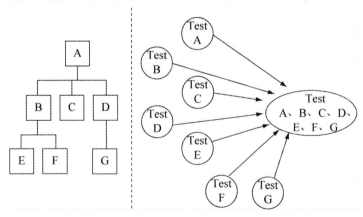

图 7-4　Big Bang 集成方法示意图

大爆炸集成测试策略的优点是:需要的桩和驱动非常少,需要的测试用例也很少,多个测试人员可以并行地进行测试。

大爆炸集成测试策略的缺点是:一是无法得到错误定位的线索,所以调试非常困难,对渐增式集成来说,最新增加的构件最可能有错,或引发另一构件的错误,使一个先前存在的错误也得以传播,相反,大爆炸集成中的每个构件都值得怀疑;二是即使集成测试通过,许多接口错误也可以隐藏并且潜伏到系统测试中。

在有些情况下,大爆炸集成可以导致迅速完成集成测试,只要开发少数的驱动器或桩,用少量的测试用例运行来证实系统充分的稳定性也是有可能的。如果系统开发质量比较高,那么测试安装和测试运行花费的只是少量的时间;但是如果需要超过 3 次的爆炸—纠错—爆炸循环,那么大爆炸集成就是一个不合适的策略选择。

2. 自顶向下集成测试策略

自顶向下集成测试策略依据应用控制层次来交错进行构件集成测试。软件系统遵循一个迭代式和增量式方法开发一个系统,该系统控制结构模型与树一样,其中顶层构件具有控制功能,实现重要的控制策略,因此存在相对较高的风险。自顶向下集成首先集中于这些构件,使系统范围的可操作性有较高的优先权。

自顶向下集成策略是将模块按系统程序结构,沿控制层次自顶向下进行组装。其主要步骤如下:

①以主模块为所测模块兼驱动模块,所有直属于主模块的下属模块全部用桩模块对主模块进行测试。

②采用深度优先或者广度优先策略,如图 7-5 所示,用实际模块替换相应桩模块,再用桩代替它们的直接下属模块,与已测试的模块或子系统组装成新的子系统。

③进行回归测试(即重新执行以前做过的全部测试或部分测试),排除组装过程中引起的错误的可能。

④判断是否所有的模块都已组装到系统中,是则结束测试,否则转到②去执行。

自顶向下集成测试策略的优点是:测试和集成可以较早开始,即当顶层构件编码完成后就可以开始了。第一阶段可以检测所有高层构件的接口。减少了驱动器开发的费用。驱动器的编码相对于桩的编码要有一定的难度。构件可以被并行开发,若干开发者可以独立在不同的构件和桩上工作。如果低层接口未定义或可能被修改,那么自顶向下集成可以避免提交不稳定的接口。

自顶向下集成测试策略的缺点是:桩的开发和维护是自顶向下集成需要花费的成本。桩是进行测试的必要部分,实现一个测试需要编写大量的桩。复杂测试的测试用例要求的桩是不同的,随着桩数量的增加,对于桩的管理和维护需要的工作量就会增加。

自顶向下集成测试策略适用于大部分采用结构化编程方法的软件产品。一般的大型复杂软件系统往往会综合使用多种不同的集成测试方法。

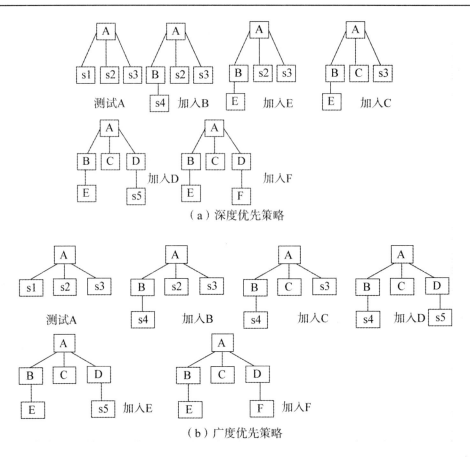

图 7-5　自顶向下增值方式

3.自底向上集成测试策略

自底向上集成测试策略,依据使用相依性来交错进行构件和集成测试。与自顶向下的集成顺序刚好相反。

在迭代或增量开发中,自底向上集成通常用于子系统的集成,也就是说,在每个构件编码的同时对其进行测试,然后将其与已测试的构件集成。自底向上的集成很适合具有健壮的、稳定的接口定义的构件系统。

自底向上集成(Bottom－Up Intergration)主要的步骤如下:

①由驱动模块控制最低层模块的并行测试,也可以把最低层模块组合成实现某一特定软件功能的簇,由驱动模块控制它进行测试。

②用实际模块代替驱动模块,与它已测试的直属子模块组装成为子系统。

③为子系统配备驱动模块,进行新的测试。

④判断是否已组装到达主模块,是则结束测试;否则执行②。

用图 7-6 来说明自底向上集成和测试的顺序。自底向上进行集成和测试时,需要为所测模块或子系统编制相应的测试驱动模块。

自底向上集成测试策略的优点是:减少了桩模块的工作量。容易对错误进行定位。任意一个叶子模块通过单元测试后,都可以随时进行集成测试,并且驱动模块的开发还有利于规范

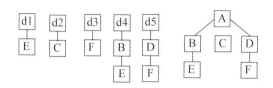

图 7-6　自底向上增值组装方式

和约束系统上层模块的设计,可在一定程度上增加系统的可测试性。由于驱动模块模拟了所有调用参数,即使数据流并未构成有向的非环状图,生成测试数据也没有困难。可以尽早地验证底层模块的行为。在集成测试的开始,可以同时对系统层次结构图中的每个分支集成测试,与使用自顶向下的策略的集成测试比较而言,提高了测试效率。由于对上层模块进行测试之前,下层模块的行为就已经得到了验证,因此与采用自顶向下的集成策略的系统相比,对实际被测模块的可测试性要求要少。

自底向上集成测试策略的缺点是:驱动模块的设计工作量大,但可以通过复用对每个模块进行单元测试时所开发的驱动模块来减少驱动模块设计的工作量。直到最后一个模块加进去之后才能看到整个系统的框架。只有到测试过程的后期才能发现时序问题和资源竞争问题。由于顶层模块的测试要到集成测试的最后才能进行,因此不能及时发现高层模块设计上的错误。对于那些在整个体系中控制结构非常关键的产品来说,受到的影响就更大。

与自顶向下的集成方法类似,该方法适用于大部分结构相对比较简单。采用结构化编程方法的软件系统。

4. 三明治集成测试策略

三明治集成测试策略是一种混合增量式测试策略,综合了自顶向下和自底向上两种集成方法的优点,因此也属于基本功能分解的集成。如果借助图来介绍三明治集成的话,就是在各个子树上进行大爆炸,集成这种方法桩和驱动器的开发工作都比较小,不过代价是作为大爆炸集成的后果,在一定程度上增加了定位缺项的难度。图 7-7 所示为三明治集成方法示意图。

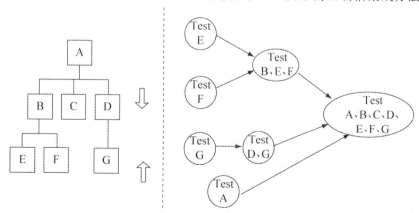

图 7-7　三明治集成方法示意图

三明治集成测试策略的优点是:易于早期观察到系统的主要运行概貌;易于早期发现主要控制部分的缺陷;易于早期发现底层复杂算法的缺陷;易于并行测试,便于展开人力。

三明治集成测试策略的缺点是:需要同时开发桩模块和驱动模块,这部分工作量可能是相当惊人的;中间的目标层可能得不到充分的测试;需在子树上进行大爆炸集成,一旦发现缺陷,涉及的接口数量较多,导致缺陷定位难度增加。

改进的三明治集成(modified sandwich integration)方法,不仅两头向中间集成,而且保证每个模块得到单独的测试,使得测试进行得比较彻底,如图 7-8 所示。

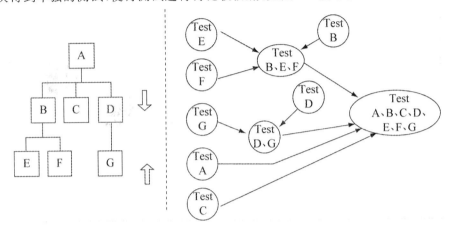

图 7-8　改善的三明治集成方法示意图

5. 协作集成测试策略

协作集成根据协作的构件和它们之间的调用关系选择一个集成次序,通过一次测试一个协作组来测试接口。

协作集成测试是测试协作的参与者之间的接口。一个系统一般支持很多调用。可以应用的系统特点如下:被测系统已清楚定义了所有构件和接口的调用关系;尽快验证重要的一个运行协作。

协作集成测试策略的优点是:可以使用少量的测试用例执行达到接口覆盖。测试是集中于调用的功能性,所以协作测试可以重用到系统测试中。协作集成测试包与协作构件耦合度低,因此构件的修改对测试包的影响不大。较少了驱动器的开发费用,原因和自顶向下集成相同。

协作集成测试策略的缺点是:协作关系可能比较复杂,调用图制作可能会有难度。一些初始的协作可能需要许多桩。一个调用图描述了一条调用路径或调用路径系列,可能无法测试所有的调用图。

6. 高频集成测试策略

高频集成即开发并重复运行一个集成测试包进行每小时、每日或每周测试。

高频集成测试是指同步于软件开发过程,每隔一段时间对开发团队的现有代码进行一次集成测试,控制可能出现的基线(Baseline)偏差。

使用高频集成需要具备的条件如下:

①可以获得一个稳定的增量,并且已经完成的某子系统已经通过测试证明不存在错误。

②大部分有意义的功能增加可以在一个恰当的频率间隔内获得,比如通过以每 5 天为单位来创建。

③使用自动化工具,例如采用 GUI 的捕获/回放工具。

④测试包和代码并行开发,保证维护的是最新的版本。

⑤使用配置管理工具,实际上是对版本的增量或变更进行维护。

高频集成可以参考以下三个步骤:

①增量结束或该次迭代开发结束,从配置管理库中得到代码的增量部分,测试人员完成编写或修改对相应代码的测试包;对新增或修改过的代码进行静态测试(可能包括代码走读、检视、评审和静态分析);对代码进行重新创建并运行测试包(可能包括使用类似内存检测工具、性能检测工具进行跟踪检查);当这些组件通过测试时,将已修改过的测试包提交到集成测试部门。

②集成测试人员将开发人员修改或增加的组件集中起来形成一个新的集成体,并且在上面运行集成后的测试包。具体工作包括:在一个预定的期限内,负责集成的人员暂停接受任何增量,并以此为界形成一个新系统的基线;进行创建工作,并在上面运行测试包。这个测试将包括冒烟测试和新开发的测试。如果时间允许应尽可能多地运行测试。

③该次集成测试结束后需对测试结果作评价。主要涉及现有的集成测试包是否按要求进行维护;测试的频率间隔是否合理;测试的必要条件是否具备,如是否增量结束等。如果该次集成测试失败,系统将退回到原来的基线。

高频集成测试策略的优点是:严重错误、遗漏错误和不正确的假设可能较早地被揭示。因为发现错误最有可能和新加入部分有关,所以调试时寻找错误根源更容易。开发组可以较早看到真实的结果,这样的策略可以提高士气。

高频集成测试策略的缺点是:高频集成需要开发和维护源代码和测试包。如果测试包维护不及时,可能会出现测试杀虫剂现象。测试包可能不能暴露深层次的编码错误和图形界面错误。

7.3.4　集成测试的过程

一个测试从开发到执行遵循一个过程,不同的组织对这个过程的定义会有所不同。根据集成测试不同阶段的任务,可以把集成测试划分为 5 个阶段:计划阶段、设计阶段、实施阶段、执行阶段、评估阶段,如图 7-9 所示。

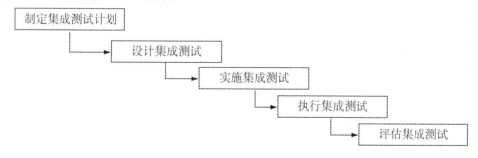

图 7-9　集成测试过程

1.计划阶段

测试计划的好坏直接影响着后续测试工作的进行,所以集成测试计划的制定对集成测试的顺利实施也起着至关重要的作用。集成测试计划一般安排在概要设计评审通过后大约一个星期的时候,参考需求规格说明书、概要设计文档、产品开发计划时间表来制定。当然,集成测试计划的制定不可能一下子就能完成,需要通过若干个必不可少的活动环节。

①确定被测试对象和测试范围。

②评估集成测试被测试对象的数量及难度,即工作量。

③确定角色分工和划分工作任务。

④标识出测试各个阶段的时间、任务、约束等条件。

⑤考虑一定的风险分析及应急计划。

⑥考虑和准备集成测试需要的测试工具、测试仪器、环境等资源。

⑦考虑外部技术支援的力度和深度,以及相关培训安排。

⑧定义测试完成标准。

通过上述步骤,最后就可以得到一份周密翔实的集成测试计划。在集成测试计划定稿之前可能还要经过几次修改和调整才能够完成,直到通过评审为止。实际上,即使定稿之后也可能因为类似需求变更等原因而必须进行修改。

2. 设计阶段

周密的集成测试设计是测试人员行动的指南。一般在详细设计开始时,就可以着手进行。可以把需要规格说明书、概要设计、集成测试计划文档作为参考依据。当然也是在概要设计通过评审的前提下才可以进行。与制定集成测试计划一样,也要通过多个测试工作的活动环节才能够完成,如:

①被测对象结构分析。

②集成测试模块分析。

③集成测试接口分析。

④集成测试策略分析。

⑤集成测试工具分析。

⑥集成测试环境分析。

⑦集成测试工作量估计和安排。

通过上述这些步骤之后,输出一份具体的集成测试方案,最后提交给相关人员进行评审。

3. 实施阶段

前文已经介绍过,只有在要集成的单元都顺利通过测试以后才能够进行集成测试。因此,集成测试必须等某些模块的编码完成后才能够进行。在实施的过程中,我们要参考需求规格说明书、概要设计、集成测试计划、集成测试设计等相关文档来进行。集成测试实施的前提条件就是详细设计阶段的评审已经通过,通常要通过这样几个环节来完成,即:

①集成测试用例设计。

②集成测试规程设计。

③集成测试代码设计(如果需要)。

④集成测试脚本开发(如果需要)。

⑤集成测试工具开发或选择(如果需要)。

通过上述这些步骤,可以得到集成测试用例、集成测试规程、集成测试代码(系统具备该条件)、集成测试脚本(系统具备该条件)、集成测试工具(系统具备该条件)等相应的产品。最后,把输出的测试用例和测试规程等产品提交给相关人员进行评审。

4.执行阶段

这是集成测试过程中一个比较简单的阶段,只要所有的集成测试工作准备完毕,测试人员在单元测试完成以后就可以执行集成测试。当然,须按照相应的测试规程,借助集成测试工具(系统具备该条件),并把需求规格说明书、概要设计、集成测试计划、集成测试设计、集成测试用例、集成测试规程、集成测试代码(系统具备该条件)、集成测试脚本(系统具备该条件)作为测试执行的依据来执行集成测试用例。测试执行的前提条件就是单元测试已经通过评审。当测试执行结束后,测试人员要记录下每个测试用例执行后的结果,填写集成测试报告,最后提交给相关人员评审。

集成测试的执行阶段,其执行过程应该注意:

①严格按照集成测试计划中制定的集成顺序执行。

②单元测试完成并通过评审后才能执行集成测试。

③严格按照规定的测试过程控制流管理执行过程。

④严格记录各项测试执行结果,进行缺陷跟踪。

⑤根据需要进行集成测试的回归。

5.评估阶段

当集成测试执行结束后,要召集相关人员,如:测试设计人员、编码人员、系统设计人员等对测试结果进行评估,确定是否通过集成测试。

7.4　确　认　测　试

确认测试又称为有效性测试和合格性测试。当集成测试完成之后,分散开发的模块将被连接起来,从而构成完整的程序。其中各个模块之间接口存在的种种问题都已消除,此时可进行测试工作的最后部分——确认测试。确认测试是检验所开发的软件是否能按用户提出的要求进行工作。

7.4.1　确认测试的概述

1.确认测试的原则

软件确认要通过一系列证明软件功能和需求一致的黑盒测试来完成。在需求规格说明书中可能做了原则性规定,但在测试阶段需要更详细、更具体的测试规格说明书做进一步说明,列出要进行的测试种类,并定义为发现与需求不一致的错误而使用详细测试用例的测试过程。按照需求规格说明书,验证软件功能、特性是否与用户需求一致。

经过确认测试,应该为已开发的软件给出结论性评价:

①经过检验的软件功能、性能及其他要求均已满足需求规格说明书的规定,因此可被认为是合格软件。

②经过检验,发现与需求说明书有相当的偏离时,得到一个各项缺陷清单。在这种情况下,往往很难在交付期之前把发现的问题纠正过来。这就需要开发部门与用户进行协商,找出解决的办法。

2.确认测试的内容

组装测试完成以后,系统已经集成,便可进入确认测试(validation testing)阶段。确认测试,又称为有效性测试或合格性测试(qualification testing),其任务是验证系统的功能、性能等特性是否符合需求规格说明。如图7-10所示,确认测试阶段进行有效性测试与软件配置审查两项工作。

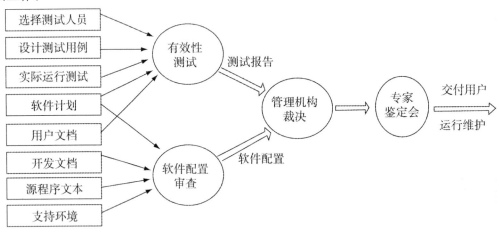

图7-10 确认测试的任务

(1)有效性测试

有效性测试是在模拟的环境下,通过执行黑盒测试,验证被测软件是否满足需求规格说明书中的需求。需求规格说明书中的需求是多方面的,有对功能的需求,对性能的要求,对文档的需求,以及对其他特性(如安全性、健壮性、兼容性等)的要求。

为进行有效性测试,应拟订测试计划,详细指明要执行的测试种类、测试的步骤,还需要缩写具体的测试用例。在执行完所有测试用例后,应对本次测试做出结论。结论分为以下两种:

①测试结果与预期结果相符,即软件的功能、性能及其他特性满足需求规格说明书中的需求,即通过了有效性测试。

②测试结果与预期结果不相符,即软件的功能、性能及其他特性未能满足需求规格说明书中的需求,应提交一份问题报告。

(2)软件配置复查

在软件工程过程中产生的所有信息项,如文档、报告、程序、表格、数据等,称为软件配置。软件配置复查的目的是保证软件配置的所有成分齐全,各成分的质量都符合要求,具有维护阶段所必需的细节,且已编排好分类目录。

在确认测试的过程中,应严格按照用户手册和操作手册中规定的使用步骤,检查软件配置是否齐全、正确。应详细记录发现的遗漏或不正确之处,并对发现的问题进行修复。

7.4.2　确认测试的方法

为一个软件模块设计确认测试的过程非常困难。因为这要求对模块期望行为具有深入的理解。但在开发过程刚开始,模块的预期行为还不能完全正确理解,许多细节可能会被漏掉。确认测试设计能够发现不确定性,迫使开发小组进行决策。执行每个确认测试用例后,软件功能、性能对规格说明的遵循程度应该能被接受。在确认测试过程中,需要发现软件设计与规格说明之间的不一致,并生成一个问题列表,以便在交付前更正这些不一致和错误。目前广泛使用的两种确认测试方式是 α 测试和 β 测试。

1. α 测试

确定客户实际如何使用程序是非常困难的事情,因此,需要执行接收测试让用户在产品最终交付前检查所有需求。这种接收测试可以是非正式测试,也可以用一组严格的测试集,由最终用户代替开发人员来实施。多数开发者使用 α 测试和 β 测试来识别那些似乎只能由用户发现的错误,其目标是发现严重错误,并确定需要的功能是否被实现。在软件开发周期中,根据功能性特征,所需的 α 测试的次数应在项目计划中规定。α 测试是在开发现场执行,开发者在客户使用系统时检查是否存在错误。在该阶段中,需要准备 β 测试的测试计划和测试用例。

2. β 测试

β 测试是一种现场测试,一般由多个客户在软件真实运行环境下实施,因此开发人员无法对其进行控制。β 测试的主要目的是评价软件技术内容,发现任何隐藏的错误和边界效应。它还要对软件是否易于使用以及用户文档初稿进行评价,发现错误并进行报告。当软件多数功能能够实现时,就可到达 β 阶段。软件在客户环境中进行测试,使用户有机会使用软件,并在产品最终交付前发现错误并修正。β 测试是一种详细测试,需要覆盖产品的所有功能点,因此依赖于功能性测试。在测试阶段开始前应准备好测试计划,清楚列出测试目标、范围、执行的任务,以及描述测试安排的测试矩阵。客户对异常情况进行报告,并将错误在内部进行文档化以供测试人员和开发人员参考。

7.4.3　确认测试的过程

确认测试的实施过程包括以下 3 个方面:测试准备、测试执行和测试结果记录与分析。

1. 测试准备

确认测试的测试准备工作主要包括测试计划的制定、测试数据建立、准备测试环境,以及为该过程挑选辅助工具等工作。

(1)测试计划的制定

测试计划应包括产品基本情况调研、测试需求说明、测试策略和记录、测试资源配置、计划表、问题跟踪报告、测试计划的评审、结果等。在制定测试计划时必须考虑以下几个方面。

①人员组织:测试的人员组织和协调。

②时间安排:综合考虑测试人员、测试内容、测试标准和测试环境等各方面因素,合理安排时间。

③测试依据:项目计划、总体测试计划、需求文档、用户文档等。

④配置管理:包括被测软件的配置及其变更管理,以及相关资料库的管理。

⑤测试的出入口准则:测试内容中各项的通过/失败准则。

⑥测试环境:测试环境应尽可能真实。

(2)测试数据建立

测试数据即测试人员创建代表处理的条件。创建测试数据的复杂之处在于确定包含哪些事务。因此,通过选择最重要的测试事务来对测试进行优化是测试数据测试工具的重要方面。一些测试工具包括设计测试数据的方法。例如,正确性验证、数据流分析和控制流分析都被用来开发大量的测试数据集合。测试数据建立的基本步骤如下:

①测试数据/测试脚本的源。

②测试文件设计。

③定义设计目标。

④输入测试数据。

⑤将测试文件应用于更新主记录的程序。

⑥创建和使用测试数据。

⑦为压力/负载测试创建测试数据。

⑧创建测试脚本。

2.测试执行

有效的确认测试应该建立在软件生命周期创建的测试计划上。该测试阶段的测试是本阶段测试准备工作的顶点。如果没有准备过程,测试将变得浪费而且无效。下面详细描述了确认测试应用系统的一些方法。

(1)手动、回归和功能测试(可靠性)

手动测试能够保证与自动系统进行交互的人员能够正确地执行他们的功能。回归测试验证正在安装的内容不会影响已经安装的应用或者由新应用接合的其他应用,功能测试验证当系统处于不同的状况和重复事务时能否正确地完成系统需求。

(2)功能和回归测试(耦合)

测试过程应该验证被测应用能否与其相关的应用系统进行正确的通信。推荐使用功能测试和回归测试。功能测试验证任何新的功能能否正确相互连接,而回归测试验证与其他应用相互连接的应用系统的不变部分能否继续正常工作。

(3)功能测试

①文件完整性。测试人员应该验证对文件完整性的控制。例如,如果完整性依赖独立控制系统的正常运行,则应该将该功能与应用系统的自动部分一起进行测试。另外,应该完成对文件的更新,这样可以在执行应用系统的多次迭代期间测试完整性控制。

②审计跟踪。测试人员应该测试审计跟踪功能以保证能跟踪源事务到一个控制系统中,保证能够标识支持控制系统的事务,保证使用审计跟踪信息能够重建对单个事务或整个系统的处理。通常建议列出部分审计跟踪文件以保证根据输入的测试事务完成该文件。

③正确性。功能正确性测试验证应用的功能是否符合用户指定的需求。因为软件人员通常关注那些验证需求是否正常工作的测试,可能会强调确认测试期间其他测试所关注的内容,或强调非正确输入的事务以测试数据确认的功能和错误检测的功能。

（4）一致性测试

①授权。测试应该验证是否正确地实现并遵循授权规则。测试条件应该包含未授权的事务或过程，以保证拒绝这些未授权的事务或过程，还应该包含授权事务以保证接受该授权事务。

②性能。性能标准在需求阶段建立。如果在生命周期的后期阶段对需求进行改动，则应该更新这些标准。许多标准能够在测试阶段被评价，而且能被测试的标准应该被测试。然而，需要等到系统投产后才能验证已经达到了所有的标准。

③安全。测试人员应该通过尝试违反安全规程来评价安全规程的正确性。例如，没有授权的个人会尝试访问或修改数据。

（5）恢复测试（处理的连续性）

如果当自动系统不能运行时处理必须继续执行，则应该测试后备的处理规程。另外，应用系统的人员应该参与到完整的恢复测试中，这样不仅能测试自动系统，也能测试完成恢复手动功能的规程。通过故意使得系统失效可以测试恢复规程。

（6）压力测试（服务级别）

让应用处于压力之下以验证其能否实现高容量的处理能力。压力测试应该尝试查找那些系统永远不会有效运行的处理级别。在联机系统中，这可能由事务的容量来确定，而在批处理系统中，批处理的大小或大容量的某种事务能够测试内部表或排序能力。

（7）与方法一致的测试

测试的执行应该符合国家、行业或企业的测试规则和规程。方法应该指定所需测试计划的类型、推荐的测试技术和工具以及所需的文档类型。方法还应该指定确定测试是否成功的方法。

（8）灾难测试（可移植性）

灾难测试模拟原始环境中碰到的问题，这样就能测试其他后备的处理环境。虽然不可能模拟应用系统可能移植的所有环境，但是其能在两种不同的环境之间转换。提供较高的可移植性，确保其他移植不会引起重大的问题。

（9）手动支持测试（使用方便性）

系统成功的最终因素取决于人们能否使用该系统。因为难于在确认测试之前对其进行评价，所以需要在尽可能现实的测试环境中对系统进行评价。

（10）操作测试（操作方便性）

该阶段的测试应该由普通操作人员来完成。在此阶段不应该允许项目开发人员指导或参与。只有通过普通的操作人员完成该测试才能正确地评价指令的完整性以及系统运行的方便性。

（11）检视（可维护性）

在软件开发生命周期阶段对软件进行的修改提供了一种测试应用系统可维护性的方法。一般这些改动都是由对应用系统软件非常熟悉的开发人员完成的。完成的系统应该由独立小组检视，最好由系统维护专家完成。应该根据可维护性设计系统开发标准。

3. 测试结果记录与分析

测试人员必须记录测试的结果，这样他们就能知道已经以及没有完成的功能。应该为每种测试用例开发如下属性：

  ①条件：实际的结果。

  ②标准：预期的结果。

  ③效果：实际结果和预期结果差异的原因。

  ④原因：偏差的原因。

  前两个属性是查找的基础。如果对这两个属性的比较只有一点或没有实际结果，则查找不存在。一个良好开发的问题语句会包含这其中的每个属性。如果缺少一个或多个属性，则会产生问题。

  记录用户问题的语句一般包括 3 个任务：

  第一，记录偏差。问题语句来自比较过程。基本上，用户将实际结果与预期结果进行比较。当实际存在的内容和用户预期的结果之间存在偏差时，则说明已经迈开了问题语句开发的第一步。任何类型的问题如果不用这种偏差的方式来描述，则很难将问题形象化。实际的结果称为条件语句，预期的结果称为标准。这两个概念是问题语句中最基本的两个属性。记录偏差意味着要描述现阶段的条件以及表示用户预期的标准。实际的偏差是实际结果和预期结果的差异或差距。

  第二，记录效果。尽管问题语句的正确性可能与标准不一致，在报告完问题语句后其获得的关注主要与其作用有关。重要性由效果来判断。

  第三，分析和记录原因。在某些情况下，根据表示的事实，原因将变得很清楚。在其他情况下，需要通过调查来标识问题的原因。大多数查找包含一个或多个以下原因：

  ①与标准、规程或指导原则不一致。

  ②与更高一级的权力部门发布的说明、指令、策略或规程不一致。

  ③与普遍接受的业务习惯不一致。

  ④采用无效的或不经济的习惯。

7.5 系统测试

  系统组成部分除软件外，还包括计算机硬件及相关的外围设备、数据采集和传输机构、群机系统操作人员等。软件在计算机系统中是重要的组成部分，因此，在软件开发完成之后，最终还要和系统中的其他部分，如硬件系统、数据信息集成起来。在投入运行以前要完成系统测试，以保证各组成部分不仅能单独地得到检验，而且在系统各部分协调工作的环境也能正常工作。

7.5.1 系统测试的概述

1.系统测试的概念

  系统测试是将已经集成好的软件系统当作整个计算机系统的一个元素，计算机硬件、外设、某些支持软件、数据和人员等其他系统元素组合在一起，在实际运行环境下，对计算机系统进行一系列的组装测试和确认测试。

  系统测试实际上是针对系统中各个组成部分进行的综合性检验，很接近日常测试。系统测试的目标不是要找出软件故障,而是在于通过与系统的需求定义做比较,发现软件与系统定义不符合或与之矛盾的地方,以验证软件系统的功能和性能等满足其规约所指定的要求,系统测试的测试用例应根据需求分析说明书来设计,并在实际使用环境下运行,从而证明系统的性能。

2. 系统测试的层次

通常需要从以下几个层次来进行设计:用户层、应用层、功能层、协议层。对系统的四个测试层面的掌握和理解,将对做好系统测试设计起到关键作用。

(1)用户层测试

用户层测试主要是面向产品最终的使用操作者的测试。这里重点突出的是在操作者角度上,测试系统对用户支持的情况,用户界面的规范性、友好性、可操作性以及数据的安全性。主要包括:

①用户支持:用户手册、使用帮助、支持客户的其他产品技术手册是否正确、是否易于理解、是否人性化。

②用户界面:在确保用户界面能够通过测试对象控件或入口得到相应访问的情况下,测试用户界面的风格是否满足用户要求。例如:界面是否美观,界面是否直观,操作是否友好,是否人性化,易操作性是否较好。

③可维护性(自检有效性、远程维护、软件加载和升级):可维护性是指系统软、硬件实施和维护功能的方便性。目的是降低维护功能对系统正常运行带来的影响。例如:对支持远程维护系统的功能或工具的测试。

④安全性:此处主要包括两部分,数据的安全性和操作的安全性。核实只有规格规定的数据和操作权限才可以访问系统,其他不符合规格规定的数据和操作权限不能够访问系统。

(2)应用层测试

应用层测试是针对产品工程应用或行业应用的测试,是从系统应用的角度,模拟实际应用环境,对系统的兼容性、可靠性等性能进行的测试。

①系统可靠性、稳定性。

②版本兼容性:系统中软件与各种硬件设备的兼容性,与操作系统及支撑软件的兼容性。

③系统性能:针对整个系统的测试,包含并发性能测试、负载测试、压力测试、强度测试、破坏性测试。

④系统安装升级:安装测试的目的是确保该软件在正常或异常情况(磁盘空间不足、缺少目录创建权限等)下进行安装时都能按预期目标来处理。核实软件在安装后可立即正常运行。另外对安装手册、安装脚本等也需要关注。

(3)功能层测试

在设计功能层的系统测试方案时,需要考虑以下几个步骤:

①根据市场调查或规格说明书输出产品的功能概图,概图提供产品的功能列表和功能使用频度。

②功能概图应该保证重要产品功能的完全覆盖。

③产品功能测试可根据功能概图提供的测试优先次序进行进度和资源的调配。

④产品特性里概念性功能可逐步分解,直至能够对产品进行输入和输出测试的可实施操

作(基本功能)。

⑤对产品的不同功能进行组合,考虑各类功能的组合测试方案。

(4)指标/协议层测试

指标/协议层测试往往根据规格说明书和产品标准(包括国际和国内标准)进行验证测试,它强调的是标准的符合性,测试项目为预定义的产品规格、行业标准、ITUT 标准测试等。

在电力行业电力负荷或远程抄表系统中,终端抄表有很多种规约,如 DL/T645、威胜规约、EDMI 规约等,主站同终端通讯有国电规约、广东规约、浙江规约等。

7.5.2　系统测试的环境

搭建系统测试环境是系统测试实施的一个重要阶段,测试环境适合与否直接影响系统测试结果的真实性和正确性。系统测试环境包括硬件环境和软件环境两大部分,硬件环境是指测试必需的服务器、客户端、网络连接设备以及打印机/扫描仪等辅助硬件设备所构成的环境;软件环境是指被测软件运行时的操作系统、数据库及其他工具软件、应用软件构成的环境。

1.确定系统测试环境的组成

可以从以下方面考虑:

①系统测试所需的计算机数量,以及对每台计算机的硬件配置要求,包括 CPU 的速度、内存和硬盘的容量、网卡所支持的速度。

②系统测试所需的外设,如打印机数量及其型号、ATM 机数量及型号、条形码读码器数量及型号等。

③部署被测应用的服务器所必需的操作系统、数据库管理系统、中间件、Web 服务器及其他必需组件的名称、版本,以及所要用到的相关补丁的版本。

④用来保存系统测试中生成的文档和数据的服务器所必需的操作系统、数据库管理系统、中间件、Web 服务器及其他必需组件的名称、版本,以及所要用到的相关补丁的版本。

⑤用来执行测试工作的计算机所必需的操作系统、数据库管理系统、中间件、Web 服务器及其他必需组件的名称、版本,以及所要用到的相关补丁的版本。

⑥是否需要专门的计算机用于系统测试的应用服务器环境和测试管理服务器环境的备份。

⑦系统测试中所需要使用的网络环境。例如,如果测试结果同接入 Internet 的线路的稳定性有关,那么应该考虑为测试环境租用单独的线路;如果测试结果与局域网内的网络速度有关,那么应该保证计算机的网卡、网线以及用到的集线器及交换机都不会成为瓶颈。

⑧必要的测试工具及其运行的操作系统、数据库管理系统、版本等。

2.管理测试环境

主要从下面这个几个方面考虑:

①记录好系统测试环境管理所需的各种文档。测试环境的各台机器的硬件环境文档,测试环境的备份和恢复方法手册,记录了每次备份的时间、备份人、备份原因以及所形成的备份文件的文件名和获取方式的文档;用户权限管理文档,该文档记录了访问操作系统、数据库、中间件、Web 服务器以及被测应用时所需的各种用户名、密码以及各用户的权限,并对每次变更

进行记录。

②测试环境访问权限的管理。为每个访问系统测试环境的测试人员和开发人员设置单独的用户名和密码。访问操作系统、数据库、Web 服务器以及被测应用等所需的各种用户名、密码、权限,由测试环境管理员统一管理;测试环境管理员拥有全部的权限,开发人员只有对被测应用的访问权限和查看系统日志(只读),测试组成员不授予删除权限,用户及权限的各项维护、变更需要记录到相应的"用户权限管理文档"中。

③设置专门的系统测试环境管理员角色。测试环境管理员,其主要职责是测试环境的搭建。包括操作系统、数据库、中间件、Web 服务器等必需软件的安装、配置,并做好各项安装、配置手册的编写;设置系统测试环境的各台机器的硬件配置、IP 地址、端口配置、机器的具体用途,以及当前网络环境;系统测试环境各项变更的执行及记录;测试环境的备份及恢复;操作系统、数据库、中间件、Web 服务器以及被测应用中所需的各用户名、密码以及权限的管理。

7.5.3　系统测试的策略

系统测试在整个测试过程中处于收尾阶段,除了功能测试之外,一般还要完成以下几种测试。

1.性能测试

性能测试检验安装在系统内的软件运行性能。虽然从单元测试起,每一个测试过程都包含性能测试,但是只有当系统真正集成之后,在真实环境中才能全面、可靠地测试软件的运行性能。这种测试有时需与强度测试结合起来进行,测试系统的数据精确度、时间特性、适应性是否满足设计要求。

(1)压力测试

压力测试是改变应用程序的输入,以对应用程序施加越来越大的负载,通过综合分析交易执行指标和资源监控指标,评测和评估应用系统在不同负载条件下的性能的行为。

(2)疲劳测试

疲劳测试是采用系统稳定运行情况下能够支持的最大并发用户数。持续执行一段时间业务,通过综合分析交易执行指标和资源监控指标可以确定系统处理最大业务量时的性能。疲劳测试的主要目的是测试系统的稳定性,同时它也是对应用系统并发性能的测试。

(3)强度测试

强度测试是要检查在系统运行环境不正常乃至发生故障的情况下,系统可以运行到何种程度的测试。强度测试需要在反常规数据量、频率或资源的方式下运行系统,以检查系统能力的最高实际限度。例如,运行每秒产生 10 个中断的测试用例;定量地增长数据输入率,检查输入子功能的反应能力;运行需要最大存储空间的测试用例等。

(4)容量测试

容量测试通常与数据库有关,其目的在于使系统承受超额的数据容量来确定系统的容量瓶颈(如同时在线的最大用户数),进而优化系统的容量处理能力,其步骤如下:

①分析系统的外部数据源,并进行分类。

②分析系统对每类数据源的容量限制。

③根据分析结果,为每类数据源构造相应的大容量数据对系统进行测试。

④分析测试结果,确定系统的容量瓶颈。

⑤对系统进行优化,并重复执行步骤①～④,直至达到预期的容量处理能力。

2.恢复测试

恢复测试的目标是验证系统从软件或者硬件失败中恢复的能力。这个测试是验证系统在应用处理过程中处理中断和回到特殊点的偶然特性。恢复测试采取各种人工干预方式使软件出错,不能正常工作,进而检验系统的恢复能力。如果系统本身能够自动地进行恢复,则应检验重新初始化、检验点设置机构、数据恢复以及重新启动是否正确;若这一恢复需要人为干预,则应考虑平均修复时间是否在限定的范围内。

在设计恢复性测试用例时,需要考虑下面这些关键问题。

①是否存在潜在的灾难和已确认的系统失败以及它们的损失?消防训练式的头脑风暴法是定义灾难场景方面的一个有效方法。

②保护和恢复过程是否为错误提供了足够的反应?计划过程应当使用技术评审来进行测试,评审人员包括主要事件专家和系统用户。

③当真正需要时,恢复过程是否能够正确工作?模拟的灾难需要和实际的系统一起被建立以验证恢复过程。这应当和用户、支持组织、供应商交涉在一起。

3.安全测试

安全测试是检查系统对非法侵入的防范能力,就是设置一些企图突破系统安全保密措施的测试用例,检验系统是否有安全保密的漏洞。对某些与人身、机器和环境的安全有关的软件,还需特别测试其保护措施和防护手段的有效性和可靠性。安全性测试的测试人员需要在测试活动中,模拟不同的入侵方式来攻击系统的安全机制,想尽一切办法来获取系统内的保密信息。通常需要模拟的活动有:获取系统密码;破坏保护客户信息的软件;独占整个系统资源,使别人无法使用;使得系统瘫痪,企图在恢复系统阶段获得利益等。

系统安全性就是让系统非法入侵者花费更多的时间、付出更大的代价来交换其所获得的系统信息,即让非法者获得的一切信息内容贬值。通常从以下几个方面来评判系统安全性性能。

①有效性:启动严格的安全性性能所花费的时间占启动整个系统所花费的时间的比例。

②生存性:当错误发生时,系统对紧急操作的支持,对错误的补救措施以及恢复到正常操作的能力,即系统的抗挫能力。

③精确性:衡量系统安全性控制的精度指标,围绕所出现的错误数量、发生频率及其严重性判断。

④反应时间:出错时系统响应速度的快慢,我们要求一个安全性较强的系统要具备快速的反应速度。

⑤吞吐量:用户和服务请求的峰值和平均值。

4.回归测试

回归测试的目的是在程序有修改的情况下保证原有功能正常的一种测试策略和方法,因为这时的测试不需要进行全面测试,从头到尾测一遍,而是根据修改的情况进行有效测试。程序在发现严重软件缺陷要进行修改或版本升级要新增功能,这时需要对软件进行修改,修改后的程序要进行测试,要检验对软件所进行的修改是否正确,保证改动不会带来新的严重错误。这里所说的关于软件修改的正确性有两层含义:

其一,所做的修改达到了预定的目的,如错误得到了改正,新功能得到了实现,能够适应新的运行环境等。

其二,不影响软件原有功能的正确性。

回归测试作为软件生命周期的一个组成部分,在整个软件测试工作量中占有很大的比重,软件开发的各个阶段都可能需要进行多次回归测试。在渐进和快速迭代开发中,新版本的连续发布使回归测试进行的更加频繁,而在极端编程方法中,更是要求每天都进行若干次回归测试。

5. 协议一致性测试

协议一致性测试在分布式系统中比较常见,这是由分布式系统的特点所决定的。在分布式系统中,很多计算功能的完成需要由分布式系统内的多台计算机相互协调合作来完成,这样就需要这些计算机之间能够相互变换信息,而计算机之间只有遵循一定的规则(协议)才能够进行通信。因此为了能使不同厂家开发的计算机系统进行相互通信,现在已经开发了很多种标准通信协议。但因为各种通信协议是使用自然语言描述的,而不同的人理解问题的角度不同,对协议的认识也存在差异,因而协议实现者有可能因为理解错误而错误地实现了协议。因此需要对协议进行测试,以保证所开发的系统能够正确工作。通常包括如下几种类型的协议测试:

①协议一致性测试:检查所实现的系统是否与标准协议符合。

②协议性能测试:检查协议实体的各种性能指标(如数据传输率、连接时间、执行速度)。

③协议互操作性测试:验证相同协议在不同实现环境中的相容性。

④协议健壮性测试:用来考验系统在外界因素下抗干扰的能力,例如通信中止、人为破坏等。

6. 文档测试

文档测试主要检查文档的正确性、完备性和可理解性。这里的正确性是指不要把软件的功能和操作写错,也不允许文档内容前后矛盾。完备性是指文档不可以"虎头蛇尾",更不许漏掉关键内容。可理解性是指文档要让大众用户看得懂,能理解。

7. 其他相关测试

除上述几点外,还有许多相关的测试,包括:备份测试、GUI 测试、兼容性测试可使用性测试、可维护性测试、可移植性测试、故障处理能力测试等等。在此,不再作详细介绍。

7.5.4　系统测试的过程

系统测试的一般过程如图 7-11 所示。

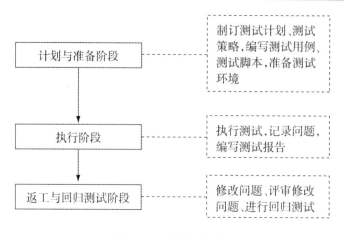

图 7-11　系统测试过程

1. 计划与准备阶段

计划与准备阶段所做的工作主要有：制订计划、制订测试策略、编写测试用例、编写测试脚本和准备测试环境所需资源等。计划与准备阶段的主要过程如图 7-12 所示。

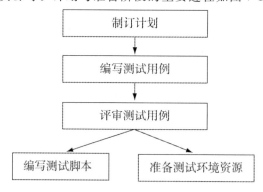

图 7-12　计划与准备阶段主要过程

（1）制定计划

计划阶段在开发计划阶段完成后开始，系统测试计划的主要依据是项目计划与需求规格，计划文档包括测试计划与测试策略。

测试计划中包括人力、进度、资源等的安排，以及质量要求等。

测试策略的主要内容包括使用的测试方法、技术及使用的工具。

（2）编写与评审测试用例

系统测试用例的编写一般可以和概要设计并行，也可以稍微推后，取决于项目内部的人力安排情况，若人力足够的话则系统测试用例编写应该尽早。

要采用测试驱动开发的方式来进行的话，系统测试用例的编写可以和需求分析同时进行，边进行需求分析边编写测试用例，用测试用例设计来驱动需求分析。

测试用例写完需要经过评审，评审最好通过会议引导法来进行，充分利用头脑风暴法来发现遗漏的用例。

（3）编写测试脚本与准备测试环境

一些系统测试可以采用自动化测试脚本来进行测试,在这种情况下需要编写测试脚本,还需要为测试执行准备测试环境所需的资源。

2.执行阶段

执行阶段一般在集成测试完成以后才开始,执行阶段主要工作有:搭建测试环境、构造测试数据和依据测试用例执行测试、和开发人员一起确认问题、写测试报告等。图7-13所示为系统测试执行阶段的主要过程。

（1）搭建环境、构造测试数据

在执行测试前,需要根据测试计划和测试用例的要求先搭建测试环境,构造测试所需的数据。

（2）执行测试并记录问题

在测试过程中需要如实记录所发现的问题。测试执行过程中如果发现测试用例遗漏,就需要补充测试用例,并将补充的测试用例和已完成的用例再次一起执行。

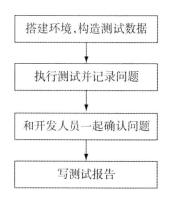

图 7-13　执行阶段主要过程

（3）和开发人员一起确认问题

执行完测试后,测试人员需要和开发人员一起确认一下发现的问题哪些是缺陷,哪些不是缺陷。对于不能达成一致意见的问题,找项目经理或其他相关专家进一步进行确认。问题确认完成后,接下来就是编写系统测试报告,总结经验教训。

（4）写测试报告

系统测试报告中要包含所有测试用例的通过情况,发现问题的需详细描述,包括对场景环境、操作步骤、数据设置情况等的详细描述。经验教训、补充的测试用例,以及对发现问题的一些建议等也都可以放到测试报告里。

补充的测试用例需要更新到测试用例文档中去,以便于后续回归测试按更新了的测试用例来执行测试。

3.返工与回归测试阶段

当执行完一轮测试后,需要根据测试情况进行返工修改,重新评审检视修改内容,或者对修改内容执行单元测试、集成测试等,然后再重新进行回归测试。回归测试时,不能仅对修改部分的测试用例进行测试,而要将所有相关测试用例都执行一遍,以免修改问题时引起其他问题。

回归测试时如果仍然有测试用例不能通过测试,需要再次进行回归测试,直到问题都被修复为止。

7.6　验收测试

验收测试是检验软件产品质量的最后一道工序。与前面讨论的各种测试活动的不同之处主要在于它突出了客户的作用,同时软件开发人员也应有一定程度的参与。如何组织好验收测试并不是一件容易的事。

7.6.1　验收测试的内容

验收测试的目的是测试程序的操作和合同规定的要求是否一致。通常以用户代表为主体来进行,由用户设计测试用例,确定系统功能和性能的可接受性,按照合同中预定的验收原则进行测试。这是一种非常实用的测试,实质上就是用户用大量的真实数据试用软件系统。

软件验收测试应完成的主要测试工作包括以下几个方面。

(1)文档资料的审查验收

所有与测试有关的文档资料是否编写齐全,并得到分类编写,这些文档资料主要包括各测试阶段的测试计划、测试申请及测试报告等。

(2)功能测试

必须根据需求规格说明书中规定的功能,对被验收的软件遂项进行测试,以确认软件是否具备规定的各项功能。

(3)性能测试

必须根据需求规格说明书中规定的性能,对被验收的软件进行测试。以确认该软件的性能是否得到满足,开发单位应提交开发阶段内各测试阶段所做的测试分析报告,包括测试中发现的错误类型,以及修正活动情况。开发单位必须设计性能测试用例,并预先征得用户的认可。

(4)强化测试

开发单位必须设计强化测试用例,其中应包括典型的运行环境、所有的运行方式,以及在系统运行期可能发生的其他情况。

(5)性能降级执行方式测试

在某些设备或程序发生故障时,对于允许降级运行的系统,必须确定经用户批准的能够安全完成的性能降级执行方式,开发单位必须按照用户指定的所有性能降级执行方式或性能降级的方式组合来设计测试用例,应设定典型的错误原因和所导致的性能降级执行方式。开发单位必须确保测试结果与需求规格说明中包括的所有运行性能需求一致。

(6)检查系统的余量要求

必须实际考察计算机存储空间,输入、输出通道和批处理间接使用情况,要保持至少有 20% 的余量。

(7)安装测试

安装测试的目的不是检查程序的错误,而是检查软件安装时产生的问题,即程序和库,文件系统、配置管理系统的接口有什么问题。它是客户使用新系统时执行的第一个操作,因此,清晰并且简单的安装过程是系统文档中最重要的部分。

(8)用户操作测试

启动、退出系统,检查用户操作界面是否友好、实用等。

验收测试完成标准:

①完全执行了验收测试计划中的每个测试用例。

②在验收测试中发现的错误已经得到修改并且通过了测试。

③完成软件验收测试报告。

此外,软件验收的时间安排是开发者和用户双方都很关心的问题。在充分协商以后,应在验收测试计划中做出明文规定。

7.6.2　验收测试的策略

验收测试的策略通常有正式验收、非正式验收或 α 测试、β 测试,选择验收测试的策略通常建立在合同需求、组织、公司标准,以及应用领域要求的基础之上。关于 α 测试和 β 测试的内容前面已经做过介绍,在此不再赘述。下面主要阐述正式验收、非正式验收。

1. 正式验收

正式验收的过程如下:

①软件需求分析:了解软件功能、性能要求、软硬件环境要求等,并特别要了解软件的质量要求和验收要求。

②编写《验收测试计划》和《项目验收准则》:根据软件需求和验收要求编写测试计划,制定需测试的测试项,制定测试策略及验收通过准则,并经过客户参与的计划评审。

③测试设计和测试用例设计:根据《验收测试计划》和《项目验收准则》编制测试用例,并经过评审。

④测试环境搭建:建立测试的硬件环境、软件环境等。

⑤测试实施:测试并记录测试结果。

⑥测试结果分析:根据验收通过准则分析测试结果,做出验收是否通过及测试评价。

⑦测试报告:根据测试结果编制缺陷报告和验收测试报告,并提交给客户。

正式验收测试是一个需要严格规划和组织的过程,它通常是系统测试的延续,选择的测试用例应该是系统测试中所执行测试用例的子集。在很多组织中,正式验收测试是完全自动执行的。正式验收测试可由开发小组(或其独立的测试小组)与最终用户组织的代表来执行,也可能完全由最终用户团队执行,或者由最终用户团队选择人员组成一个客观公正的小组来执行。

正式验收的主要优点是,测试可以自动执行,支持回归测试,并可以对测试过程进行评测和监测;不足之处主要是要求大量的资源和周密的计划,测试可能是系统测试的再次实施,测试成本有一定的浪费。

2. 非正式验收

在非正式验收中,测试过程不像正式验收测试那样严格,显得比较主观。非正式验收测试也应事先确定测试项,但这是由各测试员自行决定的。大多数情况下,非正式验收是由最终用户执行的。

非正式验收与正式验收相比,可以发现更多意料之外的软件缺陷(例如用户操作方式有误时软件不能恰当处理),但由于缺乏严格的计划组织,非正式测试发现的错误往往是有限的。

7.6.3　验收测试的过程

验收测试可以分为几个大的部分:验收测试标准的确认,软件配置审核,可执行程序测试等。要注意的是,在开发方将系统提交用户方进行验收测试之前,必须保证开发方本身已经对系统的各方面进行了足够的系统测试或正式测试。用户在按照合同接收并清点开发方的交付物时(包括以前已经提交的),要查看开发方提供的各种审核报告和测试报告内容是否齐全。

1.验收测试标准的确认

实现软件验收测试是通过一系列黑盒测试完成的。验收测试同样需要制定测试计划和过程,测试计划应规定测试的种类和测试进度,测试过程则定义测试的实施策略、测试用例的分析和设计方法、测试的控制等一系列活动。测试用例的设计目的旨在说明软件与需求是否一致。无论是计划还是过程,都应该着重考虑软件是否满足合同规定的所有功能、性能及其他需求,另外,还要考虑文档资料是否完整、准确,人机界面和其他方面(例如可移植性、兼容性、错误恢复能力和可维护性等)是否令用户满意。

验收测试的结果有两种可能:一种是功能和性能指标满足软件需求说明的要求,用户可以接受;另一种是软件不满足软件需求说明的要求,用户无法接受。项目进行到这个阶段才发现严重的缺陷和偏差一般很难在预定的工期内改正,因此必须与用户协商,寻求一个妥善解决问题的方法。

2.配置复审

验收测试的另一个重要环节是配置复审。复审的目的在于保证软件配置齐全、分类有序,并且包括软件维护所必需的细节。软件承包方通常要提供如下相关的软件配置内容:可执行程序、源程序、配置脚本、测试程序或脚本。

主要的开发类文档有《需求说明书》、《需求分析说明书》、《概要设计说明书》、《详细设计说明书》、《数据库设计说明书》、《测试计划》、《测试报告》、《程序维护手册》、《程序员开发手册》、《用户操作手册》、《项目总结报告》等。

主要的管理类文档有《项目计划书》、《质量保证计划》、《配置管理计划》、《用户培训计划》、《质量总结报告》、《评审报告》、《会议记录》、《开发进度月报》等。

在开发类文档中,容易被忽视的文档有《程序维护手册》和《程序员开发手册》。《程序维护手册》的主要内容包括系统说明(包括程序说明)、操作环境、维护过程、源代码清单等,编写目的是为将来的维护、修改和再次开发工作提供有用的技术信息。《程序员开发手册》的主要内容包括系统目标、开发环境使用说明、测试环境使用说明、编码规范及相应的流程等,实际上就是程序员的培训手册。

不同大小的项目都必须具备上述的文档内容,只是可以根据实际情况进行重新组织。通常,正式的审核过程分为5个步骤:计划、预备会议(可选)、准备阶段、审核会议和问题追踪。预备会议是对审核内容进行介绍并讨论。准备阶段就是各责任人事先审核并记录发现的问题。审核会议是最终确定工作产品中包含的缺陷。审核要达到的基本目标是根据共同制定的审核表,尽可能地发现被审核内容中存在的问题,并最终得到解决。在根据相应的审核表进行文档审核和源代码审核时,还要注意文档与源代码的一致性。

在实际的验收测试执行过程中,常常会发现文档审核是最难的工作,一方面由于市场需求等方面的压力使这项工作常常被弱化或推迟,造成持续时间变长,加大文档审核的难度;另一方面,文档审核中不易把握的地方非常多,每个项目都有一些特别的地方,而且也很难找到可用的参考资料。

3.可执行程序的测试

文档审核、源代码审核、配置脚本审核、测试程序或脚本审核都顺利完成,就可以进行验收测试的可执行程序的测试,包括功能、性能等方面的测试,每种测试也都包括目标、启动标准、活动、完成标准和度量 5 部分。要注意的是,不能直接使用开发方提供的可执行程序用于验收测试,而要按照开发方提供的编译步骤,从源代码重新生成可执行程序。

在真正进行用户验收测试之前一般应该已经完成了以下工作(也可以根据实际情况有选择地采用或增加):

①软件开发已经完成并进行了系统测试,并全部解决了已知的缺陷。

②验收测试计划已经过评审并批准,并且置于文档控制之下。

③对软件需求说明书的审查已经完成。

④对概要设计、详细设计的审查已经完成。

⑤对所有关键模块或类的代码审查已经完成。

⑥对单元、集成、系统测试计划和报告的审查已经完成。

⑦所有的测试脚本已完成,并至少执行过一次,且通过评审。

⑧使用配置管理工具且代码置于配置控制之下。

⑨系统缺陷的处理流程已经就绪。

⑩已经制定、评审并批准验收测试完成标准。

具体的测试内容通常可以包括安装(升级)、启动与关机、功能测试(正例、重要算法、边界、时序、反例、错误推理)、性能测试(正常的负载、容量变化)、压力测试(临界的负载、容量变化)、配置测试、平台测试、安全性测试、恢复测试(在出现掉电、硬件故障或切换、网络故障等情况时,系统是否能够正常运行)、可靠性测试等。

性能测试和压力测试一般情况下是在一起进行,通常还需要辅助工具的支持。在进行性能测试和压力测试时,测试范围必须限定在那些使用频度高的和时间要求苛刻的软件功能的子集中。由于开发方已经事先进行过性能测试和压力测试,因此可以直接使用开发方的辅助工具,也可以通过购买或自己开发来获得辅助工具。

7.6.4　验收测试报告与用户验收测试

验收测试是整个产品测试中的最后一个环节,完成并通过验收测试后我们需要提交验收测试报告,有时也称为发布报告。在报告中要综合分析各阶段所有的测试内容,有充分的信心保证产品的质量,并指出可能存在的问题。当然没有 bug 的软件是不存在的,我们不能宣称找出并修正了软件中的所有错误和缺陷。有时迫于市场压力和时间上的考虑,我们会允许即将发布的软件中存在部分级别较低、对用户影响不大的缺陷。

事实上,测试人员不可能完全预见用户实际使用程序的情况,也就不可能发现所有的错误。例如,用户可能错误的理解命令,或提供一些奇怪的数据组合,也可能对设计者自认明了的输出信息迷惑不解等。因此,软件是否真正满足最终用户的要求,应由用户进行一系列"验收测试"。用户验收测试既可以是非正式的测试,也可以有计划、有系统的测试。

用户验收测试由用户完成,验收测试由测试人员完成。原因有以下几点:

①有时验收测试长达数周,甚至数月,不断暴露错误,导致开发延期;而且大量的错误可能

吓跑用户。

②即使用户愿意做验收测试,他们消耗的时间、花费的金钱大多比测试小组要高。

③一个软件产品可能拥有众多用户,不可能由每个用户都进行验收,此时多采用 α 测试和 β 测试的过程,以期发现那些似乎只有最终用户才能发现的问题。

7.7 测试后的调试

7.7.1 调试原则

根据调试中查找错误及修改错误的工作内容,将调试的基本原则也分为两部分进行讨论。

1. 确定错误的性质和位置的原则

(1)用头脑去分析思考与错误征兆有关的信息

最有效的调试方法是用头脑分析与错误征兆有关的信息。一个优秀的程序调试员应能做到不使用计算机就能够确定大部分错误。

(2)避开死胡同

如果程序调试员走进了死胡同,或者陷入了绝境,最好暂时把问题抛开,留到第二天再去考虑,或者向其他人讲解这个问题。事实上常有这种情形:向一个好的听众简单地描述这个问题时,不需要任何听讲者的提示,便会突然发现问题的所在。

(3)只把调试工具当作辅助手段来使用

利用调试工具,可以帮助思考,但不能代替思考。因为调试工具是一种无规律的调试方法。实验证明,即使是对一个不熟悉的程序进行调试时,不用工具的人往往比使用工具的人更容易成功。

(4)避免用试探法

最多只能把它当作最后手段。初学调试的人最常犯的一个错误是想试试修改程序来解决问题。实际上,这是一种碰运气的盲目的动作,它的成功机会很小,而且还常把新的错误带到问题中来。

2. 修改错误的原则

(1)在出现错误的地方,很可能还有别的错误

经验证明,错误有群集现象,当在某一程序段发现有错误时,在该程序段中还存在别的错误的概率也很高。因此,在修改一个错误时,还要查其近邻,看是否还有别的错误。

(2)错误的本质没有修改

修改错误的一个常见失误是只修改了这个错误的征兆或这个错误的表现,而没有修改错误的本质。如果提出的修改不能解释与这个错误有关的全部线索,那就表明了只修改了错误的一部分。

(3)当心修正一个错误的同时有可能会引入新的错误

人们不仅需要注意不正确的修改,而且还要注意看起来是正确的修改可能会带来的副作用,即引进新的错误。因此在修改了错误之后,必须进行回归测试,以确认是否引进了新的

错误。

（4）修改错误的过程将迫使人们暂时回到程序设计阶段

修改错误也是程序设计的一种形式。一般说来，在程序设计阶段所使用的任何方法都可以应用到错误修正的过程中来。

无论是查找错误还是修改错误，都不可避免地会出现进行不下去的情况，这时，可先将问题暂时放下，让我们所做的思考也进行一下沉淀，然后尝试转换思路或其他方法进行解决，避免工作陷入绝境。

7.7.2　调试策略

软件调试是一项十分艰巨的工作，要在规模庞大的软件系统中准确地确定错误发生的原因和位置，并正确地纠正相应的错误，需要有良好的调试策略。这也是软件调试工作的观念。下面是几种常用的调试策略，现对其基本思想和特点进行介绍。需要注意的是，应用以下任一种方法之前，都应当对错误的征兆进行全面彻底的分析，得出对出错位置及错误性质的推测，再使用一种适当的排错方法来检验推测的正确性。

1. 原始法排错

原始法排错，主要是采用试验的方法，如设置临时变量、增加调试语句、设置断点、单步执行等，最终找到错误。使用这种方法不需要过多的思考。目前该方法使用较多，但效率较低，准确性也不令人满意。

（1）通过内存全部打印来排错

这一方法的具体做法是：将计算机存储器和寄存器的全部内容打印出来，然后在这大量的数据中寻找出错的位置。利用这种方法有时候能够获得成功。

这一方法存在许多缺陷，之所以这么说，是因为它更多的是浪费了机时、纸张和人力。例如很难建立起内存地址与源程序变量之间的对应关系；人们将面对大量（八进制或十六进制）的且其中绝大多数与所查错误无关的数据；一个内存全部内容打印清单所显示的只是源程序在某一瞬间的状态（即静态映象），而为发现错误需要的是程序的随时间变化的动态过程；一个内存全部内容打印清单不能反映在出错位置处程序的状态，也就是说程序在出错时刻与打印信息时刻之间的时间间隔内所做的事情可能会掩盖所需要的线索；缺乏从分析全部内存打印信息束找到错误原因的算法，等等。可见，这是一种效率极低的方法。

（2）在程序特定部位设置打印语句

这一方法的具体做法是：把打印语句插在出错的源程序的各个关键变量改变部位、重要分支部位、子程序调用部位，跟踪程序的执行，监视重要变量的变化。

这一方法能显示出程序的动态过程，允许人们检查与源程序有关的信息。与全部打印内存信息相比，显然它更具优越性。

这一方法的缺点：费用过大，可能输出大量需要分析的信息，尤其是大型程序或系统；必须修改源程序以插入打印语句，这种修改可能会掩盖错误、改变关键的时间关系或把新的错误引入程序。

（3）自动调试工具

自动调试工具的功能是：设置断点，当程序执行到某个特定的语句或某个特定的变量值改变时,程序暂停执行。程序员可在终端上观察程序此时的状态。

利用某些程序语言的调试功能或专门的交互式调试工具,分析程序的动态过程,而不必修改程序。可供利用的典型的语言功能有:打印出语句执行的追踪信息,追踪子程序调用,以及指定变量的变化情况。

2.归纳法排错

归纳法排错是根据软件测试所取得的错误结果的个别数据,分析出可能的错误线索,研究出错规律和错误之间的线索关系,由此确定错误发生的原因和位置。归纳法排错的基本思想是:从一些个别的错误线索着手,通过分析这些线索之间的关系而发现错误。

概括地说,归纳法排错,需要准备几组有代表性的输入数据,反复执行,对得出的错误结果进行整理、分析、归纳,提出错误原因及位置假想,再用新的一组测试数据去验证这些假想。其具体实施步骤如图 7-14 所示。

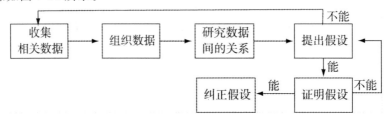

图 7-14 归纳法排错的步骤

(1)收集有关数据

列出所有已经知道的测试用例和程序运行结果,不仅要包括那些出错的运行结果,也要包括那些不产生错误结果的测试数据,这些数据将为发现错误提供宝贵的线索。

(2)组织数据

由于归纳法是从特殊到一般的推断过程,所以需要对第一步收集的有关数据进行组织、整理,以便观察线索间的模式。常用的构造线索的技术是"分类法"。

(3)研究数据间的关系

对有关数据进行细致的分析,从中发现错误发生的线索和规律,并用"What(列出一般现象)"、"Where(说明发现现象的地点)"、"When(列出现象发生时所有已知情况)"、"How(说明现象的范围和量级)"对错误进行描述。

(4)提出假设

研究分析测试结果数据之间的关系,力求寻找出其中的联系和规律,进而提出一个或多个关于出错原因的假设,选择其中最有可能的假设。在提出假设以后,证明假设的合理性对软件调试很重要。

(5)证明假设

证明假设是将假设与原始的测试数据进行比较,如果假设能够完全解释所有的调试结果,那么该假设便得到了证明;反之,该假设就是不合理的,需要重新提出新的假设。

3.演绎法排错

演绎法是一种从一般推测和前提出发,经过排除和精化的过程,推导出结论的思考方法。

演绎法排错是列出所有可能的错误原因的假设,然后利用测试数据排除不适当的假设,最后再用测试数据验证余下的假设确实是出错的原因。

概括地说,演绎法排错,是针对各组测试数据所得出的结果,列举出所有可能引起出错的原因,然后将不可能发生的原因与假设逐一排除,最终确定错误位置。其具体步骤如下,如图7-15所示。

图7-15　演绎法排错的步骤

①列出所有可能的错误原因的假设。把可能的错误原因列成表,不需要完全解释,仅是一些可能因素的假设。

②排除不适当的假设。应仔细分析已有的数据,寻找矛盾,力求排除前一步列出的所有原因。如果都排除了,则需补充一些测试用例,以建立新的假设;如果保留下来的假设多于一个,则选择可能性最大的作为基本的假设。

③精化余下的假设。利用已知的线索,进一步求精余下的假设,使之更具体化,以便可以精确地确定出错位置。

④证明余下的假设。做法与归纳法相同。

4.回溯法排错

这是在小程序中常用的一种有效的排错方法。一旦发现了错误,人们先分析错误征兆,确定最先发现"症状"的位置。然后,人工沿程序的控制流程,向回追踪源程序代码,直到找到错误根源或确定错误产生的范围。

例如,程序中发现错误的地方是某个打印语句。通过输出值可推断出程序在这一点上变量的值。再从这一点出发,回溯程序的执行过程,反复考虑:"如果程序在这一点上的状态(变量的值)是这样,那么程序在上一点的状态一定是这样",直到找到错误的位置,即在其状态是预期曲点与第一个状态不是预期的点之间的程序位置。

对于小程序,回溯法往往能把错误范围缩小到程序中的一小段代码;仔细分析这段代码不难确定出错的准确位置。但对于大程序,由于回溯的路径数目较多,回溯会变得很困难。

5.对分法调试

如果已经知道某些变量在程序中若干关键点的正确值,则可以在程序中间的某个恰当位置插入赋值语句或输入语句,为这些变量赋予正确的值,然后再检查程序的运行结果。如果在插入点以后的运行正确,那么错误一定发生在插入点的前半部分;反之,错误一定发生在插入点的后半部分。对于程序中有错误的部分再重复使用该方法,直至把错误的范围缩小到容易诊断的区域为止。

7.7.3　调试过程

调试过程开始于一个测试用例的执行,若测试结果与期望结果有出入,即出现了错误征兆,调试过程首先要找出错误原因,然后对错误进行修正。调试过程有两种可能:第一,找到了错误原因并纠正了错误;第二,可能是错误原因不明,调试人员只得做某种推测,然后再设计测试用例证实这种推测,经过不断推测,直至发现并纠正了错误。如图 7-16 所示为软件调试过程。

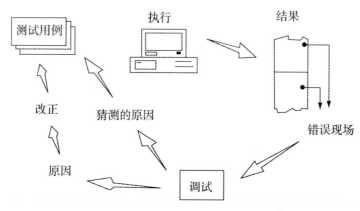

图 7-16　调试过程

调试是一个相当艰苦的过程,究其原因除了开发人员心理方面的障碍外,还因为隐藏在程序中的错误具有下列特殊的性质:错误的外部征兆远离引起错误的内部原因;某些错误征兆只是假象;某些错误征兆不易追踪;某些错误征兆时有时无;分时引起的错误;一个错误的纠正造成了另一错误现象(暂时)的消失等。

在软件调试过程中,可能遇见各种各样的问题,问题的增多给调试人员带来更多的压力,过分地紧张致使开发人员在排除一个问题的同时又引入更多的新问题。因此,在调试过程中应该遵循以下步骤:

①从错误的外部表现形式入手,确定软件系统中出错位置。

②对有关部分的程序进行细致研究,找出错误的内在原因。

③修改设计和代码,以排除或者纠正这个错误。

④重复进行暴露了这个错误的原始测试或某些有关测试,以确认是否排除了该错误以及是否引进了新的错误。

⑤如果所做的修正无效或者是引入了新的错误,则应当撤销这次改动,恢复程序修改之前的状态,或者对新出现的错误进行修改。

⑥重复上述过程,直到找到一个有效的解决办法为止。

第8章　黑盒测试与白盒测试

8.1　黑盒测试与白盒测试概述

8.1.1　黑盒测试概述

黑盒测试(Black Box Testing)也称功能测试,它是通过测试来检测每个功能是否都能正常使用。在测试中,把程序看作一个不能打开的黑盒子,在完全不考虑程序内部结构和内部特性的情况下,在程序接口进行测试,它只检查程序功能是否按照需求规格说明书的规定正常使用,程序是否能适当地接收输入数据而产生正确的输出信息。黑盒测试着眼于程序外部功能和结构,不考虑内部逻辑结构,主要针对软件界面和软件功能进行测试。

1.黑盒测试的本质

如图8-1所示,我们只关心当输入 x=2 时,软件的输出结果是否为 y=4,而对于程序里面到底是 y=2x,还是 y=x * y 并不关心,这就是黑盒测试的本质。

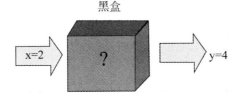

图 8-1　黑盒测试

功能测试意味着测试数据的选择和测试结果的解释是以软件功能属性为基础的。黑盒测试是穷举输入测试,只有把所有可能的输入都作为测试数据使用,才能查出程序中的所有错误。实际上测试情况有无穷多个,进行测试时不仅要测试所有合法的输入,而且还要对那些不合法但可能的输入进行测试。

2.黑盒测试的目的

黑盒测试主要用于发现以下情况:

①功能是否齐全或有错误,性能上是否满足要求。

②接口能否正确地接受输入数据,能否产生正确的输出信息。

③界面是否完整、美观。

④初始化和终止错误。

黑盒测试方法主要用于软件确认测试,具体方法有等价类划分、边界值分析、错误推测法、因果图法、功能图法等。尽管黑盒测试是围绕着用户需求文档进行的,但却不一定必须要用户来参与测试。在绝大多数没有用户参与的黑盒测试中,最常见的测试有功能性测试、容量性测试、安全性测试、负载测试、恢复性测试、标杆测试、稳定性测试、可靠性测试等。此外,外场测试和实验室测试是两个必须要有用户参与的类型测试。

3. 黑盒测试的特点

(1) 黑盒测试的优点

正由于黑盒测试是在程序或软件界面上进行的测试,故其具有两个优点:

① 黑盒测试不考虑程序或软件的具体实现,若程序或软件的内部实现发生了变化,原先的测试用例依然可用。

② 黑盒测试用例的设计可以与软件的实现同时进行,因而加快了软件测试与开发的速度。

(2) 黑盒测试的缺点

但是,黑盒测试也存在一些不足,包括:

① 黑盒测试是从程序的界面上进行的测试,故有时难以查找出错误的具体原因和位置,还需要通过执行白盒测试来进行更细致的错误定位。

② 黑盒测试的唯一依据是软件的需求规格说明书,它无法发现需求规格说明本身存在的问题。例如,由于考虑不周或需求规格说明书中陈述的需求缺乏清晰的层次,导致需求规格说明书未能全面、准确地表达用户的需求,都会使黑盒测试的有效性大打折扣。

4. 黑盒测试与用户参与

黑盒测试不应当由程序作者来执行,因为他知道太多的程序内部知识。在新的测试方法中,软件系统在内部白盒测试完成后,由第三方来执行黑盒测试。

尽管黑盒测试是围绕着用户需求文档进行的,但是黑盒测试不一定必须要用户来参与测试。在绝大多数没有用户参与的黑盒测试中,最常见的测试有:功能性测试、容量测试、安全性测试、负载测试、恢复性测试、标杆测试、稳定性测试、可靠性测试等。此外,有两个类型的测试必须要有用户参与,它们是外场测试和实验室测试。

(1) 没有用户参与的黑盒测试

有两种不同途径的功能测试方法。一种是顺序测试每个程序特性或功能。另一种途径是一个模块一个模块的测试,即每个功能在其最先调用的地方被测试。

容量测试的目的是检测软件在处理海量数据时的局限性。容量测试能发现系统效率方面的问题,例如,不正确的缓冲区规模,消耗太多内存空间等。负载测试检测系统在一个很短时间内处理一个巨大的数据量或执行许多功能调用上的能力。例如检测一个网站在某个时间段内接受 100 万用户的访问。恢复性测试主要保证系统在崩溃后能够恢复外部数据的能力。标杆测试包含程序效率的测试。一段程序的有效性很大程度上依赖于硬件环境,因此标杆测试总是考虑软件和硬件的组合。然而,对于大部分软件工程师来说,标杆测试主要关注的是特定操作的量化数据。有时也考虑用户测试,比较不同软件系统作为标杆测试的有效性。

(2) 有用户介入的黑盒测试

对于用户介入的测试,在软件工程文献中提到的方法很少。比较实际的测试报告是大致在外场测试(类似 Beta 测试)和实验室测试(类似 Alpha 测试)之间的区别。

在外场测试中,观察用户在他们正常的工作地点使用软件的情况。除了一般的与可用性相关方面的特点外,外场测试对评价软件系统的可交互性特别有用。例如,系统工作的技术综合性如何等。此外,外场测试是阐明系统到达已有过程中的综合性能的仅有实际手段(即系统与实际环境的结合能力)。尤其在 NLP(自然语言处理)环境中,这个问题通常被低估。实现一个翻译存储器综合性问题的一个典型的例子是:一个大的汽车制造商的语言服务。在此,主要的实现问题不是技术环境,而是实际上许多客户仍旧提交印刷件的订货单。这样原始文本和目标文本都无法被适当地组织和存储,最终导致单个的翻译器根本无法激起人们工作习惯的改变。

实验室测试一般用来评价系统的可用性方面的问题。由于实验室测试的高额成本,该测试一般只有在大型的软件机构才被进行,如 IBM、Microsoft 等。由于实验室测试给测试人员提供了许多技术可能性,因此其数据收集和分析比外场测试要容易得多。

8.1.2　白盒测试概述

白盒测试又称为玻璃盒测试(Glass Box Testing)、明盒测试(Clear Box Testing)、开放盒测试(Open Box Testing)、结构化测试(Structural Testing)等。它是一种测试用例设计方法,也就是测试者完全了解程序的结构和处理过程,按照程序内部的逻辑测试,检验程序中的每条通路是否都能按预定要求正确工作。

1.白盒测试的本质

白盒测试的对象基本上是源程序,是以程序的内部逻辑结构为基础的一种测试技术。如图 8-2 所示,我们要查看程序的源代码具体是怎么实现的,是 y=2x,而不是 y=x * y。

白盒

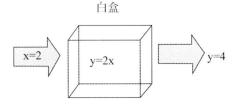

图 8-2　白盒测试

在白盒测试中已知程序内部的工作过程,是按照程序内部的结构测试程序,测试程序内部的变量状态、逻辑结构、运行路径等,检验程序中的每条通路是否都能按预定要求正确工作,检查程序内部动作或运行是否符合设计规格要求,所有内部成分是否按规定正常进行。可见,白盒测试的针对性很强,测试效率比较高,并且可以清楚测试的覆盖程度。

白盒测试要求全面了解程序内部逻辑结构和处理过程,以检查处理过程的细节为基础,要求对程序的结构特性做到一定程度的覆盖,对所有逻辑路径进行测试,并检验内部控制结构和数据结构是否有错,实际的运行状态与预期的状态是否一致。

白盒测试法是穷举路径测试,但是穷举路径测试绝不能查出程序违反了设计规范(即程序在实现一个不是用户需要的功能),不能查出程序中因遗漏路径而出现的错误,不能发现一些与数据相关的错误。并且贯穿程序的独立路径数可能是一个天文数字,所以也不可能进行穷举测试。企图遍历所有的路径是很难做到的,即使每条路径都测试了,程序仍可能出错。

2.白盒测试的原则

白盒法是基于覆盖的测试,如果时间允许,可以保证所有的语句和条件都得到测试,使测试的覆盖程度达到较高水平。

一般来说,白盒测试的原则是:

①保证每个模块中所有独立路径至少被使用一次。

②对所有逻辑值均测试为真值(true)和假值(false)。

③在上下边界及可操作范围内运行所有循环。

④检查内部数据结构以确保其有效性。

白盒测试技术一般可分为静态分析技术和动态分析技术两大类。白盒测试用例的常见设计方法有逻辑覆盖、循环覆盖和基本路径测试。

3.白盒测试的特点

白盒测试的优点:迫使测试人员去仔细思考软件的实现;能够检测代码中的每条分支和路径,对代码的测试比较彻底;揭示隐藏在代码中的错误;最优化。

白盒测试的缺点:白盒测试比黑盒测试成本要高,它需要在测试可以被计划前产生源代码,并且在确定合适的数据和决定软件是否正确方面需要花费更多的工作量;无法检测代码中遗漏的路径和数据敏感性错误;不验证规格的正确性。

4.白盒测试的分类

白盒测试分为静态测试和动态测试两大类。

静态测试不需要实际执行程序,静态测试的主要目的是检查软件的表示和描述是否一致,是否存在冲突和歧义。静态测试可以由人工执行,也可以借助自动化工具完成。

动态测试需要实际运行测试用例,以发现软件中的错误。白盒测试中的动态测试主要包括功能确认与接口测试、覆盖率测试、性能分析、内存分析等。

(1)功能确认与接口测试

功能确认与接口测试主要用于测试各个单元能否完成指定的功能,以及单元间的接口是否正确。测试的对象包括局部数据结构、重要的执行路径、错误处理路径、单元接口和影响上述几点的边界条件等。

(2)覆盖率测试

覆盖率测试关注的是测试用例对程序中可执行路径的覆盖范围,常用的覆盖标准包括语句覆盖、判定覆盖、条件覆盖、判定条件覆盖、条件组合覆盖、基本路径覆盖等。为判断测试用例对代码的覆盖是否达到指定的覆盖标准,一般还应在执行测试之后对覆盖率进行统计,进而针对未覆盖的部分补充测试用例。

(3)性能分析

代码运行是否缓慢是开发过程中需要注重的一个重要的性能问题。如果不能解决此问题,将极大地影响应用程序的质量,应查找到影响程序性能的瓶颈并解决之。目前,性能分析工具大致分为纯软件的测试工具、纯硬件的测试工具(如逻辑分析仪和仿真器等)和软硬件结合的测试工具三类。

(4)内存分析

内存泄漏会导致系统运行的崩溃。通过测量内存的使用情况,可以了解程序内存分配的真实情况,发现对内存的不正常使用,在问题出现前发现征兆,并精确显示发生错误时的上下文情况。

8.1.3 黑盒测试与白盒测试的对比

黑盒与白盒的测试方法是从完全不同的视角点出发,完全对立的,二者各有所长,白盒测试会考虑黑盒测试不会考虑的方面,黑盒测试也会考虑白盒测试不会考虑的方面,两者各有侧重,构成互补关系。

黑盒测试可以根据程序的规格说明检测出程序是否完成了规定的功能,但未必能够提供对代码的完全覆盖,而且规格说明往往会出现歧义或不完整的情况;白盒测试可以有效地发现程序内部的编码和逻辑错误,但无法检验出程序是否完成了规定的功能。黑盒测试会发现遗漏的缺陷,指出规格的哪些部分没有被完成;白盒测试会发现代理方面的缺陷,指出哪些实现部分是错误的。因此在实际测试中,应结合各种测试方法形成综合策略。

实际上,单纯地根据规约或代码生成测试用例都是很不现实的,黑盒测试法和白盒测试法的界限现在已经变得越来越模糊了。一般地,在白盒测试中交叉使用黑盒测试的方法;在黑盒测试中交叉使用白盒测试的方法。可见,更多的人在尝试将这两种方法结合起来,例如根据规格说明来生成测试用例,然后根据代码(静态分析或动态执行代码)来进行测试用例的取舍和精化等,这就形成了所谓的"灰盒测试"法。这也是目前软件测试的一个发展方向。集成测试是最常见的灰盒测试。

8.2 黑盒测试技术

8.2.1 典型的黑盒测试方法及其选择

1. 典型的黑盒测试方法

(1)等价类划分法

等价类划分是一种典型的、常用的黑盒测试方法,所谓等价类是指某个输入域的子集,使用这一方法时,是把程序的输入域划分成若干部分,然后从每个部分中选取少数代表性数据当做测试用例。每一类的代表性数据在测试中的作用等价于这一类中的其他值,也就是说,如果某一类中的一个例子发现了错误,这一等价类中的其他例子也能发现同样的错误;反之,如果某一类中的一个例子没有发现错误,则这一类中的其他例子也不会查出错误(除非等价类中的某些例子属于另一等价类,因为几个等价类是可能相交的)。使用这一方法设计测试用例,首先必须在分析需求规格说明的基础上划分等价类,列出等价类表。

因为程序的输入域可分为合法输入和不合法输入两大部分,如图 8-3 所示,相应的,等价类划分有两种不同的情况,即有效等价类和无效等价类。

①有效等价类:指对于程序规格说明来说,由合理的、有意义的输入数据构成的集合。利用它可以检验程序是否实现了规格说明预先规定的功能和性能。

②无效等价类:指对于程序规格说明来说,由不合理的、无意义的输入数据构成的集合。利用它可以检验程序中功能和性能的实现是否有不符合规格说明的地方。

在设计测试用例时,要同时考虑有效等价类和无效等价类的设计。软件不能只接受合理的数据,还要经受意外的考验,即接收无效的或不合理的数据,这样的软件才能具有较高的可

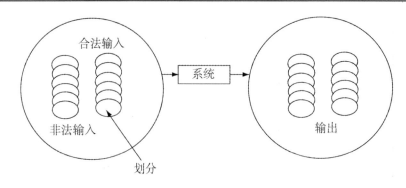

图 8-3　等价类划分法

靠性。划分等价类的 6 条则如下：

①如果可能的输入数据属于一个取值范围,则可以确定一个有效等价类和两个无效等价类。如月份取值应在 1～12 之间,可由此确定一个有效等价类即月份取值在 1～12 之间,和两个无效等价类,即月份取值小于 1 及月份取值大于 12。

②如果规定了输入数据的一组值,而且程序要对每个输入值分别进行处理,则可为每一个输入值确立一个有效等价类,如输入值必须大于 0,则有效等价类为输入值必须大于 0,无效等价类为输入值小于或等于 0。此外,针对这组值确立一个无效等价类,它是所有不允许的输入值的集合。

③在规定了输入数据由 n 个值构成,并且程序要对每一个输入值分别处理时,可以确定 n 个有效等价类和 1 个无效等价类。

④在输入条件是一个布尔量的情况下,可确定一个有效等价类和一个无效等价类。

⑤在规定了输入数据必须遵守的规则的情况下,可确定一个有效等价类和若干个无效等价类(从不同角度违反规则)。如规定输入值必须是数字类型的字符,则可确定一个有效等价类,即输入值为数字类型的字符,和多个无效等价类,即输入值为字母、专用字符(如＋、＊、、/等)及非打印字符(如回车、空格等)。

⑥在确知已划分的等价类中各元素在程序处理中的方式不同的情况下,则应再将等价类进一步划分为更小的等价类。

使用等价类划方法设计案例分为两个步骤：

第一步：需要确立等价类,然后建立等价类表,列出所有划分出的等价类,格式如表 8-1 所示。

表 8-1　等价类表格式示例

输入条件	有效等价类	无效等价类
…	…	…
…	…	…

第二步：从划分出的等价类中按以下原则选择测试用例：

①为每一个等价类规定一个唯一的编号。

②设计一个新的测试用例,使其尽可能多地覆盖尚未覆盖的有效等价类,重复这一步骤,

直到所有的有效等价类都被覆盖为止。

③设计一个新的测试用例,使其仅覆盖一个无效等价类,重复这一步骤,直到所有的无效等价类都被覆盖为止。

(2)边界值分析法

边界值分析法(Boundary Value Analysis,BVA)是用于对输入或输出的边界值进行测试的一种黑盒测试方法。边界值分析法是一种很实用的黑盒测试用例设计方法,它具有很强的发现程序错误的能力。无数的测试实践表明,大量的故障往往发生在输入定义域或输出值域的边界上,而不是在其内部,如做一个除法运算的例子,如果测试者忽略被除数为 0 的情况就会导致问题的遗漏。所以在设计测试用例时,一定要重视对边界值附近的处理。为检验边界附近的处理专门设计测试用例,通常都会取得很好的效果。

应用边界值分析的基本思想是:选取正好等于、刚刚大于和刚刚小于边界值的数据作为测试数据。边界值分析法是最有效的黑盒分析法,但在边界情况复杂时,要找出适当的边界测试用例,还需要针对问题的输入域、输出域边界,耐心细致地逐个进行考察。

常见的边界值通常表现在界面屏幕、数组、报表和循环等方面。其表现方式为:屏幕上光标在最左上、最右下位置;数组元素的第一个和最后一个;报表的第一行和最后一行;循环的第 0 次、第 1 次、倒数第 2 次和最后一次。

选择边界值测试主要考虑以下几条原则:

①如果输入条件规定了值的个数,则用最大个数、最小个数、比最小个数小 1 的数、比最大个数大 1 的数作为测试数据。

②如果输入条件规定了值的范围,则应取刚达到这个范围边界的值,以及刚刚超过这个范围边界的值作为测试输入数据。

③如果程序中使用了一个内部数据结构,则应当选择这个内部数据结构的边界上的值作为测试用例。

④如果程序的规格说明给出的输入域或输出域是有序集合,则应选取集合的第一个元素和最后一个元素作为测试用例。

⑤分析程序规格说明,找出其他可能的边界条件。

(3)判断表驱动法

判定表(Decision Table)也称为决策表,是软件工程实践中的重要工具,主要用在软件开发的详细设计阶段。判定表能表示输入条件的组合,以及与每一输入组合相对应的动作组合,因此判定表与因果图的使用场合类似。

①判定表的组成。判定表的构造形式如图 8-4 所示。对判定表中的 5 个部分解释如下:

条件桩:列出所有可能的条件,通常认为列出的条件的次序无关紧要。

条件项:列出所有的条件取值组合,这些操作的排列顺序没有约束。若有若干个条件项,每一条件项为一个条件取值组合。

动作桩:列出所有可能的操作,在所有可能情况下的真假值。

动作项:列出在每一种条件取值组合情况下,执行动作桩中的哪些动作。故动作项的数目与条件项相等。

规则:一种条件取值组合与其对应的动作组合(即判定表中贯穿条件项和动作项的一列)

构成判定表中的一个规则。条件取值组合的数目就是规则的数目,如在图 8-4 中,有 5 个原因,每个原因可取 0 或 1,故条件取值组合的数目为 32,所以规则也为 32 个。另外,有一些规则因条件取值组合违反约束条件或不做任何动作而成为无效规则,可以废弃掉。

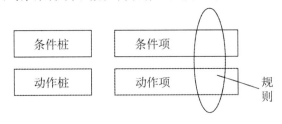

图 8-4　判定表的组成

②判定表的建立步骤。建立判定表可遵循的步骤如下:

第一,列出条件桩和动作桩。

第二,确定规则的个数,用来为规则编号。若有 n 个原因,由于每个原因可取 0 或 1,故有 2^n 个规则。

第三,完成所有条件项的填写。

第四,完成所有动作项的填写。

第五,合并相似规则,用以对初始判定表进行简化。

建立了判定表后,可针对判定表中的每一列有效规则设计一个测试用例,用于对程序进行黑盒测试。

③判定表的简化。对于多条件,条件多取值的决策表,对应的规则比较大时,可以对其进行简化。判定表的简化主要包括以下两个方面:

第一,合并。如果两个或多个条件项产生的动作项是相同的,且其条件项对应的每一行的值只有一个是不同的,则可以将其合并。合并的项除了不同值变成无关项外,其余的保持不变。

第二,包含。如果两个条件项的动作是相同的,对任意条件 1 中任意一个值和条件 2 中对应的值,如果满足:如果条件 1 的值是 Y,则条件 2 中的值也是 Y,如果条件 1 的值是 N,则条件 2 中的值也是 N;如果条件 1 的值是—,则条件 2 中的值是 Y、N、—,称条件 1 包含条件 2,此时的条件 2 可以删除。

判定表最为突出的优点是,能够将复杂的问题按照各种可能的情况全部列举出来,简明并避免遗漏,因此,利用判定表能够设计出完整的测试用例集合。运用判定表设计测试用例,可以将条件理解为输入,将动作理解为输出。

(4)因果图法

当考虑输入条件之间的相互组合时,可能会产生一些新的情况,但要检查输入条件的组合不是一件容易的事情,即使把所有输入条件划分成等价类,他们之间的组合情况也相当多。因此,必须考虑采用一种适合于描述对于多种条件的组合,相应产生多个动作的形式来考虑设计测试用例,这就需要利用因果图方法。

利用因果图设计测试用例应遵循如下步骤:

①分析程序的规格说明中哪些是原因,哪些是结果。所谓原因,是指输入条件或输入条件

的等价类,而结果是指输出条件。给每个原因和结果赋一个标识符。

②分析程序的规格说明中的语义,确定原因与原因、原因与结果之间的关系,画出因果图。

③由于语法或环境的限制,一些原因与原因之间、原因与结果之间的组合不能出现。对于这些特殊情况,在因果图中用一些记号标明约束或限制条件。

④将因果图转化为判定表。

⑤根据判定表的每一列设计测试用例。

当然,若能直接得到判定表,可直接根据判定表设计测试用例。

图 8-5 所示为因果图中的 4 种基本图形符号,表示了 4 种不同的因果关系。通常在因果图中,用 Ci(i 为 1 和 2)表示原因,用 E1 表示结果,节点表示状态,可取"0"和"1","0"表示某状态不出现,"1"表示某状态出现。

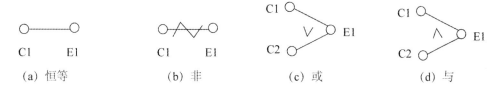

(a) 恒等   (b) 非   (c) 或   (d) 与

图 8-5 因果图的基本图形符号

①恒等:若原因出现,则结果出现;若原因不出现,则结果不出现。

②非:若原因出现,则结果不出现;若原因不出现,则结果出现。

③或:若几个原因中有一个出现,则结果出现;若几个原因均不出现,结果才不出现。

④与:若几个原因中都出现,结果才出现;若几个原因中有一个不出现,则结果不出现。

因果图中还可以附加一些如图 8-6 所示的表示约束条件的符号,表明原因与原因、结果与结果之间的关系。

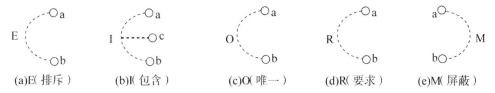

(a)E(排斥)   (b)I(包含)   (c)O(唯一)   (d)R(要求)   (e)M(屏蔽)

图 8-6 因果图的约束符号

①E 约束(互斥):a 和 b 中至多有一个可能为 1,即 a 和 b 不能同时为 1。

②I 约束(包含):a、b 和 c 中至少有一个必须是 1,即 a、b 和 c 不能同时为 0。

③O 约束(唯一):a 和 b 必须有一个,且仅有 1 个为 1。

④R 约束(要求):a 是 1 时,b 必须是 1,即不可能 a 是 1 时 b 是 0。

⑤M 约束(强制):若结果 a 是 1,则结果 b 强制为 0。

2.其他黑盒测试方法

在实际应用中,还有许多其他不同的黑盒测试方法,如随机测试、对比测试、错误推测、特殊值测试、功能分解法、故障猜测法、场景法等等。

(1)随机测试

对于给定的被测软件系统和软件系统的定义域,按照定义域中样本取值的概率,随机的选择其样本并作为其测试数据的过程称为随机测试。随机测试使用的是真实数据,但是所有数据的产生是随机的。通常,使用随机数据测试时,不必预先得出预期结果,但是评价测试结果将花费一定时间。这种测试往往都不是很真实,许多测试用例是冗余的,确定预期结果时可能会需要花费大量时间。因此,这种测试方法常常用于系统防崩溃能力的测试中。

(2)对比测试

对于那些关系重大、要求可靠性极高的应用,通常要使用硬件冗余和软件冗余技术。对于软件冗余,应当由不同的开发小组来开发相互独立、不同版本的软件。用相同的测试用例对不同的版本进行测试,要确保所有不同版本的输出数据是一致的。最后并行地同时运行所有版本,并对运行结果进行实时比较。

对于某些苛刻的应用来说,即使在最终的系统中只使用一个版本的软件,也应当开发出不同的、相互独立的软件版本,并使用对比测试(也叫背对背测试)进行测试。如果不同版本的输出数据不一致,就需要对每一个版本进行分析,以确定其中是否存在错误。

(3)错误推测法

错误推测法是基于经验和直觉推测程序中所有可能存在的各种错误,从而有针对性地设计测试用例的方法。在进行软件测试时,有经验的测试人员往往通过观察和推测,可以估计出软件的哪些地方出现错误的可能性大,用什么样的测试手段最容易发现软件故障。

错误推测方法的基本思想是:列举出程序中所有可能有的错误和容易发生错误的特殊情况,根据它们选择测试用例。例如,在单元测试时曾列出的许多在模块中常见的错误、以前产品测试中曾经发现的错误等,这些就是经验的总结。还有,输入数据和输出数据为 0 的情况、输入表格为空格或输入表格只有一行,这些都是容易发生错误的情况,可选择这些情况下的例子作为测试用例。

例如,测试一个对线性表(比如数组)进行排序的程序,可推测列出以下几项需要特别测试的情况:

①输入的线性表为空表。

②表中只含有一个元素。

③输入表中所有元素已排好序。

④输入表已按逆序排好。

⑤输入表中部分或全部元素相同。

(4)特殊值测试

特殊值测试就是指定软件中某些特殊值为测试用例而对软件实施的测试。这些值并不是根据某种方法推导出来的,而是根据测试人员的知识、经验得来的。特殊值测试是应用非常广泛的一种测试方法,就发现故障而言,该方法效率是比较高的。但是该方法完全依赖测试人员的水平和对测试软件了解的程度。通常情况下,特殊值测试设计人员都会关注在过去发生过失教的事件,或者是总会出现问题的情况,或者是对于用户来说十分重要的事件。

(5)功能分解法

功能分解法是将需求规约中每一种功能加以分解,并结合软件的用户操作手册进行对比,确保各个功能被全面地测试。功能分解法步骤如下:

①使用程序设计中的功能抽象方法把程序分解为功能单元。

②使用数据抽象方法产生测试每个功能单元的数据。

（6）故障猜测法

根据经验和直觉猜测软件中可能存在的各种故障，从而有针对性地编写测试这些故障的测试用例，这就是故障猜测法，在实践中是被广泛使用的一种测试方法，特别是对自己测试自己开发的软件系统，或者是测试人员对被测软件非常熟悉的情况下，这种方法非常有效。

（7）场景法

现在的软件几乎都是用事件触发来控制流程的，事件触发时的情景即为场景。而同一事件不同的触发顺序和处理结果就形成了事件流。运用在软件设计中的场景法也可用在软件测试中，有利于测试人员设计测试用例，并使测试用例更容易理解和执行。

综合来说，评价黑盒测试用例设计好坏的标准一般有 3 个：其一是测试用例有效性，即检测故障的数目；其二是测试的复杂度，即生成测试用例的难易程度；其三是测试的效率，即执行测试用例的成本。一般来讲，选择测试用例设计方法是这三个标准的一种均衡过程。

3. 黑盒测试方法的选择

上面讨论了几种典型的黑盒测试方法，这些测试方法的共同特点是，它们都把程序看作是一个打不开的黑盒，只知道输入到输出的映射关系，根据软件规格说明设计测试用例。在等价类分析测试中，通过等价类划分来减少测试用例的绝对数量。边界值分析方法则通过分析输入变量的边界值域设计测试用例。在因果图测试方法和决策表测试中，通过分析被测程序的逻辑依赖关系，构造决策表，进而设计测试用例。那么，哪种测试方法最好？如何有效地选择测试方法？下面从测试工作量、测试有效性两方面来讨论，它们是进行有效测试的关键。

（1）测试工作量

主要以边界值分析、等价类划分和决策表测试方法来讨论它们的测试工作量，即生成测试用例的数量与开发这些测试用例所需的工作量。图 8-7 给出了这三种测试方法的测试用例数量的曲线。

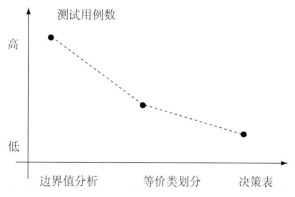

图 8-7　每种测试方法的测试用例数量趋势

边界值分析测试方法不考虑数据或逻辑依赖关系，它机械地根据各边界生成测试用例。等价类划分测试方法则关注数据依赖关系和函数本身，需要借助于判断和技巧，考虑如何划分等价类，随后也是机械地从等价类中选取测试输入，生成测试用例。决策表技术最精细，它要求测试人员既要考虑数据，又要考虑逻辑依赖关系。当然，也许要经历几次尝试才能得到令人满意的决策表,但是如果有了一个良好的条件集合,所得到的测试用例就是完备的,在一定意义上讲也是最少的。图 8-8 则说明了由每种方法设计测试用例的工作量曲线。由此可以看出,决策表测试用例生成所需的工作量最大。

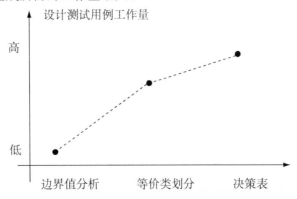

图 8-8　每种方法设计测试用例的工作量趋势

边界值分析测试方法使用简单,但会生成大量测试用例,机器执行时间很长。如果将精力投入到更精细的测试方法,如决策表方法,那么测试用例生成花费了大量的时间,但生成的测试用例数少,机器执行时间短。这一点很重要,因为一般测试用例都要执行多次。测试方法研究的目的就是在开发测试用例工作量和测试执行工作量之间做一个令人满意的折中。

(2)测试有效性

关于测试用例集合,人们真正想知道的是它们的测试效果如何,即一组测试用例找出程序中缺陷的效率如何。但是,解释测试有效性很困难。因为我们不知道程序中所有隐藏的故障有多少,也不可能知道给定方法所产生的测试用例是否能够发现这些故障。我们所能够做的,只是根据不同类型的故障,选择最有可能发现这种缺陷的测试方法(包括白盒测试)。根据最可能出现的故障种类,分析得到可提高测试有效性的实用方法。通过跟踪所开发软件中的故障的种类和密度,也可以改进测试方法。当然,这需要测试经验和技巧。

最好的办法是利用程序的已知属性,选择处理这种属性的测试方法。在选择黑盒测试方法时,一些经常用到的属性有:

①变量表示物理量还是逻辑量?

②在变量之间是否存在依赖关系?

③是否有大量的例外处理?

下面给出一些黑盒测试方法选取的初步的"专家系统":

①如果变量引用的是物理量,可采用边界值分析测试和等价类测试。

②如果变量是独立的,可采用边界值分析测试和等价类测试。

③如果变量不是独立的,可采用决策表测试。

④如果可保证是单缺陷假设,可采用边界值分析和健壮性测试。

⑤如果可保证是多缺陷假设,可采用边界值分析测试和决策表测试。

⑥如果程序包含大量例外处理,可采用健壮性测试和决策表测试。

⑦如果变量引用的是逻辑量,可采用等价类测试用例和决策表测试。

8.2.2　黑盒测试工具

黑盒测试是在已知软件产品应具有的功能的条件下,在完全不考虑被测程序内部结构和内部特性的情况下,通过测试来检测每个功能是否都按照需求规格说明的规定正常使用。

黑盒测试工具又分为:功能测试工具和性能测试工具。功能测试工具主要用于检测被测程序能否达到预期的功能要求并能正常运行。性能测试工具主要用于确定软件和系统的性能。例如,用于自动多用户客户/服务器加载测试和性能测量,用来生成、控制并分析客户/服务器应用的性能等。这类测试工具在客户端主要关注应用的业务逻辑、用户界面和功能测试方面,在服务器端主要关注服务器的性能、系统的响应时间、事务处理速度和其他时间敏感等方面的测试。

功能测试工具一般采用脚本录制(Record)/回放(Playback)原理,模拟用户的操作,然后将被测系统的输出记录下来,并同预先给定的标准结果进行比较。在回归测试中使用功能测试工具,可以大大减轻测试人员的工作量,提高测试效果。比如,如果我们对某软件设计了1000 个测试用例,并在其 1.0 版本上执行了这 1000 个测试用例。当回归测试 2.0 版本时,则要重新测试这 1000 个测试用例。如果软件有 10 个版本,理论上则应测试 10×1000 个测试用例。如果能利用功能测试工具,将在 1.0 版本中所做的测试录制下来,则在后续的回归测试中就可以用工具去自动回放,进行测试,将测试人员从单调、重复的工作中解脱出来。但因版本之间的改动,可能会导致上一个版本所录制的脚本不一定完全适用于新的版本,这就要求测试人员根据变动来修改测试脚本和测试用例。因此,功能测试工具不太适合于版本变动较大的软件。

目前市场上专业开发黑盒测试工具的公司很多,但以 Mercury Interactive、IBM Rational和 Compuware 公司开发的软件测试工具为主导,这 3 家世界著名软件公司的任何一款黑盒测试工具都可构成一个完整的软件测试解决方案。

1. WinRunner

MI 公司开发的 WinRunner 是一款企业级的功能测试工具,在软件测试工具市场上占有绝对的主导地位。WinRunner 是基于 MS Windows 操作系统的,用来检测应用程序是否能够达到预期功能及正常运行。通过自动录制、检测和回放用户的应用操作,WinRunner 能够有效地帮助测试人员自动处理从测试开始到测试执行的整个过程,可以创建可修改和可复用的测试脚本,对复杂企业级应用的不同发布版进行测试,提高测试人员的工作效率和质量,确保跨平台的、复杂的企业级应用无故障发布及长期稳定运行。

当在软件操作中点击 GUI(图形用户界面)对象时,利用 WinRunner 可以生成一个测试脚本记录测试人员的操作过程。这些脚本用一种称为测试脚本语言 TSL(Test Script Language)的类 C 语言编写,也可以手工编写。WinRunner 设有功能生成器,可以帮助测试人员快速地在已录制的测试脚本中添加功能,并根据不同情况,提供了上下文敏感模式(Context Sensitive mode)和模拟模式(Analog mode)两种录制脚本的测试模式。上下文敏感模式根据用户选取的 GUI 对象(如窗体、清单、按钮等),将用户对软件的操作动作录制下来,并忽略这些对象在屏幕上的物理位置。每一次对被测软件进行操作,测试脚本中的脚本语言都会记录用户选取的对象和相应的操作。当对测试过程进行录制时,WinRunner 会自动创建一个 GUI map 文件,以记录每个被选对象的说明,如用户使用鼠标选取对象,用键盘键入数据等。GUI map 文件和测试脚本分开保存、维护。当软件用户界面发生变化时,用户只需更新 GUI map 文件,这样测试脚本就可以重复使用。执行测试只需要回放测试脚本。WinRunner 从 GUI map 文件中读取对象说明,并在被测软件中查找符合这些描述的对象即可。模拟模式录制过程中,记录鼠标点击、键盘输入和鼠标在二维平面上(x 轴、y 轴)的精确运动轨迹。执行测试时,WinRunner 让鼠标根据轨迹运动。这种模式对于那些需要追踪鼠标运动的测试非常有用,例如画图软件。

2. QTP

QTP(Quick Test Professional)是 MI 公司继 WinRunner 之后开发的又一款功能测试工具。近两年 QTP 的市场占有率逐渐提高,大有取代传统霸主 WinRunner 之势。QTP 与 WinRunner 的使用方法很相似,但拥有更强大的竞争力。

QTP 属于新一代自动化测试解决方案,能够支持所有常用环境的功能测试,包括 Windows 标准应用程序、各种 Web 对象、.Net、Visual Basic 应用程序、ActiveX 控件、JaVa、Oracle、SAP 应用和终端模拟器等。QTP 提供有演示版、单机版和网络版。演示版拥有 14 天的使用权,安装单机版的机器则必须购买一个单独的 License,网络版则需安装在服务器上,只要服务器安装了网络版的 QTP,局域网中的其他用户就可以通过服务器来使用 QTP,所支持的最大用户数由网络版的序列号决定。

此外,QTP 适合测试版本比较稳定的软件产品,在一些界面变化不大的回归测试中非常有效,但对于界面变化频率较大的软件,则体现不出 QTP 的优势。

3. Robot

Robot 是一个面向对象的软件测试工具,主要针对 Web、ERP 等进行自动功能测试。使用 Robot 非常方便,通过点击鼠标就可以实现 GUI 及各个属性的测试,包括:

①识别和记录应用程序中各种对象。

②跟踪、报告和图形化测试进程中的各种信息。

③检测、修改各个元素的问题。

④在记录的同时检查和修改测试脚本。

⑤可跨平台使用测试脚本。

测试人员只需操作被测系统,执行关键性能的事物处理,然后在 QALoad 脚本中通过服务器调用系统的需求类型,开发相应的事物处理,创建完整的功能脚本。QALoad 的测试脚本开发由捕获会话、转换捕获会话到脚本,以及修改和编译脚本等一系列过程组成。一旦脚本编译通过后,使用 QALoad 的机构把脚本分配到测试环境的相应机器上,驱动多个 play agent 模拟大量用户的并发操作,实施系统的负载测试,减轻了以往大量的人工工作,节省了时间,提高了效率。

4. EcoScope

EcoScope 是一套定位于应用系统及其所依赖的网络资源的性能优化工具。EcoScope 可以提供应用视图,并给出应用系统是如何与基础架构相关联的。这种视图是其他网络管理工具所不能提供的。EcoScope 能解决在大型企业复杂环境下分析与测量应用性能的难题。通过提供应用的性能级别及其支撑架构的信息，EcoScope 能帮助 IT 部门就如何提高应用系统的性能提出多方面的决策方案。

EcoScope 使用综合软件探测技术无干扰地监控网络，可以自动跟踪在 LAN/WAN 上的应用流量、采集详细的性能指标，并将这些信息关联到一个交互式的用户界面中，自动识别低性能的应用系统、受影响的服务器与用户性能低下的程度。用户界面允许以一种智能方式访问大量的 EcoScope 数据，所以能很快地找到性能问题的根源，并在几小时内解决令人烦恼的性能问题，而不是几周甚至几个月。

5．EcoTools

性能测试完成之后，应对系统的可用性进行分析。很多因素影响系统的可用性，用户的桌面、网络、服务器、数据库环境以及各式各样的子组件都可以链接在一起。任何一个组件都可能造成整个系统对最终用户不可用。

EcoTools 提供了一个范围广泛的打包的 Agent 和 Scenarios，可以在测试或生产环境中激活，计划和管理以商务为中心的系统的可用性，QALoad 对于在服务器上设置加载测试是一个很好的工具，但不能承担诊断问题的工作。而 QALoad 与 EcoTools 集成可以为所有加载测试和计划项目需求能力提供全方位的解决方案，允许在图形中查看 EcoTools 资源利用率。

EcoTools 工具包括数百个 Agents，可以监控服务器资源，尤其是监控 Windows NT、UNIX 系统、Oracle、Sybase、SQL Server 和其他应用包。

8.2.3 黑盒测试策略

1．黑盒测试用例编写策略

测试用例编写策略是指编写有效的测试用例的方法和技巧。一般地，我们可以根据测试用例的设计方法，遵循测试用例的编写原则，针对系统的特点编写有效的测试用例。但在具体的实施过程中，还需要遵循一些有效的测试用例编写策略，才能达到最佳的测试效果。

测试用例编写策略可以从不同的角度分类，从测试内容角度可以分为流程用例和功能点用例。其中流程用例指针对业务流程编写的测试用例，通常采用场景法，现在的软件几乎都是用事件触发来控制流程的。事件触发时的情景便形成了场景，而同一事件不同的触发顺序和处理结果就形成事件流。这种在软件设计方面的思想也可引入到软件测试中，可以比较生动地描绘出事件触发时的情景，有利于测试设计者设计测试用例。同时使测试用例更容易理解和执行。功能点用例指针对具体功能点编写的测试用例，可以采用等价类划分、边界值法、因果图等方法。

根据测试的策略又可以分为通过测试用例和失败测试用例，通过测试用例主要为了验证需求是否可以实现，一般采用等价类划分等测试方法。失败用例的编写主要为了尽可能多地发现缺陷，一般采用错误推测法、边界值分析法等测试方法。

在具体的项目中，需要灵活地应用不同的测试策略。对于业务流程比较重要的系统，首先要考虑用场景法编写流程用例。要求覆盖所有的基本流和备选流。流程测试用例的完善，可以保证业务流程和业务数据流转正确无误，对软件的质量有了最基本的保证。其次需要编写功能点测试用例，要求覆盖所有的需求，保证需求的各个功能都能正常地实现。对于所有的软件测试,首先要考虑通过测试用例,来证明软件可以满足需求。在保证软件可用的基础上,才会使用失败测试用例,来尽可能多地发现缺陷,保证软件具有一定的容错和安全能力。在测试用例的编写过程中还需注意其详细程度,覆盖功能点不是指列出功能点,而是要写出功能点的各个方面。若组合情况较多时,可以采用等价类划分的方法。

此外,测试用例的编写和组织会受到组织的开发能力和测试对象特点的影响。如果开发力量比较落后,编写较详细的测试用例是不现实的,因为根本没有那么大的资源投入,当然这种情况会随着团队的发展而逐渐有所改善。测试对象特点重点是指测试对象在进度、成本等方面的要求,如果进度较紧张的情况下,是根本没有时间写出高质量的测试用例的,甚至有些时候测试工作只是一种辅助工作,因而不编写测试用例。

总之,在编写测试用例时,需要根据测试对象特点、团队的执行能力等各个方面综合起来决定采用哪种编写策略以及如何编写测试用例。

2. 黑盒测试综合使用策略

在使用黑盒测试方法时,只有结合被测软件的特点,有选择地使用若干种方法,方能达到良好的测试效果。

黑盒测试方法的综合使用策略如下:

①首先进行等价类划分,包括输入条件和输出条件的等价划分,将无限测试变成有限测试,这是减少工作量和提高测试效率最有效的方法。等价类划分也常是边界值方法的基础。

②在任何情况下都必须使用边界值分析方法。经验表明,用这种方法设计出的测试用例发现程序错误的能力最强。

③测试人员可以根据经验用错误推测法追加一些测试用例。

④如果程序的功能说明中含有输入条件的组合情况,则一开始就可选用因果图法和判定表法。

⑤对于参数配置类软件,应用正交试验法选择较少的组合方式以达到最佳效果,并减少测试用例的数目。

⑥对于业务流清晰的系统可以利用场景法,即可先综合使用各种方法生成用例,再通过场景法由用例生成用例。

⑦当程序的功能较复杂、存在大量组合情况时,可以考虑使用功能分解法。

8.3 白盒测试技术

8.3.1 白盒测试的方法

在白盒测试中,可以使用各种测试方法进行测试。但是,测试时要考虑以下 5 个问题:

①测试中尽量先用自动化工具来进行静态结构分析。

②测试中建议先从静态测试开始,如:静态结构分析、代码走查和静态质量度量,然后进行动态测试,如:覆盖率测试。

③利用静态分析的结果作为依据,再使用代码检查和动态测试的方式对静态分析结果进行进一步确认,提高测试效率及准确性。

④覆盖率测试是白盒测试中的重要手段,在测试报告中可以作为量化指标的依据,对于软件的重点模块,应使用多种覆盖率标准衡量代码的覆盖率。

⑤在不同的测试阶段,测试的侧重点是不同的。

在单元测试阶段:以程序语法检查、程序逻辑检查、代码检查、逻辑覆盖为主。

在集成测试阶段:需要增加静态结构分析、静态质量度量、以接口测试为主。

在系统测试阶段:在真实系统工作环境下通过与系统的需求定义作比较,检验完整的软件配置项能否和系统正确连接,发现软件与系统/子系统设计文档和软件开发合同规定不符合或与之矛盾的地方;验证系统是否满足了需求规格的定义,找出与需求规格不相符合或与之矛盾的地方,从而提出更加完善的方案,确保最终软件系统满足产品需求并且遵循系统设计的标准和规定。

验收测试阶段:按照需求开发,体验该产品是否能够满足使用要求,有没有达到原设计水平,完成的功能怎样,是否符合用户的需求,以达到预期目的为主。

1. 静态测试方法

静态测试是在不执行程序的情况下分析软件的特性。

(1)代码检查

代码检查主要检查代码和流图设计的一致性,代码结构的合理性,代码编写的标准性、可读性,代码逻辑表达的正确性等方面。代码检查是静态测试的主要方法,包括代码走查、桌面检查、流程图审查等。

最常见的静态测试是找出源代码的语法错误,这类测试可由编译器来完成,因为编译器可以逐行分析检验程序的语法,找出错误并报告。除此之外,测试人员须采用人工的方法来检验程序,有些地方存在非语法方面的错误,只能通过人工检测的方法来判断。

代码检查的内容较多,可分为常规性检查和结构性检查。常规性检查主要内容包括文档和源程序代码、目录文件组织、检查函数、数据类型及变量、检查条件判断语句、检查循环体系、检查代码注释、桌面检查。结构性检查主要内容包括检查数据库、检查功能、检查界面、检查流程、检查提示信息、输入输出检查、程序(模块)检查、表达式分析、接口分析、函数调用关系图、模块控制流图等。在进行人工代码检查时,可以制作代码走查缺陷表。在缺陷检查表中,我们列出工作中遇到的典型错误。

(2)静态结构分析

静态结构分析主要是以图形的方式表现程序的内部结构,例如函数调用关系图、函数内部制流图。静态结构分析是测试者通过使用测试工具分析程序源代码的系统结构、数据结构、数据接口内部控制逻辑等内部结构,生成函数调用关系图、模块控制流图、内部文件调用关系图等各种形图表,清晰地标识整个软件的组成结构,便于理解,通过分析这些图表包括控制流分析、数流分析、接口分析、表达式分析,检查软件是否存在缺陷或错误。

静态结构主要分析内容为:检查函数的调用关系是否正确;编码的规范性;资源是否释放;数据结构是否完整和正确;是否有死代码和死循环;代码本身是否存在明显的效率和性能问题;类和函数的划分是否清晰,易理解;代码是否有完善的异常处理和错误处理。

(3)SQL 语句测试

SQL 语句测试分为语句检查和类型转换检查。

①语句检查需检查。每个数据库对象都有拥有者；Table 是 DataBase 的基本单位，由行和列组成，用于存储数据；Data Type 限制输入到表中的数据类型；Constraint 有主键、外键、唯一键、缺省和检查 5 种；Default 自动插入常量值；Rule 限制表中列的取值范围；Trigger 一种特殊类型的储存过程，当有操作影响到它保护的数据时，它会自动触发执行；Index：提高查询速度；View 查看一个或多个表的一种方式；Stored Procedure 一组预编译的 SQL 语句，可以完成指定的操作。

②类型转换检查。在检查 SQL 语句的类型转换时，主要避免显示或隐含的类型转换。

（4）静态质量度量

静态质量度量需要测试者通过软件质量、质量度量模型和度量规则进行分析。

①软件质量。软件质量包括 6 个方面：功能性（functionality）、可靠性（reliability）、可用性（usability）、有效性（efficiency）、可维护性（maintainability）、轻便性（portability）。

②质量度量。质量度量包括以下 3 点。

第一，质量因素。质量因素（Factors）与分类标准的计算方式相似，依据各分类标准取值组合权重方法来计算，依据结果将软件质量分为 4 个等级，与分类标准等级内容相同。

第二，分类标准。对某一软件质量分为不同的分类标准（criteria），每个分类标准由一系列度量规则组成，每个规则分配一个权重，每个分类标准的取值由规则的取值与权重值计算得出，依据结果将软件质量分为 4 个等级：

· 优秀（excellent）：符合本模型框架中的所有规则（可以接受）。

· 良好（good）：未大量偏离模型框架中的规则（可以接受）。

· 一般（fair）：违背了模型框架中的大量规则（可以接受）。

· 较差（poor）：无法保障正常的软件可维护性（不可以接受）。

第三，度量规则。度量规则（Metrics）使用代码行数、注释频度等参数度量软件各种行为属性。

2.动态测试方法

动态测试直接执行被测程序以提供测试活动。

（1）逻辑覆盖测试

逻辑覆盖是一组覆盖方法的总称，它以程序的内部逻辑结构为基础设计测试用例。具体可分为语句覆盖、判定覆盖、条件覆盖、判定/条件覆盖、条件组合覆盖和修正条件判定覆盖等。

①语句覆盖。为了暴露程序中的错误，至少每个语句应该执行一次。语句覆盖的含义是，选择足够多的测试数据，使被测程序中每个语句至少执行一次。

语句覆盖对程序的逻辑覆盖很少，是很弱的逻辑覆盖标准，为了更充分地测试程序，可以采用以下所述的逻辑覆盖标准。

②判定覆盖。判定覆盖的含义是，设计足够多的测试用例，使被测程序中的每个判定取到每种可能的结果，即覆盖每个判定的所有分支。故判定覆盖也称为分支覆盖。显然，若实现了判定覆盖，则必然实现了语句覆盖，故判定覆盖是一种强于语句覆盖的覆盖标准。但判定覆盖对程序的逻辑覆盖程度仍不够高。

③条件覆盖。条件覆盖的含义是，不仅每个语句至少执行一次，而且使判定表达式中的每个条件都取到各种可能的结果。

条件覆盖一般比判定覆盖强,因为条件覆盖关心判定中每个条件的取值,而判定覆盖只关心整个判定的取值。也就是说,若实现了条件覆盖,则也实现了判定覆盖,如上述两组测试用例也实现了判定覆盖。但这不是绝对的,某些情况下,也会有实现了条件覆盖却未能实现判定覆盖的情形。甚至可能出现这样的情况,对某被测程序实现了条件覆盖却未实现语句覆盖,读者可自行举例。

④判定/条件覆盖。既然实现了判定覆盖不一定能够实现条件覆盖,而实现了条件覆盖也不一定能够实现判定覆盖,故可设计更高的逻辑覆盖标准将两者兼顾起来,这就是判定/条件覆盖。

判定/条件覆盖要求设计足够的测试用例,使得判定中每个条件的所有可能(真/假)至少出现一次,并且每个判定本身的判定结果(真/假)也至少出现一次。

⑤条件组合覆盖。条件组合覆盖是更强的逻辑覆盖标准,它要求选取足够的测试数据,使得每个判定表达式中条件的各种可能组合都至少出现一次。

满足条件组合覆盖标准的测试数据,也一定满足判定覆盖、条件覆盖和判定/条件覆盖标准。因此,条件组合覆盖是前述几种覆盖标准中最强的。但是,满足条件组合覆盖标准的测试数据并不一定能使程序中的每一条路径都执行到。

⑥修正条件判定覆盖。修正条件判定路径覆盖需要足够的测试用例来确定各个条件能够影响到包含的判定的结果。它要求满足两个条件:

其一,每一个程序模块的入口和出口都要考虑至少要被调用一次,每个程序的判定到所有可能的结果至少转换一次。

其二,程序的判定被分解为通过逻辑操作符连接的布尔条件,每个条件对于划定的结果值是独立的。

本质上它是判定/条件覆盖的完善版本和条件组合覆盖的精简版。修正条件判定路径覆盖是为了既实现判定/条件路径覆盖中尚未考虑到的各种条件组合情况的覆盖,又减少像条件组合路径覆盖中可能产生的大量数目的测试用例。该方法尽可能实现使用较少的测试用例来完成更有效果的覆盖,它抛弃条件组合路径覆盖中那些作用不大的测试用例。具体地说,就是在各种条件组合中,其他所有的条件变量恒定不变的情况下,对每一个条件变量分别只取真假值一次,以此来抛弃那些可能会重复的测试用例。

(2)循环测试

循环是绝大多数软件算法的基础,但是,在测试软件时却往往未对循环结构进行足够的测试。循环测试专注于测试循环结构的有效性。在结构化的程序中通常有简单循环、嵌套循环、并列循环和非结构循环 4 种类型。

①简单循环。简单循环应该使用下列测试集来测试简单循环,其中 n 是允许通过循环的最大次数。

· 跳过整个循环。

· 执行一次循环。

· 执行两次循环。

· 执行循环 m 次,其中 $m < n$。

· 执行循环 $n-1$ 次、n 次、$n+1$ 次。

②嵌套循环。如果把简单循环的测试方法直接应用到嵌套循环,可能的测试数就会随嵌套层数的增加按几何级数增长,这会导致不切实际的测试数目。Beizer 提出了一种有利于减少测试次数的方法:

· 从最内层的循环开始,将其他循环设为最小值。

· 保持外层循环处于最小重复参数值,对最内层进行单循环测试。增加其他范围以外或排斥值的测试。

· 从里向外,进行下一层的循环测试,但仍要保持所有外层循环的最小值,而其他嵌套循环处于一般值。

· 照此进行,直到所有循环测试完毕。

③并列循环。如果并列循环的各个循环都彼此独立,则可以使用前述的测试简单循环的方法来测试并列循环。但是,如果两个循环并列,而且第一个循环的循环计数器值是第二个循环的初始值,则这两个循环并不是独立的。当循环不独立时,建议使用测试嵌套循环的方法来测试并列循环。

④非结构循环。对于非结构循环,应先将其转化为结构化循环,再使用上述的测试策略进行测试。

(3)程序插装法

程序插装(Program Instrumentation)是一种基本的测试手段,在软件测试中有着广泛的应用。程序插装方法简单地说是通过往被测程序中插入操作来实现测试目的的方法。如果我们想要了解一个程序在某次运行中所有可执行语句被覆盖(或称被经历)的情况,或是每个语句的实际执行次数,最好的办法是利用插装技术。

通过插入的语句获取程序执行中的动态信息,这一做法正如在刚研制成的机器特定部位安装记录仪表是一样的。安装好以后开动机器试运行,我们除了可以从机器加工的成品检验得知机器的运行特性外,还可通过记录仪表了解其动态特性。这就相当于在运行程序以后,一方面可检验测试的结果数据,另一方面还可借助插入语句给出的信息了解程序的执行特性。正是这个原因,有时把插入的语句称为"探测器",借以实现"探查"或"监控"的功能。

在程序的特定部位插入记录动态特性的语句,最终是为了把程序执行过程中发生的一些重要历史事件记录下来。例如,记录在程序执行过程中某些变量值的变化情况、变化的范围等。实践表明,程序插装方法是应用很广的技术,特别是在完成程序的测试和调试时非常有效。

设计程序插装程序时需要考虑的问题包括:探测哪些信息,在程序的什么部位设置探测点,需要设置多少个探测点。

(4)基本路径测试法

基本路径测试是由 Tom McCabe 提出的一种白盒测试技术。使用这种技术设计测试用例时,首先计算程序的环形复杂度,并用该复杂度为指南定义执行路径的基本集合,从该基本集合导出的测试用例可以保证程序中的每条语句至少执行一次,而且每个条件在执行时都将分别取真、假两种值。

使用基本路径测试技术设计测试用例的步骤如下：

①根据过程设计结果画出相应的流图。

②计算流图的环形复杂度。环形复杂度用来定量度量程序的逻辑复杂性。有了描绘程序控制流的流图之后，可以采用详细设计方法来计算环形复杂度。

③确定线性独立路径的基本集合。使用基本路径测试法设计测试用例时，程序的环形复杂度决定了程序中独立路径的数量，而且这个数是确保程序中所有语句至少被执行一次所需的测试数量的上界。

④设计可强制执行基本集合中每条路径的测试用例。应该选取测试数据使得在测试每条路径时都适当地设置好各个判定节点的条件。

（5）域测试法

域测试是一种基于程序结构的测试方法。但是由于该方法使用时有一些限制条件，并且还涉及多维空间的概念，不易被人们接受，也就在一定程度上影响了它的实用性和推广。

Howden 曾对程序中出现的错误进行分类。他将程序错误分为域错误、计算型错误和丢失路径错误三种。这是相对于执行程序的路径来说的。我们知道，每条执行路径对应于输入域的一类情况，是程序的一个子计算。如果程序的控制流有错误，对于某一特定的输入可能执行的是一条错误路径，这种错误称为路径错误，也叫作域错误。如果对于特定输入执行的是正确路径，但由于赋值语句的错误致使输出结果不正确，则称此为计算型错误。另外一类错误是丢失路径错误。它是由于程序中某处少了一个判定谓词而引起的。域测试主要是针对域错误进行的程序测试。

为了域测试的方便，White 和 Cohen 对被测程序规定了一些限制，这些限制是：程序中不出现数组；程序中不含有子函数或子程序；程序中没有输入和输出错误；程序的分支谓词是简单谓词，即它不含有布尔运算符 AND 和 OR；程序分支谓词是线性的；程序输入域是连续的，而不是离散的；相邻的两个域（路径）上的计算是不相同的。

事实上，规定这些限制只是为了简化分析的目的，并不是排除域测试无法克服的一些情况。

域测试的"域"指的是程序的输入空间。域测试方法基于对输入空间的分析。自然，任何一个被测程序都有一个输入空间。测试的理想结果就是检验输入空间中的每一个输入元素是否都产生正确的结果。而输入空间又可分为不同的子空间，每一子空间对应一种不同的计算。在考察被测程序的结构以后，我们就会发现，子空间的划分是由程序中分支语句中的谓词决定的。输入空间的一个元素经过程序中某些特定语句的执行而结束（当然也有可能出现无限循环而无出口），那都是满足了这些特定语句被执行所要求的条件的。域测试正是在分析输入域的基础上选择适当的测试点以后进行测试的。

（6）符号测试法

符号测试的基本思想是允许程序的输入不仅仅是具体的数值数据，而且包括符号值，这一方法也因此而得名。这里所说的符号值可以是基本符号变量值，也可以是这些符号变量值的一个表达式。这样，在执行程序过程中以符号的计算代替了普通测试执行中对测试用例的数值计算，所得到的结果自然是符号公式或是符号谓词。更明确地说，普通测试执行的是算术运算,符号测试则是执行代数运算。因此符号测试可以认为是普通测试的扩充。

符号测试可以看作是程序测试和程序验证的一个折中方法。一方面,它沿用了传统的程序测试方法,通过运行被测程序来验证它的可靠性。另一方面,由于一次符号测试的结果代表了一大类普通测试的运行结果,实际上是证明了程序接受此类输入,所得输出是正确的还是错误的。最为理想的情况是,程序中仅有有限的几条执行路径。如果对这有限的几条路径都完成了符号测试,就能较有把握地确认程序的正确性。

从符号测试方法使用来看,问题的关键在于开发出功能更强,能够处理符号运算的编译器和解释器。目前符号测试存在以下一些未得到圆满解决的问题:

①分支问题。当采用符号执行方法进行到某一分支点处,分支谓词是符号表达式,这种情况下通常无法决定谓词的取值,也就不能决定分支的走向,需要测试人员做人工干预,或是执行树的方法进行下去。如果程序中有循环,而循环次数又决定于输入变量,那就无法确定循环的次数。

②二义性问题。数据项的符号值可能是有二义性的,这种情况通常出现在带有数组的程序中。

③大程序问题。符号测试中总是要处理符号表达式。随着符号执行的继续,一些变量的符号表达式会越来越庞大。特别是当符号执行树如果很大,分支点很多,路径条件本身就会变成一个非常长的合取式。如果能够有办法将其化简,自然会带来很大好处。但如果找不到化简的办法,那么符号测试的时间和运行空间将大幅度的增长,甚至使整个问题难以解决。

(7)程序变异法

程序变异法与前面提到的结构测试和功能测试都不一样,它是一种错误驱动测试。

所谓错误驱动测试方法,是指该方法是针对某类特定程序错误的。经过了若干年的测试理论研究和软件测试的实践,人们逐渐发现要想找出程序中所有的错误几乎是不可能的。比较现实的解决办法是将错误的搜索范围尽可能地缩小,以利于专门测试某类错误是否存在。这样做的好处在于,便于集中目标于对软件危害最大的可能错误,而暂时忽略对软件危害较小的可能错误。这样可以取得较高的测试效率,并能降低测试的成本。

错误驱动测试主要有两种,即程序强变异和程序弱变异。

①程序强变异。程序强变异通常被简称为程序变异。当程序被开发并经过简单测试后,残留在程序中的错误不再是那些很重大的错误,而是一些难以发现的小错误。比如,遗漏了某个操作、分支谓词规定的边界有位移等。即使是一些稍微复杂的错误,也可以看作是这些简单错误的组合。程序变异的目标就是查出这些简单的错误及其组合。

对程序进行变换的方式是多种多样的,而且还紧紧地依赖于被测程序使用的设计语言。究竟对程序作什么样的变换,很多情况下与测试人员的实践经验有关。实际上,通过变异分析构造测试数据的过程是一个循环过程。测试人员首先提供被测程序以及初始数据,还有则是要应用于程序的变异运算符。当由此产生的变异因子和程序本身被初始测试数据测试后,可能会有变异因子未被发现错误。这时,用户可以增加测试数据。若所有的变异因子均出错(均被"杀掉"),用户也可以增加新的变异因子。然后进行下一轮变异测试。

程序变异方法也有两大弱点。一是要运行所有的变异因子,从而成倍地提高了测试的成本;二是决定程序与其变异因子是否等价是一个递归不可解问题。但不管怎样,程序变异由于其针对性强、系统性强,正成为软件测试中一种相当活跃的办法。特别是在变异测试系统的支持下,用户可以更有效地测试自己的程序。

②程序弱变异。程序弱变异方法(Weak Mutation)是 Howden 提出的。由于程序强变异要生成变异因子,为与此相区别,Howden 称只是对被测程序进行测试的变异方法为弱变异。

弱变异方法的目标仍是要查出某一类错误。其主要思想如下所述。设 P 是一个程序,C 是 P 的简单组成部分。若有一变异变换作用于 C 而生成 C′,如果 P′ 是含有 C′ 的 P 的变异因子,则在弱变异方法中,要求存在测试数据,当 P 在此测试数据下运行时,C 被执行,且至少在一次执行中,使 C 产生的值与 C′ 不同。

从这里可以看出,弱变异和强变异有很多相似的地方。它们的主要差别在于,弱变异强调变动程序的组成部分。根据弱变异准则,只要事先确定导致 C 与 C′ 产生不同值的测试数据组,则可将程序在此测试数据组上运行,并不实际产生其变异因子。

在弱变异的实现中,关键问题是确定程序 P 的组成部分集合以及与其有关的变换。组成部分可以是程序中的计算结构、变量定义与引用、算术表达式、关系表达式以及布尔表达式等。其中一个组成元素可以是另一组成元素的一部分。

8.3.2　白盒测试的工具

白盒测试一般是针对被测源程序进行的测试,测试发现的故障可以定位到代码。根据测试工具和工作原理的不同,白盒测试的自动化工具可以分为静态测试工具和动态测试工具两类。

静态分析主要集中在软件需求文档、设计文档以及程序结构方面,可以进行类型分析、接口分析、输入/输出规格说明分析等。常用的静态测试工具有 McCabe 公司的 Quality ToolSet 分析工具,ViewLog 公司的 Logiscope 分析工具、Software Research 公司的 TestWork/Advisor 分析工具、Software Emancipation 公司的 Discover 分析工具等。

动态测试工具具有功能确认、接口测试、覆盖率分析等性能,其代表工具有 Compuware 公司的 DerPartner、IBM 公司的 Rational Purify、Rational PureCoverage 等。

8.3.3　白盒测试的评估

应用白盒测试技术能够得出可计算的测试元素,例如程序路径数、基本路径数或程序片数。如何评价测试方法的优劣,可以根据以下定义,假设黑盒测试技术 M 生成 m 个测试用例,根据白盒测试技术指标 S 可以标识出被测单元中的有 s 个元素。当执行 m 个测试用例时,会经过 n 个白盒测试元素。

定义 1:方法 M 关于指标 S 的覆盖是 n 与 s 的比值,记作 C(M,S)＝n/s。

定义 2:方法 M 关于指标 S 的冗余是 m 与 s 的比值,记作 R(M,S)＝m/s。

定义 3:方法 M 关于指标 S 的净冗余是 m 与 n 的比值,记作 NR(M,S)＝m/h。

下面解释这些指标:覆盖指标 C(M,S) 表达漏洞问题。如果这个值低于 1,则说明该指标在覆盖上存在漏洞。如果 C(M,S)＝1,则一定有 R(M,S)＝NR(M,S)。冗余性指标取值越大,冗余性越高。净冗余指实际经过的元素。将三种指标集合在一起,给出一种评估测试有效性方法。

一般来说,白盒测试技术指标越精细,会产生更多的元素(S越大),因此给定黑盒测试技术通过更严格的白盒测试技术指标评估时有效性变得较低。这与直观感觉是一致的,并且可以通过例子证明。

第9章　国际化测试与本地化测试

9.1　国际化测试与本地化测试概述

国际化和本地化的国际组织是 Openi18n,其前身是 li18nux。它原本是制定 GNU/Linux 自由操作系统上软件全球化标准的国际计划,后来扩充到 GNU/Linux 之外所有开放源代码的技术领域,因而更名为 Open Internationalization Initiative,现在由 Linux 基金会资助。将软件产品或软件服务推向全球市场时,还需要对软件进行本地化工作,以适应不同国家或地区的用户的需要,包括地理位置、语言、风俗习惯等各方面的要求。也就是说,作为国际化的产品要有多个本地化的软件版本来覆盖不同的国家或地区的用户需要。

9.1.1　国际化测试概述

1. 软件国际化的概念

软件国际化(I18N,internationalization 的简写——由于首字母"i"和末尾字母"n"之间有 18 个字符,所以简称 I18N)是指为保证所开发的软件能适应全球市场的本地化工作而不需要对程序做任何系统性或结构性变化的特性,这种特性通过特定的系统设计、程序设计、编码方法来实现。所以说,软件产品的国际化是赋予软件产品种能力,这种能力可以使软件产品能支持多种语言,并使其本地化工作变得非常容易。理想情况下,国际化的软件在进行本地化时,不需要修改源代码,而只是翻译资源库、进行特定的设置和定制就可以了。

2. 软件国际化的基本内容

出国旅行的人最痛苦的事莫过于倒时差。例如,纽约的白天是北京的晚上,而纽约的晚上是北京的白天。当国内的旅游者达到纽约,白天时间该玩的时候却特别困,而到了晚上,又难以入睡。这就是地球时区的影响。世界各地时间不一,按地球表面经线划分为 24 个时区,每区占经线 15°。以英国格林尼治天文台为世界标准时间(GMT)。进行换算时,在格林尼治以东每 15°加一小时,以西则减一小时。北京处在东 8 区,即比 GMT 早 8 小时,而纽约属于西 5 区,即比 GMT 晚 5 小时。北京和纽约相差 13 个小时,正好两地白天和夜晚颠倒过来。如果在北京和纽约的用户在用一套系统进行交流、协作,那么他们如何约定时间? 他们必须要说明是基于哪个时区来选定某个时间。例如纽约时间早上 8 点钟(这时是北京时间晚上 9 点钟)还是北京时间上午 8 点钟(这时是纽约时间前一天晚上 7 点钟)。所以在不同的用户界面上应该有不同的显示,并符合用户的习惯。

如下所示。

[中文简体,北京]

开始日期：　　　　2008:12 月 1 日

开始时间：　　　　8:00,上午中国标准时间(GMT+08:00,北京)

［英文，纽约］

Starting date： Sunday，November 30，2008

Starting time 7：00 pm，Eastern Standard Time(GMT－05：00，NewYork)

从中可以看出,日期的显示格式在中英文也是不一样的,中文是年月日,美语是月日年。当然,用户也可以根据自己的爱好进行设置。例如,一个北京用户出差到美国,在那里工作一段时间,这个用户不需要改语言设置,而只要将时区改为美国东部(纽约)时间。为此,可以在Web 站点设置自己的喜好。

在软件中,就必须处理这样的问题。例如,存储在数据库中的会议时间,不能按照某个用户的时间来存储,而是按照 GMT 时间来存取,这样就不会把时间搞乱。不同用户登录系统后,会根据其所在时区或用户选定的时区计算出当地时间,在客户端显示用户所在时区的时间。其处理逻辑如图 9-1 所示。

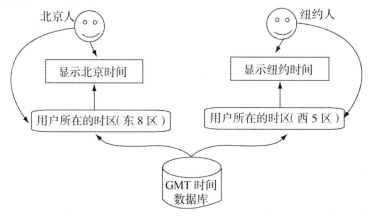

图 9-1 时间显示的逻辑处理示意图

除了时区,还有许多其他问题,如用户姓名。中文名字和英文名字的显示相差很大。例如,中文名显示为"张三",而英文名显示为"San Zhang"或"Tom Zhang"。中文名的姓在前,英文名的姓(Last Name)在后面,而且姓和名(First Name)之间还有一个空格。所以对于姓和名,不能作为一项内容存储,而是将姓和名分开,分别存储。显示的时候,也不能直接将"姓"和"名"两字符串直接相加,而必须用单独的函数处理,即根据用户的国家、地区特定的要求,进行不同的处理,从而使其显示格式符合本地要求。不同的地区,有不同的处理方式,所以需要一个特定的函数来处理,而不能用一种方法来处理。这就是用户注册时总是出现形如图 9-2 所示的文本框的原因。

姓(Last Name)：

名(First Name)：

图 9-2 注册对话框

通过上述例子可以理解,软件国际化需要从设计、编程等多个方面来实现。从设计角度看,系统不仅要支持多字节字符(如 UniCode 字符集)的处理,而且系统的界面应该可以灵活定制,包括颜色、时区和语言等选择和设置。从程序角度看,国际化软件的编程不能像国内软件项目那样随意,许多东西都不能简单处理、也不能写死(Hard Code)。例如,对于姓名处理、日期处理,不能通过一个简单的程序语句处理,而需要通过一个函数处理,根据用户所处的时区、所用的语言和所在的国家,分别进行相应的、不同的处理。其次,软件处理和输出的文字、图片等数据,都应该从程序中被分离出来,存储在单独的资源文件中,为以后软件本地化创造良好的条件。

综合起来,软件国际化的基本内容包括:

①支持 Unicode 字符集。如建立用于本地字符编码(ANSI 或 OEM)和 Unicode 间变换的字符映射表,既可以处理像英文的单字节语言,又能处理像中文、日文等双字节或多字节语言。

②分离程序代码和显示内容(文本、图片、对话框、信息框和按钮等),如建立资源文件(＊.rc)来存储这些内容。

③消除硬代码(Hard Code,指程序代码中所包含一些特定的数据),而尽量使用变量处理,其数据应该存储在数据库或初始化文件中。

④使用 Header Files 去定义经常被调用的代码段;弹出窗口、按钮、菜单等的尺寸具有自动伸缩性或具有调整的灵活性,以适应不同语言所显示文本的长度变化。

⑤支持不同时区的设定、显示和切换。

⑥支持各个国家的键盘设置,但要支持统一的热键。

⑦支持文字排序和大小写转换。

⑧支持各个国家的度量衡、时间、货币单位等不同格式的显示方式等。

⑨国际化用户界面设计,包括支持多个方向显示、右对齐、用户自定义颜色等。

综上所述,对于软件国际化,其主要解决的问题,可以概括为以下几点:

①显示和打印的国际化,包括字符集(Character Set)和编码(Coding),字体(Font)和字体集(FontSet)。

②输入的国际化,多个组合键输入单字符、支持不同国家的键盘。

③信息的国际化,软件可以处理多国语言的信息,进行信息存储和转化。

④客户程序间通信的国际化,如果两个应用程序之间所使用的字符集不同,数据会出现混乱,甚至可能丢失。

3. 国际化标准

那么,软件到达什么样的程度才算彻底实现了国际化呢? 对于这个问题,虽然仍旧存在一定的分歧,但普遍认为作为国际化软件,要么在应用软件运行时可以动态切换某种国家或地区的语言,要么在应用软件启动前或启动时可以设置某种语言。例如,像操作系统 Windows XP,不需要重新编译,就可以切换到不同语言和不同的国家或地区。作为国际化软件的规范可以归纳为 5 点:

①切换语言的机制。

②与语言无关的输出接口。

③与语言无关的输入接口和标准的输入协议。

④资源文件的国际化。

⑤支持和包容本地化数据格式。

为了使软件国际化更为规范,需要建立相应的国际标准,来规范字符集、编码、数据变换、语言输入方法、输出(打印、用户界面)、字体处理、文化习俗等各个方面。比较著名的一些国际标准化组织包括:ANSI(American National Standards Institute)、POSIX(Portable Operating System Interface for Computer Environments)、ISO 、IEEE、Li18nux(LinuxI18n)、X/Open and XPG 等。

而与国际化有密切关系的国际标准有:ISO/IEC 10646−1:2003、ISO 639−1:2002、ISO 3166−1:1997、RFC 3066 等等。

9.1.2　本地化测试概述

软件本地化是将一个软件产品按特定国家或语言市场的需要进行全面定制的过程,它包括翻译、重新设计、功能调整以及功能测试、是否符合当地的习俗、文化背景、语言和方言的验证等。

1.软件本地化的概念及特征

软件本地化(L10N,英文的 Localization 一词的简写。由于首字母"L"和末尾字母"n"间有 10 个字母,所以简称 L10N)意味着将一个软件产品按特定国家或地区的特定需要而进行全面定制的过程,即在源语言版本的基础上,通过翻译、定制和参数配置等工作,使软件产品或系统在语言、时区、度量衡、文化、风俗习惯等各个方面与当地国家或地区的相应内容相一致,从而满足特定地区的用户的使用需求。

软件本地化测试除了具有一般软件测试的特征外,还有其特有的特征。

(1)对语言的要求较高

不仅要准确理解英文(测试的全部文档,例如测试计划、测试用例、测试管理文档、工作邮件都是英文的),还要精通本地的语言。例如测试简体中文的本地化产品,我们完全胜任;而测试德语本地化软件,则需要母语是德语的测试人员。

(2)采用外包测试进行

为了降低成本,保证测试质量,国外大的软件开发公司都把本地化的产品外包给各个不同的专业本地化服务公司,软件公司负责提供测试技术指导和测试进度管理。

(3)特别强调交流和沟通

由于实行外包测试,本地化测试公司要经常与位于国外的软件开发公司进行有效交流,以便使测试按照计划和质量完成。有些项目需要每天与客户交流,发送进度报告。更多的是每周报告进度,进行电话会议、电子邮件等交流。此外,本地化测试公司内部的测试团队成员也经常交流彼此的进度和问题。

(4)使用许多定制的专用测试程序

本地化测试以手工测试为主,但是经常使用许多定制的专用测试程序。手工测试是本地化测试的主要方法,但为了提高效率,满足特定测试需要,经常使用各种专门开发的测试工具。一般这些测试工具都是由开发英文软件的公司的开发人员或测试开发人员开发的。

(5)本地化测试的缺陷具有规律性特征

本地化缺陷主要包括语言质量缺陷、用户界面布局缺陷、本地化功能缺陷等,这些缺陷具有比较明显的特征,采用规范的测试流程,可以发现绝大多数缺陷。

2.软件本地化测试的内容

软件本地化测试检查为适应某一特定文化或地区本地化的产品质量。这个测试是基于国际化测试的结果而进行的,国际化测试验证对特定文化或地区的功能性支持。本地化测试应该着重于:受本地化影响的部分,如用户界面和内容;特殊的文化和地理位置、特殊的语言环境、特定的地区;翻译的正确性。

此外,本地化测试还应该包括:

①基本的国际化测试。如主要功能性测试,有些传递参数、数据库的默认值会对系统的函数、功能产生一些影响,特别是单字节版本向多字节版本的转换。

②在本地化环境中的安装和升级测试。由于语言版本操作系统等环境不一样,安装、升级常常受影响。

③根据产品的目标区域而进行的应用程序和硬件兼容性测试。其应用程序的接口、标准可能不同,硬件流行种类更会有差异。

在具体测试的时候,可以选择任何语言版本的操作系统作为测试平台,但是在浏览器上必须安装对目标语言的支持。除此之外,要进行用户界面和语言文化方面的测试,其内容应覆盖以下几个方面:排版错误;应用程序源文件的有效性;用户界面的可用性;验证语言的准确性和源代码的属性;检查印刷文档和联机帮助、界面信息的一致性以及命令键的顺序等;文化适用性的估计;政治敏感内容的检查。

当发布一个本地化产品时,应该确保本地化文档(用户手册、在线帮助、文本帮助等)都包含在其中。同时应该检查翻译的质量和翻译的完整性,以及在所有的文档和应用程序界面中术语使用的一致性。

综上所述,本地化测试的内容包括以下六个方面:

①功能性测试,所有基本功能、安装、升级等测试。

②翻译测试,包括语言完整性、术语准确性等的检查。

③可用性测试,包括用户界面、度量衡和时区等。

④兼容性调试,包括硬件兼容性、版本兼容性等测试。

⑤文化、宗教、喜好等适用性测试。

⑥手册验证,包括联机文件、在线帮助、PUF 文件等测试。

由此可见,整个软件本地化的过程,其实是一个再创造的过程。文字翻译仅仅做了本地化工作的一部分,要真正完成软件本地化确实有很多工作要做。

3.本地化测试的原则

测试原则规定了测试过程中应该遵循的基本思路,软件本地化测试的原则如下。

(1)在本地化软硬件环境中测试本地化软件

为了尽量符合本地化软件的使用环境和习惯,应该在本地化的操作系统上安装和测试本地化软件,使用当地语言市场的通用硬件,及当地布局的键盘等,这样可以发现更多的本地化软件的区域语言、操作系统和硬件的兼容性问题。为了便于参考和对比,必须将源语言(例如英语)软件安装在源语言操作系统上。

（2）尽早地和不断地进行软件测试

软件本地化测试不是软件本地化的一个独立阶段，它贯穿于软件本地化项目的各个阶段。测试计划、测试用例等测试要素要在测试本地化软件版本前准备好。一旦得到可以测试的软件本地化版本，就立刻组织测试。争取尽早发现更多的错误，把出现的错误在早期进行修复处理，减少后期修复错误时耗费过多的时间和人力。软件本地化测试工作强调的是发现软件因本地化产生的错误。不要过多地耗费时间测试软件的功能，因为本地化测试前，源语言软件已经进行过功能测试和国际化测试。所以，应该将本地化测试的重点放在本地化方面的错误，例如语言表达质量，软件界面布局，本地化字符的输入、输出和显示等。

（3）合理安排人员

软件错误报告、软件错误修复和软件错误修复验证应该由不同的软件工程师处理。为了保证软件测试效果，软件错误报告应该由测试工程师负责，软件错误修复应该由负责错误确认和处理的软件工程师负责，软件错误修复后的验证和关闭应该由软件错误报告者（测试工程师）负责。

4. 本地化测试的步骤

要做好软件本地化的测试工作，有必要了解软件本地化的步骤。软件本地化的基本工作是假定建立在软件国际化的基础上，或者说，软件本地化的第一项工作就是规范甚至是迫使原始语言的软件开发遵守软件国际化的标准。在此基础上，依次做好版本管理、建立专业术语表、翻译、调整 UI 等工作。

在软件全部翻译完毕，对技术部分做了必要的调整之后，还有一个软件测试的问题，不论原来的软件产品有多成熟，本地化之后的产品在经过了很多人的重新创造后，除了产品本来存在的问题之外，还有可能产生一些意想不到的新问题，所以进行本地化测试也是本地化非常重要的一个环节。

以下是本地化的基本步骤，在具体操作时可能会有不同，但这些步骤基本是不可省略的：

①建立个配置管理体系，跟踪目标语言各个版本的源代码。

②创造和维护术语表。

③从源语言代码中分离资源文件或提取需要本地化的文本。

④把分离或提取的文本、图片等翻译成目标语言。

⑤把翻译好的文本、图片重新插入目标语言的源代码版本中。

⑥如果需要，编译目标语言的源代码。

⑦测试翻译后的软件，调整 UI 以适应翻译后的文本。

⑧测试本地化后的软件，确保格式和内容都正确。

9.1.3 国际化与本地化的关系

国际化与本地化是一个辩证的关系：国际化是核心，是内在的实现，是将来本地化的基础，为本地化作准备，使本地化过程不需要对代码做改动就能完成。另一方面，本地化是外在的表现，在国际化框架下来完成定制、配置等工作，其结果就是国际化向特定本地语言环境的转换。良好的国际化设计是减少软件本地化错误的根本保证。

即使现在还没有具体的本地化计划，软件产品也应该按照国际化要求去做，否则，将来需要进行本地化时工作量会很大,几乎所有的代码都要修改。所以国际化是核心工作,只有满足国际化的要求之后才比较容易实现本地化,翻译只是本地化工作的一部分。全球化不是技术概念,而是一个产品市场的概念和发展战略,目的是实现全球化业务,扩大市场规模。全球化是基于全球市场考虑,完成正确的国际化设计、本地化集成以及在全球市场进行的市场推广和销售与支持的全部过程,以便一个产品只做较小的改动就可以在世界各地出售。全球化可以看作国际化和本地化两者合成的结果。对于翻译、本地化、国际化与全球化之间的关系,如图 9-3 所示。

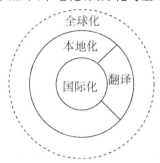

图 9-3　翻译、本地化、国际化与全球化之间的关系

9.2　国际化测试

9.2.1　全球通用字符集

字符集(Character Set)是操作系统中所使用的字符映射表。最早的字符集是 UNIX 系统使用的,包含 128 个字符的 7－bit ASCII 字符集(包括 tabs、空格、标点、符号、大小写字母、数字和回车键等)。随后,就是标准 8－bit ASCII,包含 256 个字符,早期的 Windows 操作系统使用 8－bit ASCII 字符集。扩展后的 ASCII 字符集还是无法满足所有语言的需求,如汉语、日语等语言的字符都高达几万个字符。所以产生了 16－bit 字符集(双字节、多字节或变数字节)——统一的字符编码标准 Unicode。

Unicode 是一个国际标准,采用双字节对字符进行编码,提供了在世界主要语言中通用的字符,所以也称为基本多文种平面。Unicode 以明确的方式表述文本数据,简化了混合平台环境中的数据共享。目前,很多操作系统都支持 Unicode,包括 Windows 系统、Linux 系统和 Mac OS、IBM－A1X、HP－UX 等。Unicode 简称为 UCS,现在用的是 UCS－2,即 2 字节编码,和国际标准字符集 ISO 10646－1 相对应。UCS 最新版本是 2005 年的 Unicode4.1.0,而 ISO 的最新标准是 ISO 10646－3:2003。

代码页转化表(Codepage)是各国的文字编码和 Unicode 之间的映射表,通过 Windows 操作系统控制面板中"区域和语言选项"的高级选项,如图 9-4 所示,可以了解完整的代码页转化表。例如,简体中文和 Unicode 的映射表就是 CP936,其他的映射关系有:

①codepage＝950 繁体中文 BIG5。

②codepage＝437 美国/加拿大英语。

③codepage＝932 日文。

④codepage＝949 韩文。

⑤codepage＝866 俄文。

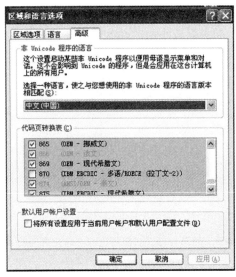

图 9-4　Windows 操作系统提供的代码页转化表

UCS 只是规定如何编码，并没有规定如何传输、保存编码。所以有了 Unicode 实用的编码体系，如 UTF－8、UTF－7、UTF－16。UTF－8（UCS Transformation Format）和 ISO－8859－1 完全兼容，解决了 Unicode 编码在不同的计算机之间的传输、保存，使得双字节的 Unicode 能够在现存的处理单字节的系统上正确传输。UTF－8 使用可变长度字节来储存 Unicode 字符，这能解决敏感字符引起的问题。前面有几个 1，表示整个 UTF－8 串是由几个字节构成的。Unicode 和 UTF－8 之间的转换关系如表 9-1 所示。

表 9-1　Unicode 和 UTF－8 的转换关系

Unicode	UTF－8
U－00000000－U－0000007F	0xxxxxxx
U－00000080－U－000007FF	110xxxxx 10xxxxxx
U－00000800－U－0000FFFF	1110xxxx 10xxxxxx 10xxxxxx
U－00010000－U－001FFFFF	11110xxx 10xxxxxx 10xxxxxx 10xxxxxx
U－00200000－U－03FFFFFF	111110xx 10xxxxxx 10xxxxxx 10xxxxxx 10xxxxxx
U－04000000－U－7FFFFFFF	1111110x 10xxxxxx 10xxxxxx 10xxxxxx 10xxxxxx 10xxxxxx

9.2.2　国际化测试的方法

软件国际化的测试就是验证软件产品是否支持上述特性，包括多字节字符集的支持、区域设置，时区设置、界面定制性、内嵌字符串编码和字符串扩展等。软件国际化的测试通常在本地化开始前进行,以识别潜在的不支持软件国际化特性问题。

设计评审和代码审查是国际化测试中最有效的方法。除了设计评审和代码审查之外,I18N 测试还有另外两种基本方法:针对源语言的功能测试、针对伪翻译版本的测试。

1. 设计评审和代码审查

首先,了解软件应用系统支持多少种语言、采用哪种字符集、是否选定 Unicode 字符集。

然后,在设计上验证软件设计是否遵守软件开发的用际化标准、是否满足国际化特性的各方面要求——用户的时区、语言和地区等设置。

最后,审查程序代码和资源文件,确认源代码和显示内容是否被分离,是否使用正确的各类数据格式处理的函数等。

代码审查,可以采用走查的方法,先列出一个简单的检查列表,依据这个列表,从头到尾快速地浏览所有代码,确保在代码上对 I18N 的充分支持。通过代码审查,可以发现大部分有关 I18N 的问题。

2. 针对源语言的功能测试

针对源语言的功能测试,在源语言版本中,直接检查某些功能特性是否符合要求,如不同的区域设置、不同的时区显示等。I18N 的测试,不同于本地化的测试,其中部分测试工作可以在源语言中进行。

假定源语言是英文,我们可以在英文版本中进行下列测试:

①时区的设置及其相应的时间显示,如 Windows 控制面板中的"时间和日期"设置功能,可以选择时区,如图 9-5 所示。

图 9-5　Windows 操作系统提供的时区设置

②地区的设置及其相应的日期、货币显示,如 Windows 控制面板中的"区域和语言选项"设置功能,如图 9-6 所示。

③可以选择不同的语言,如图 9-6 中"区域和语言选项"下"语言"所示设置选项。

④多字节字符串的输入。即使在英文系统中,输入中文字符串,也不应该出错。

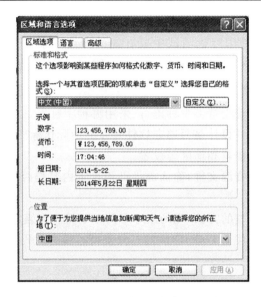

图 9-6 Windows 操作系统提供的区域设置

3. 针对伪翻译版本的测试

采用伪翻译(pseudocode,pseudo—transition)版本的测试,即文字、图片信息中的源语言被混合式多种语言(如英文、中文、日文和德文等)替代,然后进行全面的 I18N 测试,包括相关的功能测试、界面测试,但不包括翻译验证等。

源语言的测试还是有其局限性,即不能完全验证软件产品是否能很好地支持多字节字符集,例如弹出窗口是否可以根据显示内容的长度进行自我调整、窗口中显示的内容是否会出现会乱码现象等。这时,采用伪翻译版本进行 I18N 的测试,可以解决这些问题。

伪翻译版本是软件国际化测试的重要手段之一,可以在不进行实际本地化处理之前预览和查看本地化的问题。例如,多字节字符文件目录、文件名、文件内容及其处理、多字节字符串的输入、显示、索引和排序等。在某些本地化工其中,可以设置伪翻译字符长度的扩展比例、替换字符、增加字符的前缀和后缀字符,以达到最好的测试效果。伪翻译版本测试的优势如下:

①更早地进行 I18N 测试,因为比较快、更容易在源语言版本之上构造伪翻译版本,因为不需要准确翻译,甚至不需要翻译,仅仅是替换成不同语言的文字。

②可以一举多得,同时验证多种语言的不同特性,如中文的多字节、德文的长度以及中英文混合等。

③给测试者一个清晰信号,这是 I18N 测试,不是 L10N 测试。

9.2.3　国际化测试点

对于 I18N 测试而言,除前文提到的时区设置、地区设置、不同语言的支持、多字节语言的输入和显示、多字节字符文件(目录)名等,还有下列一些测试点需要得到格外的关注。

1. "双向识别功能"

多数语言是从左到右(LTR)排列,但是阿拉伯语是从右到左(RTL)排列,如设置＜div dir＝"rtl" align＝"right" lang＝"ar"＞。国际化软件要支持双向显示(Bidirectional Display),不仅文本对齐方式和文本读取顺序从右到左,而且 UI 布局也应遵循这种自然的方向。测试时,可以通过英语和阿拉伯语混合而成的文本来完成。表 9-2 列出了双向文本中不同的 Unicode 控制字符和相应的 HTML 转义表示。

表 9-2　双向文本中 Unicode 控制字符和 HTML 转义表示

Unicode 缩写	Unicode 字符名称	相应的 HTML 标签
LMR	Left－to－Right Mark	&lrm;
RLM	Right－to－Left Mark	&lrm;
LRE	Left－to－Right Embedding	dir="ltr"
RLE	Right－to－Left Embedding	dir="rtl"
PDF	Pop Directional Formatting	</bdo>
LRO	Left－to－Right Override	</bdo dir="ltr">
RLO	Right－to－Left Override	</bdo dir="rtl">

2."硬编码"

验证应用程序所用的字符串都来自于资源库或资源文件,而不是直接将字符串写在代码里。测试方法是将资源库中字符串都改成由特殊字符(如数字)组成的字符串。然后遍历应用程序的所有显示窗口,看看所显示的内容是不是全部由数字组成,若不是,就能发现硬编码。

3."大小写转换"

对于许多拉丁语言(包括英语),都有大小写问题,而大多数非拉丁语言(中文、日语、泰语等亚洲语言文字)就没有大小写概念。

4."语言切换方式"

对于国际化版本,支持不同语言的切换,比较理想的做法是用被选择语言文字来显示对应的语言名称,这可以保证在任何时刻,用户可以认识自己的本地语言名称。

5."多字节和单字节文字的混合"

例如,中、英文混合格式比较常见,还有日文平假名、片假名、全角、半角等组合排列的测试。

6."快捷组合键"

键盘布局因区域设置而异,某些字符不是所有的键盘都具备的,这对快捷组合键有影响,所以测试时检验组合键具有通用性,或者是根据选定的键盘而重新分配(产生)快捷组合键。

7."输入法编辑器(IME)"

由一个将击键位置转换为拼音和表意字符的引擎和常用的表意字词典组成。测试软件是否可以采用不同的 IME 输入各种文字。

8."词序问题"

不同语言组成句子的词序可能是不相同的。例如,中文、英文基本是主＋谓＋宾结构,而德语和日语中动词出现在句尾。这样,本地化过程中可能改变字符串的顺序,因此如果存在字符串连接运算,则容易产生问题。在资源文件中使用完整的字符串而消除字符串连接操作,可避免此类问题。

9."各种数据格式"

常见的数据格式包括姓名、日期、时间、货币、数字、地址和度量单位等。

10."换行"

亚洲多字节语言的规则与拉丁语的规则完全不同,多字节语言一般不使用空格将一个字同下一个字区分开,泰语甚至不使用标点符号,所以容易由于换行位置不对而产生乱码,测试时,要检验换行算法并进行实例测试。

11."电话号码"

在不同地区,电话号码的格式有很大的差异,所以程序应当能够灵活处理不同格式的电话号码的输入和显示,如长度、分隔符(" - "、"."和空格)、分组等。

12."纸张大小"

北美喜欢使用 Letter 纸的大小(279mm×216mm),而欧洲和亚洲的大多数地区使用一种称为 A4(297mm×210mm)的标准。如果应用程序需要打印,则应允许配置默认纸张大小。

9.3 本地化测试

9.3.1 本地化测试的常见类型

软件本地化测试是在本地化的操作系统上对本地化的软件版本进行测试。根据软件本地化项目的规模、测试阶段以及测试方法,本地化测试分为多种类型,每种类型都对软件本地化的质量进行了检测和保证。为了提高测试的质量,保证测试的效率,不同类型的本地化测试需要使用不同的方法,掌握必要的测试技巧。我们在这里主要对本地化测试中具有代表性的测试类型进行介绍。

1.导航测试

导航测试(Pilot Testing)是为了降低软件本地化的风险而进行的一种本地化测试。大型的全球化软件在完成国际化设计后,通常选择少量的典型语言进行软件的本地化,以此测试软件的可本地化能力,降低多种语言同时本地化的风险。

导航测试尤其适用于数十种语言本地化的新开发的软件,导航测试版本的语言主要由语言市场的重要性和规模确定,也要考虑语言编码等的代表性。例如,德语市场是欧洲的重要市场,通常作为导航测试的首要单字节字符集语言。日语是亚洲重要的市场,可以作为双字节字符集语言代表。随着中国国内软件市场规模的增加,国际软件开发商逐渐对简体中文本地化提高重视程度,简体中文有望成为更多导航测试的首选语言。

导航测试是软件本地化项目早期进行的探索性测试,需要在本地化操作系统上进行,测试的重点是软件的国际化能力和可本地化能力,包括与区域相关的特性的处理能力,也包括测试是否可以容易地进行本地化,减少硬编码等缺陷。由于导航测试在整个软件本地化过程中意义重大,而且导航测试的持续时间通常较短,另外由于是新开发的软件的本地化测试,测试人员对软件的功能和使用操作了解不多。因此,本地化公司通常需要在正式测试之前收集和学习软件的相关资料,做好测试环境和人员的配备,配置具有丰富测试经验的工程师执行测试。

2. 功能测试

原始语言开发的软件的功能测试主要测试软件的各项功能是否实现以及是否确,而本地化软件的功能测试主要测试软件经过本地化后,软件的功能是否与源软件一致,是否存在因软件本地化而产生的功能错误,例如,某些功能失效或功能错误。

本地化软件的功能测试相对于其他测类型具有较大难度,由于大型软件的功能众多,而且有些功能不经常使用,可能需要多步组合操作才能完成,因此本地化软件的功能测试需要测试工程师熟悉软件的使用操作,对于容易产生本地化错误之处能够预测,以便减少软件测试的工作量,这就要求测试工程师具有丰富的本地化测试经验。

除了某些菜单和按钮的本地化功能失效错误外,本地化软件的功能错误还包括软件的热键和快捷键错误,例如,菜单和按钮的热键与源软件不一致或者丢失热键。另外一类是排序错误,例如,排序的结果不符合本地化语言的习惯。

发现本地化功能错误后,需要在源软件上进行相同的测试,如果源软件也存在相同的错误,则不属于本地化功能错误,而属于源软件的设计错误,需要报告源软件的功能错误。另外,如果同时进行多种本地化语言(例如简体中文、繁体中文、日文和韩文)的测试,在一种语言上的功能错误也需要在其他语言版本上进行相同的测试,以确定该错误是单一语言特有的,还是许多本地化版本共有的。

3. 用户界面测试

本地化软件的用户界面测试(UI Testing)也称作外观测试,主要对软件的界面文字和控件布局(大小和位置)进行测试。用户界面至少包括软件的安装和卸载界面、软件的运行界面和软件的联机帮助界面。软件界面的主要组成元素包括窗口、对话框、菜单、工具栏、状态栏、屏幕提示文字等内容。

用户界面的布局测试是本地化界面测试的重要内容。由于本地化的文字通常比原始开发语言长度长,所以类常见的本地化错误是软件界面上的文字显示不完整,例如按钮文字只显示一部分;另一类常见的界面错误是对话框中的控件位置排列不整齐、大小不一致。

相对于其他类型的本地化测试,用户界面测试可能是最简单的测试类型,软件测试工程师不需要过多的语言翻译知识和测试工具。但是由于软件的界面众多,而且某些对话框可能隐藏比较深入,因此,软件测试工程师必须尽可能地熟悉被测试软件的使用方法,这样才能找出那些较为隐蔽的界面错误。另外,某些界面错误可能是一类错误,需要报告一个综合的错误。例如,软件安装界面的"上一步"或"下一步"按钮显示不完整,则可能所有安装对话框的同类按钮都存在相同的错误。

4. 语言质量测试

语言质量测试是软件本地化测试的重要组成部分,贯穿于本地化项目的各个阶段。语言质量测试的主要内容是软件界面和联机帮助等文档的翻译质量,包括正确性、完整性、专业性和一致性。

为了保证语言测试的质量,应该安排本地化语言是母语的软件测试工程师进行测试,同时请本地化翻译工程师提供必要的帮助。在测试之前,必须阅读和熟悉软件开发商提供的软件术语表,了解软件翻译风格的语言表达要求。

由于软件的用户界面总是首先进行本地化,因此,本地化测试初期的软件版本的语言质量测试主要以用户界面的语言质量为主,重点测试是否存在未翻译的内容,翻译的内容是否正确,是否符合软件术语表和翻译风格要求,是否符合母语表达方式,是否符合专业和行业的习惯用法。

本地化项目后期要对联机帮助和相关文档(各种用户使用手册等)进行本地化,这个阶段的语言质量测试除了对翻译的表达正确性和专业性进行测试之外,还要注意联机帮助文件和软件用户界面的一致性。如果对于某些软件专业术语的翻译存在疑问,需要报告一个翻译问题,请软件开发商审阅,如果确认是翻译错误,需要修改术语表和软件的翻译。

关于本地化软件的语言质量测试,一个值得注意的问题是"过翻译",就是软件中不应该翻译的内容如果进行了翻译,应该报告软件"过翻译"错误。

5. 可接受性测试

本地化软件的可接受性测试(Build Acceptable Testing)也称作冒烟测试(Smoke Testing),它是指对编译的软件本地化版本的主要特征进行基本测试,从而确定版本是否满足详细测试的条件。理论上,每个编译的本地化新版本在进行详细测试之前,都需要进行可接受性测试,以便在早期发现软件版本的可测试性,避免不必要的时间浪费。

注意,软件本地化版本的可接受性测试与软件公司为特定客户定制开发的原始语言软件在交付客户前的验收测试完全不同。验收测试主要确定软件的功能和性能是否达到了客户的需求,如果一切顺利,只进行一次验收测试就可以结束。

本地化软件在编译后,编译工程师通常需要执行版本健全性检查,确定本地化版本的内容和主要功能可以用于测试。而编译的本地化版本是否真的满足测试条件则还要通过独立的测试人员进行可接受性测试,它要求测试人员在较短的时间内完成,确定本地化的软件版本是否满足全面测试的要求,是否正确包含了应该本地化的部分。如果版本通过了可接受性测试,则可以进入软件全面详细测试阶段;反之,则需要重新编译本地化软件版本,直到通过可接受性测试。

在进行本地化软件版本的可接受性测试时,需要配置正确的测试环境(软件和硬件),在本地化的操作系统上安装软件,确定是否可以正确安装。运行软件,确定软件包含了应该本地化的全部内容,并且主要功能正确。然后卸载软件,保证软件可以彻底卸载。软件的完整性是需要注意的一个方面,通过使用文件和文件夹的比较工具软件,对比安装后的本地化软件和英文软件内容的异同,确定本地化的完整性。

软件的测试类型数量众多,可谓五花八门,而软件本地化测试又具有其自身的特点。除以上常见的本地化测试类型外,还包括联机帮助测试、本地化能力测试等。不论何种类型的本地化测试,其最终测试目标都是尽早找出软件本地化错误,保证本地化软件与原始开发语言软件具有相同的功能。通过正确配置本地化测试环境,合理组织本地化测试人员,采用正确的本地化流程和测试工具,完善软件缺陷的报告和跟踪处理,来保证软件本地化测试的有效实现。

9.3.2　本地化测试的翻译问题

当一个软件产品需要在全球范围应用时,就需要考虑在不同的地域和语言环境下的使用情况,最简单的要求就是用户界面上的内容能用本地化语言来显示,这就是我们将要说到的翻译问题。当然一个优秀的全球化软件产品关于国际化和本地化的要求远远不止于此。我们所说的本地化不仅是界面的本地化,还包括内核的本地化。

1.翻译的内容

这是软件本地化要做的第一项任务。一般来说,需要翻译的内容大致分为三个部分:用户界面、联机文档和用户手册等。首先,我们需要从源代码中把需要翻译的资源提取出来,不论使用的是什么编程语言或平台(Windows、Mac 或 UNIX),都可以使用 Visual C++或其他有效工具把资源从源代码中分离开来。翻译完毕、再把翻译好的文字替换到相应的位置,可以说其他工作都是在完成这一步的基础上才展开的。这个阶段的要求是翻译准确,能够照顾到目标语言的文化和习惯。

本地化不仅仅是翻译、不同的文化使用不同的语法和句子结构,所以直接的词对词的翻译远远不够。相反,在保持原有意思和风格的基础上,还必须把源语言格式替换为目标语言的格式。联机文档常用的格式有 PDF、HTML 和 HTML Help 文件等,本地化翻译人员也应该把翻译后的文档转换成相应的格式。测试人员也要注意其转换后的格式是否能够正常显示、各部分内容和相关的链接是否都正常等。此外,软件中的按钮、图标和插图等上面的文字也需要翻译,本地化测试人员应该指出翻译人员没有翻译的部分,协助其尽快完成。

2.翻译错误

翻译错误是指在软件本地化中由于翻译不当而引起的错误。这类错误产生的主要原因包括:翻译人员不熟悉翻译要求;翻译人员的工作疏漏;用户界面的翻译与标准词汇表不一致。其主要表现特点为:应该翻译而没有翻译的英文字符;不应该翻译而翻译的本地化字词;错误翻译的字词;只在本地化版本中存在该类型错误;较多隐含在对话框各控件以及帮助文档中等。

3.特殊符号

把一种语言翻译成另一种语言,同时还要注意目标语言的特殊符号,如标点符号、货币符号以及该目标语言所特有的其他符号。英语中的标点符号和亚洲语言的标点符号不太相同,英文的句号是一个圆点(单字节符号),而汉语和日语的句号都是一个小圆圈(双字节符号)。汉语中的标点符号是比较完备的,英文中通常用斜体表示书名,汉字则用"《》"表示书名。几乎各国都有表示自己货币的货币符号,如美元 \$、人民币 ¥。在翻译的过程中,这些符号是绝对不能出差错的。如果一个金融软件把本该用 ¥ 表示的地方用了 \$,后果将是不堪设想的。这些也都是本地化测试所应该特别注意的细节问题。

4.目标语言的文化心理

翻译的时候要照顾到目标语言的文化心理,尤其是翻译其宣传品的时候,更要注意把它转换为与目标市场相适应的宣传。包装的规格和包装的颜色也应该留意。比如日本人比较忌讳数字 4,就连 4 个一组包装的产品都不容易卖出去;美国人不太喜欢鲜艳的红色,那么宣传资料和包装纸就应该尽量避免大红的颜色。

翻译不能单纯地追求字与字的对译,这是没有必要的,也是不科学的。对于一些涉及文化方面的内容,最好能用本民族中相应的内容来替换,如中国人以红色为喜庆的颜色,中国人的结婚礼服都是红色的,而英美等国家则是白色的礼服,这里的红色和白色是一组对应物。本地化时,要把内容做相应的替换。

综上所述,在测试翻译时,应该遵循相应的原则,如翻译时,应该尽量使用简单的句子结构和语法,选择意义明确的词;检查翻译的内容是不是断章取义、是否会导致词不达意;如果在源文件中使用了缩写词,检查缩写词在第一次出现的时候是否正确地标出了它的全称,以便用户能够明白它的意思;检查在不同的国家标点符号、货币单位等是否显示正确。

在国际化基础上,本地化过程就相对简单。如果国际化没有做好,翻译和本地化的过程就会变为一个相当冗长的过程,其中包括将屏幕、对话框等重新设定,而且需要重建在线文件,图像和插图也可能需要更改。最后,计算机程序还可能需要做出某些修改去适应那些使用双字节字符的语言。

9.3.3 本地化测试要解决的主要技术问题

完成了语言的转换,对于整个本地化过程来说,才只是完成了第一阶段。要使该软件真正投入使用,还有很多技术方面的问题有待解决,主要包括字符集问题、数据格式、页面显示和布局,以及配置和兼容性问题。其中,关于字符集问题已在前文中介绍过,在此不再赘述。

1. 数据格式问题

数字、货币和日期的表达方法在不同的国家格式也不尽相同,所以在把软件本地化时,也应该特别注意这些方面的问题,考虑到本地化格式的要求,否则就有可能出现错误。幸运的是,今天可以使用标准 APIs(比如微软提供的)来处理这类转换的问题。如果是由自己设计的显示方式或模式,就必须设计好其变量含义和处理方式、数据存储方式等去适应这种显示的要求。

在程序设计、编程时,可以通过一些特殊的函数来处理不同语言的数据格式。例如,使用自定义函数 LocLongdate()、LocShortdat()、LocTime()、LocNumberFormat()等替换原来的date()函数,来处理日期的完整显示、简写、数字等不同的显示格式。现在我们先来看看不同地方表达数字、货币和日期等的不同格式,以供本地化测试人员参考。

(1)数字与货币

几乎每一个国家都有标志自己货币的特殊符号,如 $、¥、€等,这些符号出现在金额的前后也各不相同。很多欧洲语言使用逗号而不是小数点来表示千位,有的则使用句号或空格代替逗号。所以,本地化的软件也必须注意这个问题,如若不然,有可能一个顾客存入 5000 欧元,而却只能取出 5 美元。比如,相同数目的款项(4130.50)在美国、意大利和法国有三种不同的表达方式。

美国:$ 4,130.50

意大利:€4.130,50

法国:4130,00 €

（2）日期格式

不同国家的日期显示格式大都是不一致的。美国的标准是 MM/DD/YY 来显示月、日、年，也有很多不同的分割符号（如"/"和"—"）；欧洲（除少数例外）的标准是日、月、年（DD/MM/YY）；中国的标准则是年、月、日。下面以 2010 年 12 月 14 日为例来说明：

美国：12/14/2010 或 Feb.14,2010

英国：14.12.2010 或 14Feb,2010

中国：2010.12.15 或 2010 年 12 月 15 日

（3）时间

同样，各国时间的习惯表达方式也是不一样的，美国习惯上使用 12 小时来表达时间，而欧洲国家使用 24 小时模式来表达时间。如，同样是晚上 8:15，各国的表示方式分别如下。

美国：8:15 PM

德国：20:15

加拿大：20h15

（4）度量衡的单位

虽然许多国家开始使用国际公制度量系统，如米、千米、克、千克、升等，但美国、英国等一些国家仍旧使用英式度量单位，如英尺、英里、盎司、英镑等。因此，软件本地化必须解决公制和英式度量单位的转化问题，如用户可以自己设置度量衡体系，或提供不同度量单位之间的转换功能。

（5）复数问题

生成复数的规则因语言的不同而有差异。即使在英语中，复数的规则也并不是始终如一的，如 bed 的复数是 beds，而 leaf 的复数却不是 leafs，以下例子说明了复数的问题。如：

"%d program%s searched"和"%d file%s searched"

如果%d 大于 1，%s 将把 s 插入到该单词中去，从而组成其复数形式，该信息显示格式如下：

"1 program searched"和"1 file searched"

或者

"3 programs searched"和"3 files searched"

在英语中，这样编码是没有问题的，但是对于德语和多数其他欧洲语言，它们的复数规则却不是这样的，如：

program＝programma，而其复数 programs＝ programmas's

file＝bestand，而其复数 files＝bestanden

在做本地化测试的时候，一定要注意这些地方是否被充分地考虑并做了适当的修改。

2.页面显示和布局问题

在有些本地化软件中，有时会发现乱码的问题，这是由于没有设置相应的本地化字符集或字符编码方式不支持本地化语言所致。不同的浏览器或邮件接收软件的编码解码方式不同，解决这类问题的方法是：

①开发本地化时应用自定义函数 GetCurCharse()。

②针对不同的浏览器采取不同的解码方法。

由于源代码没有充分考虑到国际化(I18n)版本的要求，很多软件本地化之后在页面的外观上会出现一些不尽如人意的地方。例如,没有翻译的字段、对齐问题、大小写问题、文字遮挡图像问题、乱码显示问题等。这些有表格设置所产生的问题,也有未考虑翻译后的文字扩展而产生的设计问题。本地化、国际化测试工程师应该指出这些地方,让开发人员尽快修改。

3.配置和兼容性问题

软件本地化的配置和兼容性测试,是适应本地的一些特殊应用环境要求,所以兼容性测试也被称为本土测试,使软件产品或系统真正能适应本土的环境。本地化的兼容性测试会包括本地的硬件(如键盘、打印机、扫描仪等)、第三方本地化软件等兼容性验证。比较有利的一面是多数硬件支持国际标准,如大多数外部设备都支持 USB 接口。其驱动程序也支持多字节字符集。这里以数据库、热键的兼容问题来展示软件本地化的配置和兼容性测试。

(1)数据库问题

软件本地化会涉及数据库的改动。例如,由于文本的"最大长度"属性只限制输入字符的长度,而非字节长度。当多字节字符解析成 NCR 形式($\& \# dddd$),导致输入的字符长度超出数据库字段宽度,从而引起数据库一类的问题。在本地化过程中,要避免上述问题产生,有不同的解决方案。例如,可以在输入页面提交之前,检测输入字符的宽度是否超长或显示数据库操作错误。

(2)热键问题

在做本地化测试的时候,还有一个不能忽略的问题——热键问题。许多程序都为不同的命令设置了组合键(键盘快捷方式)。比如,在微软的 Word 中,可以同时按下 Ctrl 和 F 键打开"查找"对话框。组合键 Ctrl+F 就是代替鼠标选择 Word 编辑菜单中查找命令的快捷方式。通常,文字被翻译之后,原来的组合键很可能不再适用,我们需要为翻译过的文本设定新的组合键。新的组合键应该和本地操作系统环境相匹配,确保所有的组合键都是唯一的。不过中国、日本和韩国的版本,部沿用英文原有的组合键,所以本地化之后不存在这个问题。

此外,还有很多应该注意的技术问题,如对于欧洲语言的本地化,还有大小写字母转换的问题、连字符号连接规则、键盘的问题等。对于有些国家的本地化,例如希伯莱文和阿拉伯文还要考虑文字方向的问题等,这些部是在实际工作中会遇到的具体问题,这里就不一一详述了。

9.3.4 本地化的功能测试

任何一件产品,人们最关心的还是它所能提供的服务,因此功能的实现总是很重要。如果软件得到充分的 I18n 测试,在实施软件本地化过程中,一般不会产生功能方面的缺陷,故功能方面的风险很小。但是,在实际工作中,源语言的 I18n 测试覆盖率并不高,一般在 80% 左右,还有 20% 的 I18n 特性需要在本地化测试阶段被验证,因此,软件本地化(L10n)的功能测试还是必要的。

要验证一个软件是否被正确地本地化,要在相对真实的环境下对软件的所有功能进行测试。这个过程可能会需要很多人的参与,比如市场销售人员、国内用户群体等。有条件的话,在本地化软件向市场发布之前,还应该让目标语言的语言专家来最后审稿。关于本地化软件的功能测试,可以同原软件相对比来进行。此外,还要注意是否能够正确地输入目标语言,输入之后是否能够正确显示等。

1.集成测试

集成测试的一个重点是在客户端和服务器之间的相互作用,客户端的本地化往往考虑得比较充分,而服务器端有时会被忽视。如果源语言是单字节字符集的欧美语系(如英文、法文等),在转换为多字节字符集的目标语言(如中文、日文等)时,容易引起问题,如客户端发出的请求,服务器端不能识别,甚至会出现崩溃。

2.索引和排序

英文排序和索引习惯上按照字母的顺序来编排,但是对于一些非字母文字(多字节文字)的国家(如亚洲许多国家、地区等),这种方法就不适用了。如中文就有按拼音、部首和笔画等不同的索引片法。即使是单字节文字的国家,其排序方法和英文也有较大不同。比如瑞典语,它的字母比英文字母多 3 个,在索引排序时也应加以考虑。所以,在本地化软件时,应该根据不同国家和地区的语言习惯分别加以考虑,在进行本地化测试的时候更应该仔细核对这些问题,如英文为源语言的软件,其本地化的瑞典语版本中,用来排序的有 29 个字母,在字母 A、B,C,……,X,Y,Z 后会增加几个特殊的字母——瑞典语中的 3 个字母,即 Ä、Å、Ö。

3.联机文档的功能测试

就像打印好的文档一样,测试人员应该验证任何一个在线文档的有效性、可用性。

本地化软件测试人员应该对它们进行功能测试,以确保它们能够正常工作,并且与目标市场的要求一致。

不论是 PDF 还是 HTML 格式的在线文档都应该在目标语言的操作系统下测试,确保其功能能够实现、字符能够正确显示。一般来说,主要检测这些文件的下述方面:

①与目标语言操作系统的兼容性。

②字体和图形能够正确显示。

③与本地化的 Acrobat Reader 版本和 HTML 浏览器兼容。

④超级链接的正常跳转。

根据 PDF 和 HTML 文件的高级特征,在对在线文档进行功能测试的时候,还可以加入其他的测试项目。

4.页面内容和图片

很多页面的内容都是文字和图片,正如我们此前所介绍的一样,同样的规则也适用于这里。测试人员应该时刻谨记 HTML 页面上有些文字不是一眼就能看到的。包括:

①显示在浏览器界面项部的页面标题。

②图片的标题,当图片正在下载或者用户鼠标指向该图形时所显示的 ALT 属性。

③超级链接的标题。

另外,还要确保站点上包含文字的图片也同时进行了本地化。

5.Web 链接和高级选项

测试员需要关注页面上的超级链接未被本地化或者链接到其他未被本地化的站点上去。如果可能的话,建议开发人员去修改这些链接,可以把它指向特定的站点(如果该链接所指向的站点有相应的本地化版本),或者用目标语言在这些链接旁给出提示,指出这些站点是外文的。

同时,测试人员还要关注很多站点日益增多的动态效果,以及应该去检查 CGI 脚本、Java 代码或脚本和 ActiveX applets 是否受到影响。

9.4　国际化测试与本地化测试的常用工具

Java 语言已经具有国际化和本地化的基本处理能力,提供了一些基本的国际化和本地化处理函数。但是,Java 应用程序的本地化和国际化工作依旧会面临一些困难,如消息获取、编码转换、显示布局和数据格式处理等。如果仅用手工来完成国际化和本地化的工作,将花费大量的时间和资源。因此要考虑采用工具来完成相应的工作,这就是 Java 国际化和本地化工具集(Java I18n/L10n ToolKit)。这个工具集包括 5 个工具——项目管理器、国际化检验工具、国际化消息生成工具、资源处理工具和翻译器,其中国际化消息生成工具能定义资源绑定(Resource Bundle),根据不同的区域参数来产生资源绑定文件,从而完成消息转换和获取。有了这个工具集,就可以从资源创建、配置、管理到最终验证报告的自动生成,可以高效率地处理软件的本地化工作。其中国际化检验工具就是国际化测试工具。

1.字符集转化工具

①Charset Convert Studio(Chilkat Software,Inc.)可以批处理 text 和 HTML 格式的文字内容,支持亚洲语系、阿拉伯语系、欧洲语系等。

②Oracle 字符集扫描工具(Character Set Scanner Utility)在多字符集的数据库环境中,完成数据迁移和数据验证,可以按数据库、用户表和单个表来进行不同的扫描处理。

2.国际化测试工具

OneRealm 的工具套件(http://www.onerealm.com)可以评估代码并识别国际化问题。

3.本地化安装测试工具

①本地化安装,卸载测试工具:InCtrl。

②ISO 文件测试辅助工具:Daemon Tools。

③MSI 文件测试辅助工具:Orca。

4.用户界面测试工具

Corel Catalyst 是一款功能强的、可视化的软件本地化工具,遵循 TMX 等本地化规范,具有自定义解析器的功能,支持多种资源文件格式,适用于软件资源(Resource)文件本地化翻译和工程处理。Catalyst 所提供的验证专家(Validate Expert)可用于本地化测试,以检查各种类型的本地化处理错误,例如,热键重复、热键不一致、控件重叠、控件截断、拼写错误等。Catalyst 还提供了其他功能:

①Pseudo Translate Expert——伪翻译专家。

②Leverage Expert——重用本地化翻译资源。

③Generate Report——生成字数统计报告。

④Update Expert——更新资源文件。

⑤Quick Ship Expert——打包项目文件。

⑥Translator Toolbar——本地化翻译。

⑦Extract Terminology Expert——抽取本地化术语。

Tool Proof 是由 Translation Craft 开发的本地化测试工具，与 Catalyst 类似，可以显示用户界面元素和对话框，可以查看控件尺寸是否正确以及检查其他本地化 UI 问题。

5.在线文档测试工具

①SDL International 公司的 HelpQA 和 HTML－QA 是分析大型帮助系统时的测试工具，可以检查链接和跳转，识别其他本地化问题。如果出现由于本地化引起的编译错误还会发出警告。

②HTML—QA 用于测试源语言和本地化语言的项目文件的本地化质量。HTML—QA 可以执行一系列本地化 HTML 文件检查，发现在本地化后产生的问题（如删除了链接、格式标识符、遗漏图像引用等），确定本地化的 HTML 文件与源语言对应的 HTML 文件具有一致的功能。

③在线字符集转化工具：http://www.kanjidlct.stc.cx/recode.php

6.翻译管理工具

翻译管理工具很多，主要有 TRADOS、SDLX、Wordfast、Catalyst、LocStudio、Passolo Software Localizer、Language Studio、Helium、Trans Suite 2000、Transit、Visual Localize 等等。国内的产品有雅信 CAT、华建 IAT 等。这些软件功能部比较强大，能满足软件本地化翻译工作的需要。例如，以 Passolo Software Localizer 为例，它具有功能特性有：

①提供脚本引擎和自动化对象的接口，通过编写宏来扩展现有功能。

②可以直接将程序的 GUI(图形用户界面)本地化为用户需要的语言。

③可以与其他软件本地化工具交换数据，方便用户协同工作。

④在可视化的环境下可以对程序实行本地化处理。

⑤可以自动识别用户在本地化过程中出现的错误，并提出修复建议。

⑥内置的翻译记忆技术，可以重复使用现有的译文。

⑦模糊匹配技术搜索相似文本的译文，为翻译人员提供参考。

第 10 章 测试计划与测试文档

10.1 测试计划与测试文档概述

10.1.1 测试计划概述

随着测试走向规范化管理,测试计划成为测试经理必须完成的重要任务之一。专业的测试工作必须以一个好的测试计划作为基础。尽管测试的每一个步骤都是独立的,但是必定要有一个起总体指导作用的测试计划。软件测试计划是整个测试工作的基本依据,在日常测试工作中,无论是手工测试还是自动化测试,都要以测试计划为纲,软件测试人员对计划所列的各项都必须逐一执行。

1. 测试计划制定的必要性

一般说来,要测试一个大型项目软件,需要编写上万个测试用例,并执行用例,检验测试结果。这个过程可能要涉及几百个模块,修改几千个故障,需要几十、几百人做这件事。软件测试计划作为软件项目计划的子计划,在项目启动初期是必须规划的。在越来越多公司的软件开发中,软件质量日益受到重视,测试过程也从一个相对独立的步骤转为越来越紧密地嵌套在软件整个生命周期中,这样,如何规划整个项目周期的测试工作、如何将测试工作上升到测试管理的高度都依赖于测试计划的制定。测试计划因此也成为测试工作展开的基础。如果测试人员之间不能很好地交流计划测试的对象、需要的资源以及进度安排等,则整个项目很难成功。因此,高效率的测试是经过计划的,需要运用一定的方法,包括条例、结构、分析和度量等。

Ainars Galvans 认为:缺乏计划,授权给大家,依赖个人的技能和承诺,团队协作,这仅仅不是银弹,而且有很多缺点。例如,没有保留历史记录,很难衡量和评估每个人的工作成绩。如图 10-1 所示,项目的成败主要由 4 个因素决定,它们由不同的文档来覆盖。

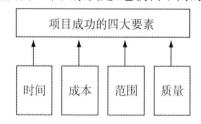

图 10-1 项目成功的四大因素

①时间:由项目计划覆盖。
②成本:由合同覆盖。
③范围:由需求文档覆盖。
④质量:由 QA 计划或测试计划覆盖。
测试计划通常作为质量的重要文档呈现给管理层。测试计划通常作为质量的重要文档呈

现给管理层。测试计划通常分内部作用和外部作用,内部作用有以下 3 种:

①作为测试计划的结果,让相关人员和开发人员来评审。

②存储计划执行的细节,让测试人员来进行同行评审。

③存储计划进度表、测试环境等更多的信息。

测试计划的外部作用是为顾客提供一种信心,通常向顾客交代有关测试的过程、人员的技能、资源、使用的工具等信息。

总之,一个好的测试计划使资源和变更事先作为一个可控的风险,可以避免测试的"事件驱动",使测试工作和整个开发工作融合起来。

2. 测试计划制定的目的

设计测试计划是一项重要的工作,主要目的如下所述。

(1)指导软件测试

①在测试的过程中,经常会遇到一些问题而导致测试过程延误,如果提前做好防范,把其列入软件测试计划内,那么软件测试会更为顺利地进行。

②在测试计划内列出风险评估,对于解决或避开风险将有很大的帮助。

(2)促进彼此沟通

测试的重点会根据所测试的产品不同而有所变化,如果把这些内容都列入测试计划中,那么就会让所有的测试人员在所进行的测试方向上达成一定的共识,从而避免产生认识偏差,促进了测试人员之间的沟通。

(3)协助质量管理

测试计划可以让整体的软件测试采取系统化的方式来进行,从而让测试的管理更易进行。

3. 测试计划制定的原则

制订测试计划是软件测试中最有挑战性的一个工作,以下几个原则将有助于测试计划的制订工作。

(1)制订测试计划应尽早开始

即使还没掌握所有细节,也可以先从总体计划开始,然后逐步细化来完成大量的计划工作。尽早地开始制订测试计划可以大致了解所需的资源,并且在项目其他方面占用该资源之前进行测试。

(2)保持测试计划的灵活性

制订测试计划时应考虑能很容易地添加测试用例、测试数据等,测试计划本身应该是可变的,但是要受控于变更控制。

(3)保持测试计划简洁易读

测试计划没有必要很大、很复杂,事实上测试计划越简洁易读,它就越有针对性。

(4)尽量争取多方面来评审测试计划

多方面人员的评审和评价会对获得便于理解的测试计划很有帮助,测试计划应该像项目其他交付结果一样受控于质量控制。

(5)计算测试计划的投入

通常,制订测试计划应该占整个测试工作大约 1/3 的工作量,测试计划做得越好,执行测试就越容易。

10.1.2 测试文档概述

测试文档记录和描述了整个测试流程,它是整个测试活动中非常重要的文件。软件测试是一个很复杂的过程,涉及软件开发其他阶段的工作,对于提高软件质量、保证软件正常运行有着十分重要的意义,因此必须把对测试的要求、过程及测试结果以正式的文档形式写下来。可以说,测试文档的编制是软件测试工作规范化的一个重要组成部分。

1. 测试文档的定义

软件测试文档为测试项目的组织、规划和管理提供了一个架构。在测试的前期和测试过程中都需建立相应的测试文档,并应根据需求的变更及时调整测试文档。IEEE/ANSI 规定了一系列有关软件测试文档及测试的标准。其中,IEEE/ANSI 标准 829/1983 推荐了一种常用的软件测试文档格式,便于有效地交流测试工作的进度。IEEE/ANSI 标准 1012/1986 主要是针对软件验证和确认测试计划。

《计算机软件测试文档编制规范》国家标准给出了更具体的测试文档编制建议,其中包括以下几个内容。

①测试计划:描述测试活动的范围、方法、资源和进度,其中规定了被测试的对象、被测试的特性、应完成的测试任务、人员职责及风险等。

②测试设计规格说明:详细描述测试方法、测试用例设计以及测试通过的准则等。

③测试用例规格说明:测试用例文档描述一个完整的测试用例所需要的必备因素,如输入、预期结果、测试执行条件以及对环境的要求、对测试规程的要求等。

④测试步骤规格说明:测试规格文档指明了测试所执行活动的次序,规定了实施测试的具体步骤。它包括测试规程清单和测试规程列表两部分。

⑤测试日志:日志是测试小组对测试过程所做的记录。

⑥测试事件报告:报告说明测试中发生的一些重要事件。

⑦测试总结报告:对测试活动所做的总结和结论。

上述测试文档中,前 4 项属于测试计划类文档,后 3 项属于测试分析报告类文档。

2. 测试文档的重要性

软件测试是一个很复杂的过程,涉及软件开发其他阶段的工作,对于提高软件质量、保证软件正常运行有着十分重要的意义,因此必须把对测试的要求、过程及测试结果以正式的文档形式写下来。软件测试文档用来描述要执行的测试及测试的结果。可以说,测试文档的编制是软件测试工作规范化的一个重要组成部分。

软件测试文档不只在测试阶段才开始考虑,它应在软件开发的需求分析阶段就开始着手编制,软件开发人员的一些设计方案也应在测试文档中得到反映,以利于设计的检验。测试文档对于测试阶段的工作有着非常明显的指导作用和评价作用。即便在软件投入运行的维护阶段,也常常要进行再测试或回归测试,这时仍会用到软件测试文档。

3. 测试文档的作用

测试文档在测试过程中的重要作用可以从如下几个方面看出。

（1）测试文档有助于测试任务的完成

为了创建一个好的测试计划，在开发该计划时必须以一种系统的方式对程序进行调查，使得对程序的处理更清晰、更彻底、更有效。在测试规划期间创建的清单和图表也会在一定程度上提高测试人员测试程序的能力。

①提高测试覆盖率。在做测试计划时，要求有一个程序测试清单。如果使用这样的测试清单，在测试中就不会遗漏任何一项测试。但是要创建该清单，就必须找出所有与测试相关的内容。通常有效的做法是：在清单中列出由程序创建的所有报告以及所有错误信息、所有支持的打印机、所有菜单选项、所有对话框、每一对话框中的所有选项等。清单内容越详细，因不了解而遗漏的东西就越少。

②避免不必要的重复和遗忘项目。核对测试清单或图表上所列的项目时，很容易就能够看出哪些内容测试过，哪些内容没测试过。

③分析程序，快速选择出合适的测试用例。在测试文档中，通过对等价类和边界条件的数据录入字段进行分析后，得出的每一个边界值都是一个很好的测试用例，因为边界值要比非边界值更可能发现缺陷。

④提供测试结构。所有的编码工作完成后，并且每部分都可以集成到一起工作时，测试就开始了。产品发布之前，测试人员的压力很大，而且常常只有很少的时间可以用来安排最终测试。这时根据以前的测试文档将帮助你确保最后一次运行了重要测试。如果没有这些文档，单凭记忆是很难记住哪些测试是需要重新运行的。

⑤削减测试数量，但不增加所遗漏的缺陷数量，可以提高测试效率。主要的方法就是从那些类似的测试用例中挑选其中的一部分，而不是所有。因为运行同一类型的测试用例所得到的结果也是类似的。

⑥检查测试的完整性。如果你不确定是否已经测试过程序的某一部分或是否进行过某一项测试，就可以对照清单来检查一下，从而可以检查测试的完整性。

（2）测试文档可以更好地协调测试任务与测试过程

测试人员是产品开发小组的一员，要与其他测试人员、程序员、手册编写人员以及经理一起协同工作。清晰的测试文档可以帮助他们理解测试范围和测试类型。通过测试计划所进行的交流具有如下几点优点：

①得到测试准确度和覆盖率的反馈。通过这些反馈，测试人员可以发现遗漏的尚未测试的程序区域，以及对程序的一些误解。

②测试人员可以交流制定测试策略的思想。

③有助于测试人员了解测试工作的规模。测试计划内容包括了所要进行的具体工作以及已完成工作的数量，这会帮助经理及其他人了解完成测试工作需要花费多少时间。那么，项目经理就可以根据项目的实际情况考虑简化或淘汰某项测试。

④有助于顺利地进行工作分派。如果能给后续环节的测试人员提供一个详细的书面指令集，那么委派或监督产品的测试就要容易得多。

（3）测试文档为测试项目的组织、规划与管理提供了一个架构

可以把测试本身看成是一个项目，因此必须进行有效的管理。而好的管理工作必须有一个合理的、可以跟踪测试进度的结构。作为支持项目管理的一种工具，测试计划具有如下

优点：

①达成有关测试任务的协议。

②确定任务。

③确定人员结构,分配测试任务。

④组织测试。

⑤明确个人职责。

⑥有助于人员和测试时间调整。

当然,并不是所有软件开发组织都能够让测试计划和测试文档充分发挥应有的作用。虽然,编写测试计划的人至少会了解一些与该产品测试有关的细节,但并不是所有的测试组都会有效地评审测试计划,或利用其他项目的评审反馈信息。甚至很多测试组仅将测试计划作为技术文档,从未使用其控制测试项目或监督项目进程。但是,作为测试人员应该花一定时间来制订测试计划,考虑一下进一步的细致工作能够给测试工作带来的好处。因为这样能够帮助我们充分地利用测试计划和测试文档,发挥它们应有的作用。

10.1.3 测试计划和规格说明、测试报告的文档结构

1.测试计划和规格说明的文档结构

下面给出用于测试计划和规格说明的所有文档之间的相互关系,如图 10-2 所示。

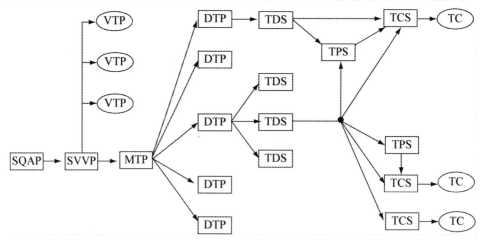

图 10-2　测试计划与规格说明的文档结构图

其中：

①SQAP:软件质量保证计划,每个软件测试产品有一个 SQAP。

②SVVP:软件验证和确认测试计划,每个 SQAP 有一个 SWP。

③VTP:验证测试计划,每个验证活动有一个 VTP。

④MTP:主确认测试计划,每个 SVVP 有一个 MTP。

⑤DTP:详细确认测试计划,每个活动有一个或多个 DTP。

⑥TDS:测试设计规格说明,每个 DTP 有一个或多个 TDS。

⑦TPS:测试步骤规格说明,每个 TDS 有一个或多个 TPS。

⑧TCS:测试用例规格说明,每个 TDS/TPS 有一个或多个 TCS。

⑨TC:测试用例,每个 TCS 有一个 TC。

从图 10-2 中可以看出:

①每个软件产品都有一个软件质量保证计划。

②每个软件质量保证计划有一个软件验证和确认测试计划。

③每个软件确认计划有一个主确认测试计划。

④每个验证测试活动有一个验证测试计划。

⑤每个确认测试活动有一个或多个详细确认测试计划。

⑥每个详细确认测试计划有一个或多个测试设计规格说明。

⑦每个测试设计规格说明有一个或多个测试步骤规格说明。

⑧每个测试用例规格说明有一个测试用例。

2.测试报告的文档结构

测试报告的文档结构如图 10-3 所示。

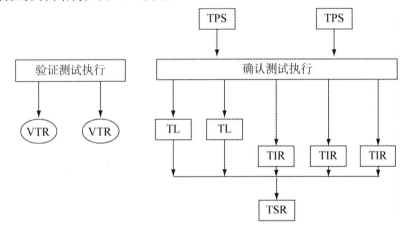

图 10-3　测试报告的文档结构

其中:

①VTR:验证测试报告,每个验证活动对应一个。

②TPS:测试步骤规格说明。

③TL:测试记录,每个测试执行对应一份。

④TIR:测试事故报告。

⑤TSR:测试总结报告。

10.2 软件测试计划

10.2.1 测试计划的内容说明

1.测试计划的内容

测试计划的主要内容如下。

(1)测试项目简介

①归纳所要求测试的软件项和软件特性,可以包括系统目标、背景、范围及引用材料等。

②在高层测试计划中,如果存在下述文件:项目计划、质量保证计划、有关的政策、有关的标准等,则需要引用它们。

(2)测试项

描述被测试的对象,包括其版本、修订级别,并指出在测试开始之前对逻辑关系或物理变换的要求。

(3)被测试的特性

指明所有要测试的软件特性及其组合,指明与每个特性或特性组合有关的测试设计说明。

(4)不被测试的特性

指出不被测试的所有特性和特性的有意义的组合及其理由。

(5)测试方法

①描述测试的总体方法,规定测试指定特性组合需要的主要活动和时间。

②规定所希望的测试程度,指明用于判断测试彻底性的技术,例如检查哪些语句至少执行过一次。

③指出对测试的主要限制,例如测试项可用性、测试资源的可用性和测试截止期限等。

(6)测试开始条件和结束条件

①规定各测试项在开始测试时需要满足的条件。

②测试通过和测试结束的条件。

(7)测试提交的结果与格式

指出测试结果及显示的格式。

(8)测试环境

①测试的操作系统和需要安装的辅助测试工具(来源与参数设置)。

②软件、硬件和网络环境设置。

(9)测试者的任务、联系方式与培训

①测试成员的名称、任务、电话、电子邮件等联系方式。

②为完成测试需要进行的项目课程培训。

(10)测试进度与跟踪方式

①在软件项目进度中规定的测试里程碑以及所有测试项的传递时间。

②定义所需的新的测试里程碑,估计完成每项测试任务所需的时间,为每项测试任务和测

试里程碑规定进度,对每项测试资源规定使用期限。

③规定报告和跟踪测试进度的方式:每日报告、每周报告;书面报告、电话会议等。

(11)测试风险与解决方式

①预测测试计划中的风险。

②规定对各种风险的应急措施(延期传递的测试项可能需要加班、添加测试人员或减少测试内容)。

(12)测试计划的审批和变更方式

①审批人和审批生效方式。

②如何处理测试计划的变更。

2.测试计划的层次

(1)概要测试计划

概要测试计划是软件项目实施计划中的一项重要内容,应当在软件开发初期,即需求分析阶段制定。这项计划应当定义测试对象和测试目标,确定测试阶段和测试周期的划分,制定测试人员、软硬件资源和测试进度等方面的计划,规定软件测试方法、测试标准以及支持环境和测试工具。例如,被测试程序的语句覆盖率要达到 95％,错误修复率需要达到 95％,所有决定不修复的轻微错误都必须经过专门的质量评审委员会同意等。

(2)详细测试计划

详细测试计划是针对子系统在特定的测试阶段所要进行的测试工作制定出来的,它详细规定了测试小组的各项测试任务、测试策略、任务分配和进度安排等。

(3)测试实施计划

测试实施计划是根据详细测试计划制定的测试者的测试具体实施计划,它规定了测试者在每一轮测试中负责测试的内容、测试强度和工作进度等。测试实施计划是整个软件测试计划的组成部分,是检查测试实际执行情况的重要依据。

3.测试阶段的日程安排

清楚了划分阶段后,接下来的问题是测试执行需要多长时间? 标准的工程方法或 CMM 方式是对工作量进行估算,然后得出具体的估算值。但是这种方法过于复杂,可以另辟专题讨论。一个简单的操作方法是:根据测试执行上一阶段的活动时间进行换算,换算方法是与上一阶段的活动时间之比为 1:1.1～1:1.5。例如,对测试经理来说,因为开发计划可能包含了单元测试和集成测试,所以系统测试的时间大概是编码阶段(包含单元测试和集成测试)的 1～1.5 倍。这种方法的优点是简单、依赖于项目计划的日程安排,缺点是水分太多、难以量化。那么,可以采用的另一个简单方法就是经验评估。

评估方法具体如下:

①计算需求文档的页数,得出系统测试用例的页数。

需求页数:系统测试用例的页数,大约为 1:1。

②由系统测试用例的页数计算编写系统测试用例的时间。

编写系统测试用例的时间,大约为系统测试用例页数乘以 1 小时。

③计算执行系统测试用例的时间。

编写系统用例用时：执行系统测试用时，大约为 1∶2。

④计算回归测试包含的时间。

系统测试用时：回归测试用时，大约为 2∶1。

注意：以上只是个人经验值，需要更正比值的测试可以在具体实践中收集数据。基于评估方法的优点是需求为已知的，可以利用已知来推算未知，适用于需求是已知且相对稳定的情况；缺点是处于研发状态的项目需求不清晰时比较难计算。

4.测试计划规格说明

在测试计划详细制订阶段应使用更多特定的软件信息，以预测软件各阶段的可测试性。测试的层次需要基于特定的环境来定义，包括人员、硬件、软件、接口、数据、甚至测试人员的观点等。为特定层次创建测试计划时要能够理解与该层次相关的各种因素，包括产品风险、资源约束、人员和培训需求、进度安排、测试策略以及其他一些因素。测试计制规格说明主要包括环境说明、策略说明、技术说明和操作说明。

(1)环境说明

该部分描述每个测试场所的软件测试环境，如图 10-4 所示。对执行测试所需的物理构件进行文档化有助于识别测试需求和实际存在之间的差异。其内容要说明需要的测试环境应具备的属性，包括硬件、通信和系统软件等方面的物理特件，使用模式以及需要用来支持测试的其他任何软件或设施。

对于由测试小组执行的独立测试和集成测试而言，测试环境相对稳定，它由开发者完成并满足需求的有关对象组成。软件测试环境应规定测试设施、系统软件以及其他软件、数据、硬件等构件所提供的安全性等级。另外，还要说明以下内容：

①需要的特殊测试工具。

②任何其他测试需要。

③如果目前测试小组还不具备这些需要的设施，那么给出获取来源。

测试环境最初配备的是各个对象最新的可用版本，当开发环境出现最新经过变更的对象时，就要进行更新。要尽可能把测试环境配置成为接近系统真实使用环境。如果一个系统将来会在多种不同的配置下运行，那么需要决定是在测试时复制所有这些配置，还是仅使用风险最大或最常用的配置，或是这二者相结合。

(2)策略说明

该部分是测试计划的核心，需要描述怎样执行测试，并对影响系统成功测试的每个方面进行阐述。另外，针对每个特定阶段解释其测试实施所用的策略，包括从一个阶段到另一个阶段的开始和结束准则。测试策略整体描述每个测试阶段中用到的方法和技术，以及整个测试过程中包含的步骤。策略说明应描述将要在每个阶段实施的测试方法。

该部分要识别出所有软件特征、被测软件特征的组合以及与它们相关的设计规格说明，对所有的不被测试的特征以及重要特征进行组合，以及需要从用户角度说明系统将会做什么。此外，还要从配置管理或版本控制角度给出不对其进行测试的合理解释。

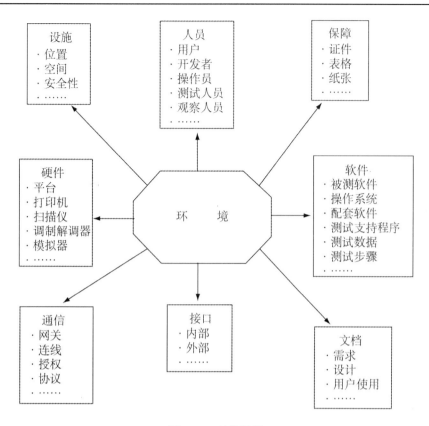

图 10-4　环境说明

需要在策略说明中事先定义整个测试计划的结束标准,同时要为每个阶段设立一些基准或检查表,以判断一个测试阶段是否已经完成,即其中一定比例的测试用例发现了最少规定数目的缺陷,并且代码覆盖工具表明所有代码都被覆盖到。

(3)技术说明

测试计划规格说明的另一个主要内容是:必须选择一组合适的工具和自动化技术。测试工具可以对开发及测试人员产生极大的帮助,但如果测试工具的选择和使用未经过谨慎的计划和考虑,那么很可能引起灾难。与手工执行测试用例相比,有些工具用于开发、实现以及第一次运行测试用例可能需要更多的时间。为了选择合适的工具,需要对工具的选择和使用建立需求。实际上,可能没有一种特定类型工具能够达到所有的要求,工具的不同潜在用户也可能具有不同的需求。因此,有时需要在同一类工具中选择几种以满足被测系统在多种不同环境下运行的情况。

(4)操作说明

测试操作是执行所有或选定测试用例并观察运行结果的过程。尽管测试操作需要在整个软件开发生命周期中进行准备和计划,但操作本身主要在开发生命周期末期或接近末期时执行。测试操作的副产品包括测试事件报告、测试日志、测试执行状态和结果等,如图 10-5 所示。每个测试用例的结果都需要记录。如果测试是自动化的,工具将记录输入和结果。如果测试是手工的,则需要在测试用例文档中记录结果。另外还要记录测试用例是通过还是失败,失败的测试用例要生成一个事件报告。测试日志对测试用例执行的相关细节按时间顺序进行记录,其目的是便于测试人员、用户、开发人员及其他相关人员之间共享测试信息,而且便于复现测试中面临的状况。

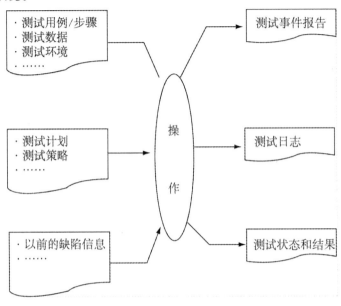

图 10-5　操作说明

事件定义为执行测试时出现的任何非正常结果,可分为存在缺陷或超预期增强这两种情况。如果是一个无关紧要或不记入的结果,仅记录事件的当时状况即可。事件报告为软件事件记录提供了一种正式的机制。测试执行状态报告通常是一种正式的交流渠道,测试管理者可以利用该报告把测试小组当前进展情况通知给组内其他部门。测试总结报告用来总结测试活动的结果,并基于这些结果进行评价。它使得测试管理者能够对测试过程进行总结,并识别软件的局限性以及失效的可能性。

10.2.2　测试计划文档模板

制订测试计划时,由于软件公司的背景不同,撰写的测试计划文档也略有差异。因此,在制订测试计划时,使用正规化文档是较好的选择。为使用方便,在这里给出 IEEE 829－1998 软件测试计划文档模板,如图 10-6 所示,这个测试计划需要规定测试活动的范围、方法、资源、进度、要执行的测试任务以及每个任务的人员安排等。在实际应用中可根据实际测试工作情况对模板增删或部分修改。

```
IEEE 829－1998 软件测试文档编制标准
        软件测试计划文档模板
             目　录
1.测试计划标识符
2.简要介绍
3.测试项目
4.测试对象
5.不需要测试的对象
6.测试方法(策略)
7.测试项通过/失败的标准
8.中断测试和恢复测试的判断准则
9.测试完成所提交的材料
10.测试任务
11.测试所需的资源
12.职责
13.人员安排与培训需求
14.测试进度表
15.风险及应急措施
16.审批
```

图 10-6　IEEE 软件测试计划文档模板

根据 IEEE 829－1998 软件测试文档编制标准的建议,测试计划需要包含 16 个大纲要领,下面就对这些大纲要领作简要说明。

1.测试计划标识符

测试计划标识符是一个由公司生成的唯一标识,它便于跟踪测试计划的版本、等级以及与测试计划相关的软件版本等。

2.简要介绍

测试计划的介绍部分主要是对测试软件基本情况的介绍和对测试范围的概括性描述。测试软件的基本情况主要包括产品规格(制造商和软件版本号的说明),软件的运行平台和应用的领域,软件的特点和主要的功能模块的特点,数据是如何存储、如何传递的(数据流图),每一个部分是怎么实现数据更新的以及一些常规性的技术要求(比如需要什么样的数据库)等。对于大型测试项目,测试计划还要包括测试的侧重点。对测试范围的概括性描述可以是:"本测试项目包括集成测试、系统测试和验收测试,但是不包括单元测试,单元测试由开发人员负责进行,超出本测试项目的范围"。另外,在简要介绍中还要列出与计划相关的经过核准的全部文档、主要文献和其他测试依据文件,如项目批文、项目计划等。

3.测试项目

测试项目包括所测试软件的名称及版本,需要列出所有测试单项、外部条件对测试特性的影响和软件缺陷报告的机制等。测试项目纲领性描述在测试范围内对哪些具体内容进行测试,确定一个包含所有测试项在内的一览表,凡是没有出现在这个清单里的工作,都排除在测试工作之外。

这部分内容可以按照程序、单元、模块来组织,具体如下:

(1)功能测试

理论上测试要覆盖所有的功能项,例如,在数据库中添加、编辑、删除记录等,这会是一项浩大的工程,但是有利于测试的完整性。

(2)设计测试

设计测试是检验用户界面、菜单结构、窗体设计等是否合理的测试。

(3)整体测试

整体测试需要测试到数据从软件中的一个模块流到另一个模块的过程中的正确性。

(4)其他

与测试项相关的事件报告。

总的来说,测试需要分析软件的每一部分,明确它是否需要测试。如果没有测试,就要说明不测试的理由。如果由于误解而使部分代码未做任何测试,就可能导致没有发现软件潜在的错误或缺陷。但是,在软件测试过程中,有时会对软件产品中的某些内容不做测试,这些内容可能是以前发布过的,也可能是测试过的软件部分。

4.测试对象

测试计划的这一部分需要列出待测的单项功能及功能组合。这部分内容与测试项目不同,测试项目是从开发者或程序管理者的角度计划测试项目,而测试对象是从用户的角度规划测试的内容。例如,如果测试某台自动取款机的软件,其中的"需要测试的功能"可能包括取款功能、查询余额功能、转账以及交付电话费、水电费功能等。

5.不需要测试的对象

测试计划中这一部分用来记录不予测试对象的特征和理由。对某个特征不予测试的理由很多:可能是因为该特征没有发生变化,可能是因为它还不能投入使用,或者是因为它有良好的质量记录。但是,通常来讲,不予测试的特征基本是具有相对较低的测试风险。

6.测试方法

这部分是测试计划的核心所在,这部分内容包括:描述如何进行测试,解释对测试成功与否起决定作用的所有问题;测试方法的确定;测试资源获取途径;测试中的配置管理问题;测试度量的收集与确认;测试工具的选择;测试中的沟通策略等。

7.测试项通过/失败的标准

测试项通过/失败的标准是由通过和失败的测试用例,bug的数量、类型、严重性和位置,可使用性、可靠性或稳定性来描述的,如通过的测试用例所占的百分比;缺陷的数量、严重程度和分布情况;测试用例覆盖;用户测试的结论;文档的完整性和性能标准。

8.中断测试和恢复测试的判断准则

测试计划的这部分内容的目的是:找出所有授权对测试进行暂时中断的条件和恢复测试的标准。常用的中断准则包括:在关键路径上的未完成任务;大量的bug;严重的bug;不完整的测试环境和资源短缺等。

9.测试完成所提交的材料

测试完成所提交的材料包括如下一些例子:测试计划、测试设计规格说明、测试用例、测试规程、测试日志、测试意外事件报告、测试总结报告、测试数据、自定义工具等。

10.测试任务

测试计划中这一部分需要给出测试前的准备工作以及测试工作所需完成的一系列任务。在这里还需要列举所有任务之间的相互关系和完成这些任务可能需要的特殊技能。在制订测试计划时,常常将这部分内容与"测试人员的工作分配"项一起描述,以确保每项任务都由专人完成。

11.测试所需的资源

测试所需的资源是实现测试策略所必需的。在测试开始之前,要制订一个项目测试所需的资源计划,包含每一个阶段的任务所需要的资源。当发生资源超出使用期限或者资源共享出现问题等情况的时候,要更新这个计划。在该计划中,测试期间可能用到的任何资源都要考虑到。测试中经常需要的资源包括:人员、设备特性、空间、特殊的测试工具,以及各类通信设备、参考书、培训资料等其他资源。

12.测试人员的工作职责

可以通过职责矩阵描述各种角色的职责。横向是测试任务的分解,纵向是测试参与人员。测试任务职责分配如图 10-7 所示,图中"×"表示横向的职责分配个纵向的测试参与人。

	协调MTP开发	开发系统测试计划	开发集成/单元测试计划	建立工作版	维护测试环境	实现脚本1~22的自动化	为特征A开发TDS	为特征B开发TDS	为特征C开发TDS	任务A、任务B、任务C等
开发经理（Crissy）			×							
测试经理（Rayanne）	×									
测试领导（Lee）						×		×		
测试领导2（Dale）							×		×	
测试领导3（Frances）		×								
测试环境协调员（Wilton）					×					
程序库管理者（Jennifer）				×						

图 10-7　测试任务职责分配

13.人员安排与培训需求

测试人员的工作职责是明确哪类人员(管理、测试和程序员等)负责哪些任务。人员安排与培训需求是明确测试人员具体负责软件测试工作的哪些部分以及他们需要掌握的技能。实际工作中的任务分配表应该尽量详细,要确保软件的每一部分都有人进行测试,每一名测试员都应该清楚地知道自己应该负责什么,而且有足够的信息开始设计测试用例。

培训需求通常包括学习如何使用某个工具、测试方法、缺陷跟踪系统、配置管理,或者与被测试系统相关的业务基础知识。培训需求各个测试项目会各不相同,它取决于具体项目的情况。

14.测试进度表

测试进度表应该依据测试项目中的里程碑来编写,如各种测试文档和模块的交付日期等,测试中的这些里程碑的详略程度各不相同,它取决于正在编写的测试计划的等级。在项目初期,通常是采用编制一个没有规定日期的普通进度表的形式;确定各种任务所需要的时间、各种任务的依赖关系,但是并不制定具体的开始日期和完成日期。

测试进度表控制测试工作中所有的活动,为所有测试活动的管理提供明确表示。如果需要,进度表还可以包括或定义任何额外的里程碑。它对每项测试任务需要的时间进行估计,对每个测试任务和测试里程碑给出时间安排。另外还要说明每种测试资源的使用周期。该部分包含整个项目进度安排,探讨与质量保证相关的阶段和关键里程碑。它还应给出每个测试阶段的测试目标以及使用的标准,例如可用性测试、代码完全覆盖、β测试、集成测试、回归测试、系统测试等。

15.风险及应急措施

风险及应急措施需要列出测试过程中可能存在的一些风险和不利因素,并给出规避方案。软件测试人员要明确地指出计划过程中的风险,并与测试管理员和项目管理员交换意见。这些风险应该在测试计划中明确被指出,在安排进度中予以考虑。有些风险是真正存在的,而有些风险最终可能没有出现,但是列出风险是必要的,这样可以避免在项目晚期发现时感到惊慌。一般而言,大多数测试小组都会发现自己能够支配的资源有限,不可能穷尽软件测试的所有方面。如果能勾画出风险的轮廓,将有助于测试人员排定待测试项的优先顺序,并且有助于测试人员集中精力去关注那些极有可能发生失效的领域。

典型的计划风险包括:不现实的交付日期;员工的可用性;预算;环境选项;工具清单;采购进度表;参与者的支持;培训需求;测试范围;资源可用性;劣质软件等。可能存在的应急措施为:缩小应用程序的范围;推迟实现;增加资源;减少质量过程等。

16.审批

审批人应该是有权宣布已经为测试工作转入下一个阶段做好准备的人或组织。测试计划审批部分中一个重要的部件是签名页,审批人除了在适当的位置签署自己的名字和日期外,还应该表明他们是否建议通过评审的意见。

10.2.3 测试计划的要点

软件测试计划是对测试过程的一个整体上的设计。通过收集项目和产品相关的信息,对测试范围、测试风险进行评估。对测试用例、工作量、资源和时间等进行估算,对测试采用的策略、方法、环境、资源、进度等做出合理的安排。因此,测试计划的要点包括确定测试范围、制定测试策略、测试资源安排、进度安排和风险与对策。

1. 确定测试范围

首先要明确测试的对象,有些对象是不需要测试的,比如大部分软件系统的测试不需要对硬件部分进行测试。但有些对象则必须进行测试。有时测试的范围是比较难判断的,例如,对于一些整合型的系统,是将若干个已有的系统整合起来,形成一个新的系统,那么就需要考虑测试的范围是包括所有子系统,还是仅仅测试接口部分,需要结合整合的方式、系统之间的通信的方式等来决定。

2. 制定测试策略

测试策略包括宏观的测试战略和微观的测试战术,如图 10-8 所示。

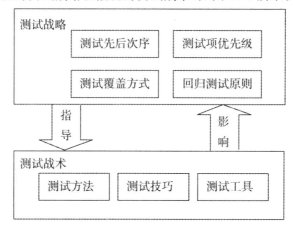

图 10-8　测试策略

(1) 宏观的测试战略

它即是指测试的先后次序、测试的优先级、测试的覆盖方式、回归测试的原则等。为了设计出好的测试战略,需要了解软件的结构、功能分布、各模块对用户的重要程度等,从而决定测试的重点、优先次序。为了达到有效地覆盖,需要考虑测试用例的设计方法。尽可能用最少的测试用例发现最多的缺陷,尽可能用精简的测试用例覆盖最广泛的状态空间,考虑哪些测试用例使用自动化方式实现,哪些使用人工方式验证,等等。

回归测试也需要充分考虑,根据项目的进度安排、版本的迭代频率等合理安排回归测试的方式,同时也要结合产品的特点、功能模块的重要程度、出错的风险等来制定回归测试的有效策略。

(2) 微观的测试战术

它即是指采用的测试方法、技巧和工具等。制定测试计划时需要结合软件采用的技术、架构、协议等,来考虑如何综合各种测试方法和手段,是否需要进行白盒测试,采用什么测试工具进行自动化测试和性能测试等。

3.有效地利用测试资源

通过充分估计测试的难度、测试的时间、工作量等因素,来决定测试资源的合理利用。根据测试对象的复杂度、质量要求,结合经验数据对测试工作量做出评估,从而确定需要的测试资源。

确定测试人员的时间及参与测试的方式。如果需要招聘人员,还要考虑招聘计划。要对测试人员的技能要求进行评估,适当制定培训计划。

4.合理地安排进度

测试的进度安排需要结合项目的开发计划、产品的整体计划进行考虑,还可以根据测试本身的各项活动进行安排。把测试用例的设计、测试环境的搭建、测试报告的编写等活动列入进度安排表,如图 10-9 所示。

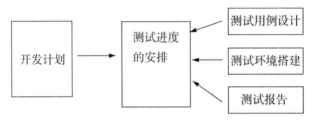

图 10-9　测试进度安排需要考虑的因素

在实际应用中,很难完全按照开发计划一一对应,因为有些开发阶段出来的东西是不需要测试的,例如有些模块是基础模块或核心模块,只能进行白盒测试。这些模块的测试可能是这个项目的测试活动不需要涉及的,或者是因为测试组没有这样的资源来进行这种类型的测试,或者是短时间的白盒测试不能取得明显的效果,于是节省下资源通过其他方式进行测试。

5.评估风险

最后不要忘记对测试过程中可能遇到的风险进行评估,制定出相应的应对策略。通常,可能遇到的风险是项目计划的变更,测试资源或者说测试人员不能及时到位等。制定测试计划时应该根据项目的实际情况进行评估,并做出合理、有效的应对策略。对于项目计划的变更,可以考虑建立更加通畅的沟通渠道。让测试人员能及时了解到变更的情况,以及变更的影响,从而做出相应的改变,例如测试计划的调整等。

10.2.4　测试计划的变更

测试计划改变了以往根据任务进行测试的方式,因此,为使测试计划得到贯彻和落实,测试组人员必须及时跟踪软件开发的过程,对产品提交测试做准备,测试计划的目的本身就是强调按规划的测试战略进行测试,淘汰以往以任务为主的临时性。在这种情况下,测试计划中强调对变更的控制显得尤为重要。

对于项目计划的变更,除了测试人员及时跟进项目以外,项目经理也必须认识到测试组也是项目成员,因此必须把这些变更信息及时通知到项目组,使整个项目得到顺延。项目计划变更一般都涉及日程变更,令人遗憾的是,往往为了进度的原因,交付期限是既定的,项目经理不得不减少测试的时间,这样,执行测试的时间就被压缩了。在这种情况下,测试经理经常固执地认为进度缩减的唯一方法就是向上级通报并主观认为产品质量一定会下降，这种做法和想法不一定是正确的。由于时间不足，不能"完美"地执行所有测试，为了保证质量，可进行以下项目计划的变更。

1. 项目计划的变更

项目计划的变更是调整测试计划中的测试策略和测试范围。实践中测试经理经常忽略测试计划的这一步。调整的目的是重新检查不重要的测试部分，调换测试的次序和减少测试规模，对测试类型重新组合择优，力求在限定时间内做最重要部分的测试，可以把忽略部分留给确认测试或现场测试。其他应对办法包括减少进入测试的阻力，如降低测试计划中系统测试准入准则；分步提交测试，如改成迭代方式增量测试；减少回归测试的要求，如开发人员实时修改，在测试计划中对缺陷修复响应时间和过程进行约定；和公司 QA 商量进行简化配置管理，跳过正式发布环节；缺陷进行局部回归，而不是重新全部测试等。

2. 需求的变更

项目进行过程中最不可避免的就是需求的变更。在测试计划中就不能进行控制和约束吗？答案是未必。当制定计划时，如果项目需求处于动态变化，则在测试用例章节就要进行说明。许多测试经理在编制测试用例时往往没有把测试用例和测试数据进行区分，因此造成的问题是当需求变化时，之前设计的数据就作废了。这时，假设面临一个需求动态的项目，必须在计划中对需求变更造成的测试（设计）方式变化进行说明，如采用用例和数据分离、流程和界面分离、字典项和数据元素分离的设计方式，然后等到最终需求确定后细化测试设计；另一个方面是最好制定一个变更周期的约定——尤其在执行测试阶段发现需求的变更——定义变更的最大频度和重新测试的界限，计划从一定程度上能够降低不可预期需求变化造成的投入损失。值得注意的是，需求发生变更时测试经理额外的工作是记住要在需求跟踪矩阵上做记录。

3. 测试产品版本的变更

对于测试产品版本的变更，除了部分是由于需求变更造成的之外，更有可能是由于修改缺陷引发的问题或配置管理不严格造成的。众所周知，测试必须基于一个稳定的"基线"进行，否则，因反复修改造成测试资源和开发资源的浪费是可观的。合理的测试计划在章节中应增加一个测试更新管理的章节，在此章节中明确更新周期和暂停测试的原则，如小版本的产品更新不能大于每天 3 次、一个相对大的版本不能每周大于 1 次、规定紧急发布产品仅限于何种类型的修改或变更由谁负责统维护和同步更新测试环境。测试计划通常制定了准入和准出准则，这是不够的，要考虑测试暂停的时候产品错误发布或者服务器数据更新就是一个例子，暂停的时候如果测试经理不进行跟踪，可能发生测试组等待测试而没人通知继续测试的情况，所以，增加更新周期和暂停测试原则是很有必要的。

4. 测试资源的变更

测试资源的变更是源自测试组内部的风险，而非开发组的风险，当测试资源不足或冲突且测试部门不可能安排如此多的人手和足够的时间参与测试时，在测试计划中的控制方法与测试时间不足相似。没有测试经理愿意承担资源不足的测试工作，只能说公司本身是否具备以质量为主的体系或者项目经理对产品质量的重视程度如何决定了对测试资源投入的大小，最终产品质量的取决因素不仅仅在于测试经理。为了排除这种风险，除了像时间不足、测试计划变更时那样缩减测试规模等方法以外,测试经理必须在人力资源和测试环境一栏标出明确需要保证的资源。否则,必须将这个问题当作风险记录。避免风险的办法有以下几种。

①项目组的需求和实施人员参与系统测试。

②抽调不同模块开发者进行交叉系统测试或借用其他项目开发人员。

③组织客户方进行确认测试或发布 β 版本。

尽管上面尽可能地描述了测试计划如何制定才能"完美",但还存在的问题是对测试计划的管理和监控。一份计划投入再多的时间去做也不能保证按照这份计划实施。好的测试计划是成功的一半,另一半是对测试计划的执行。对小项目而言,一份更易于操作的测试计划更为实用;对中型乃至大型项目而言,测试经理的测试管理能力就显得格外重要,要确保计划不折不扣地执行下去,测试经理的人际谐调能力、项目测试的操作经验、公司的质量现状都能够对项目测试产生足够的影响。另外,计划也是"动态的"。不必把所有的因素都囊括进去,也不必针对这种变化额外制定"计划的计划",测试计划的制定不能在项目开始后束之高阁,而是要紧追项目的变化,实时进行思考和贯彻,根据现实修改,然后成功实施,这才能实现测试计划保证项目产品质量的最终目标。

10.2.5　制定测试计划所面临的问题及其注意事项

软件测试计划是测试工作的纲领性文件,在制定测试计划时,会遇到诸多问题,需要综合考虑各种影响测试的因素。

1. 制定测试计划所面临的问题

制订测试计划时,测试人员可能面对以下几方面问题。

(1)与开发者的意见不一致

开发者和测试者对于测试工作的认识经常处于对立状态,双方都认为对方一心想要占上风。这种心态只会牵制项目,耗费精力,还会影响双方的关系,而不会对测试工作起任何积极作用。

(2)缺乏测试工具

项目管理部门可能对测试工具的重要性缺乏足够的认识,导致人工测试在整个测试工作中所占比例过高。

(3)培训不够

相当多的测试人员没有接受过正规的测试培训,这会导致测试人员对测试计划产生大量的误解。

(4)管理部门缺乏对测试工作的理解和支持

对测试工作的支持必须来源于上层,这种支持不仅仅是投入资金,还应该对测试工作遇到的问题给出一个明确的态度,否则,测试人员的积极性将会受到影响。

(5)缺乏用户的参与

用户可能被排除在测试工作之外,或者可能是他们自己不想参与进来。事实上,用户在测试工作中的作用相当重要,他们能确保软件符合实际需求。

(6)测试时间不足

测试时间不足是一种普遍的抱怨,问题在于如何将计划各部分划分出优先级,以便在给定的时间内测试应该测试的内容。

（7）过分依赖测试人员

项目开发人员知道测试人员会检查他们的工作，所以他们只集中精力编写代码。对代码中的问题产生依赖心理，这样通常会导致更高的缺陷级别和更长的测试时间。

（8）测试人员处于进退两难的状态

一方面，如果测试人员报告了太多的缺陷，那么大家会责备他们延误了项目；另一方面，如果测试人员没有找到关键性的缺陷，大家会责备他们的工作质量不高。

（9）不得不说"不"

对于测试人员来说这是最尴尬的境地，有时不得不说"不"。项目相关人员都不愿意听到这个"不"字，所以测试人员有时也要屈从于进度和费用的压力。

2. 制定测试计划应注意的事项

做好软件的测试计划不是一件容易的事情，需要综合考虑各种影响测试的因素。为了做好软件测试计划，需要注意以下几个方面。

（1）明确测试的目标，增强测试计划的实用性

大部分应用软件都包含丰富的功能，因此，软件测试的内容千头万绪。在纷乱的测试内容之间提炼测试的目标，是制订软件测试计划时非常重要的工作。测试目标必须是明确的，可以量化和度量的，而不是模棱两可的宏观描述。另外，测试目标应该相对集中，避免罗列出一系列轻重不分的目标。根据对用户需求文档和设计规格文档的分析，确定被测软件的质量要求和测试需要达到的目标。

编写软件测试计划的重要目的就是使测试工作能够发现更多的软件缺陷，软件测试计划的价值就在于它能够帮助管理测试项目，并且找出软件潜在的缺陷。因此，软件测试计划中的测试范围必须高度覆盖功能需求，测试方法必须切实可行，测试工具必须具有较高的实用性并便于使用，生成的测试结果必须直观、准确。

（2）坚持"5W"规则，明确内容与过程

"5W"规则中的 W 分别是指"What（做什么）"、"Why（为什么做）"、"When（何时做）"、"Where（在哪里）"、"How（如何做）"。利用"5W"规则创建软件测试计划，可以帮助测试团队理解测试的目的（Why），明确测试的范围和内容（What），确定测试的开始和结束日期（When），指出测试的方法和工具（How），给出测试文档和软件的存放位置（Where）。

为了使"5W"规则更具体化，需要准确理解被测软件的功能特征、应用软件的行业的知识以及软件测试技术，在测试计划中突出关键部分，分析测试的风险、属性、场景以及采用的测试技术。测试人员还要对测试过程的阶段划分、文档管理、缺陷管理、进度管理给出切实可行的方案。

（3）采用评审和更新机制，保证测试计划满足实际需求

测试计划完成后，如果没有经过评审，直接发送给测试团队，测试计划的内容可能不准确或遗漏测试内容，或者软件需求变更引起测试范围的增减，而测试计划的内容没有及时更新，误导测试执行人员。

测试计划包含多方面的内容，编写人员可能受自身测试经验和对软件需求的理解所限，而且软件开发是一个渐进的过程，所以最初创建的测试计划可能是不完善的、需要更新的。需要

采取相应的评审机制对测试计划的完整性、正确性、可行性进行评估。例如,在创建完测试计划后,提交到由项目经理、开发经理、测试经理、市场经理等组成的评审委员会审阅,根据审阅意见和建议并进行修正和更新。

(4)分别创建测试计划与测试策略

测试策略是软件测试计划模板中的一项,也是软件测试计划的核心和精华所在。测试计划从宏观上说明一个项目的测试需求、测试方法、测试人员安排等,而测试策略就从微观上说明在实际的测试过程中具体怎样实施。

一般测试策略都要占用不少的篇幅,而我们编写软件测试计划要避免的一种不良倾向是测试计划的"大而全",长篇大论,重点不突出,所以有时候我们可以把测试策略从测试计划中分离出来,单独撰写一个文档。

10.3 软件测试文档

10.3.1 软件测试文档的内容说明

根据测试过程,测试文档可以分为:测试计划、测试方案、测试用例、测试规程、测试报告文档。

1. 测试计划文档

测试计划文档是计划测试阶段的测试文档,它指明测试范围、方法、资源,以及相应测试活动的时间进度安排标示的文档。测试计划文档应该包含如下内容。

计划是关于如何做某样事情的思考。所有胜仗未必都是有计划进行的,但是所有败仗都是没有很好计划的。也可以把测试当成一场战争,一场对所有软件 Bug 展开的歼灭战。本节介绍测试计划的主要内容。

计划是指导一个测试过程的决定性部分。通常好的测试计划应包括以下几点。

①目的:每个测试阶段的目的。

②测试完成标准:每个测试阶段完成的标准。

③资源配置:测试所需的硬件设备。

④任务明确:每个测试阶段负责人员的角色和职责。

⑤进度安排:时间进度表。

⑥风险:指明项目中潜在的问题和风险区域。

⑦停止测试标准:判断每一个测试阶段停止测试的标准。

⑧测试用例库:决定选用测试用例的编写方法,保存、使用和维护测试用例。

⑨组装方式:确定主干程序、分系统组装的次序,确定是按自顶向下还是自底向上的增式集成方式进行测试,确定系统在各种组装下的功能特性以及桩模块或驱动模块的设计。

⑩记录手段:明确测试当中对问题、进度等记录的方法。

⑪测试所需的工具:明确测试所需的工具并制定相应的计划。

⑫测试时间:每个测试阶段所需时数。

2.测试方案文档

测试方案文档是涉及测试阶段的测试文档,包括以下内容。

①概述。简要描述被测对象的需求要素、测试设计准则以及测试对象的历史。

②被测对象。确定被测对象,包括其版本、修订级别、软件的承载媒介及其对测试的影响。

③应测试的特性。确定应测试的所有特性和特性组合。

④不被测试的特性。确定被测对象具有的哪些特性不被测试,并说明其原因。

⑤测试模型。测试模型先从测试组网图、结构,对象关系图两个描述层次分析被测对象的外部需求环境和内部结构关系,进行概要描述,确定本测试方案的测试需求和测试着眼点。

⑥测试需求。确定本阶段测试的各种需求因素,包括环境需求、被测对象要求、测试工具需求、测试数据准备等。

⑦测试设计。描述测试各个阶段需求运用的测试要素,包括测试用例、测试工具、测试代码的设计思路和设计准则。

3.测试用例文档

测试用例文档指对一项特定的软件产品进行测试任务的描述,体现测试方案、方法、技术和策略。内容包括测试目标、测试环境、输入数据、测试步骤、预期结果、测试脚本等,并形成文档。不同类别的软件,测试用例是不同的,不同系统、工具、控制、游戏软件、管理软件的用户需求更加不统一,变化更大、更快。

测试用例文档由简介和测试用例两部分组成。简介部分编写了测试目的、测试范围、定义术语、参考文档、概述等。测试用例部分逐一列示各测试用例。每个具体测试用例都将包括下列详细信息:用例编号、用例名称、测试等级、入口准则、验证步骤、期望结果(含判断标准)、出口准则、注释等。以上内容涵盖了测试用例的基本元素:测试索引,测试环境,测试输入,测试操作,预期结果,评价标准。

4.测试规程文档

测试规程文档是指明执行测试时测试活动序列的文档。测试规程文档具体包括如下内容:

①测试规程清单。测试规程清单包括:项目编号、测试项目、子项目编号、测试子项目、测试结论和结论。

②测试规程列表。测试规程列表包括:项目编号、测试项目、测试子项目、测试目的、相关测试用例、特殊需求、测试步骤及测试结果。

5.测试报告文档

测试报告是测试阶段最后的文档产出物,优秀的测试经理应该具备良好的文档编写能力,一份详细的测试报告包含足够的信息,包括产品质量和测试过程的评价,测试报告基于测试中的数据采集以及对最终的测试结果分析。测试报告文档是执行测试阶段的测试文档,指明执行测试结果的文档。

根据测试文档所起的不同作用,又通常把它分为:前置作业文档和后置作业文档。测试计划及测试用例的文档属于前置作业文档。测试计划详细规定了测试的要求,包括测试的目的、内容、方法、步骤以及评价测试的准则等。由于要测试的内容可能涉及软件的需求和软件的设计,因此必须及早开始测试计划的编写,测试计划的编写应从需求分析阶段开始。

测试用例就是将软件测试的行为和活动做一个科学化的组织和归纳,测试用例的好坏决定着测试工作的成功和效率,选定测试用例是做好测试工作的关键一步。在软件测试过程中,软件测试行为必须能够加以量化,这样才能进一步让管理层掌握所需要的测试进程。测试用例就是将测试行为和活动具体量化的方法之一,而测试用例文档则是为了将软件测试行为和活动转换为可管理的模式,在编制过程中按照规定的要求精心设计测试用例,这有着重要意义。前置作业文档可以使接下来将要进行的软件测试流程更加流畅和规范。

后置作业文档是在测试完成后提交的,主要包括软件缺陷报告和分析总结报告。在软件测试过程中,对于发现的大多数软件缺陷,要求测试人员简捷、清晰地把发现的问题以文档形式报告给管理层和判断是否进行修复的小组,使其得到所需要的全部信息,然后决定是否对软件缺陷进行修复。测试分析报告应说明对测试结果的分析情况,经过测试证实了软件具有的功能以及它的欠缺和限制,并给出评价的结论性意见。这个意见既是对软件质量的评价,又是决定该软件能否交付用户使用的一个依据。

此外,根据测试文档编制的不同方法,它也可以分为手工编制和自动编制两种。所谓自动编制,其特点在于,编制过程得到文档编制软件的支持,并可将编好的文档记录在机器可读的介质上。借助于有力的工具和手段,更容易完成信息的查找、比较、修改等操作。常用的各种文字编辑软件都可用于测试文档的编制。

10.3.2 测试文档的管理

软件测试项目其实是一个交互的过程,包括客户所提交的需求文档、开发人员所提交的设计文档,这些都是测试工程师做测试的指导性文件,测试工程师应该就这些文档和客户以及开发工程师进行深入、广泛的变流,以期对某些有争议的问题达成共识。这些交流的过程也应该以某种形式记录下来,这对于后期解决某些不明确的问题,也是很好的证明资料。测试工程师的测试报告、bug 报告、开发工程师对相关 bug 所给出的解释以及双方就某些情况所做的交流都是很宝贵的信息,应该尽可能地保存下来,以便给其后的测试提供借鉴。在特定项目过程中,解决问题的成功模式和方法可以系统地保留下来。

每一个测试项目过程中都会产生很多文档,从项目启动前的计划书到项目结束后的总结报告。其间还有产品需求、测试计划、测试用例和各种重要会议的会议记录等。软件测试文件就为了实现这些目的,对测试中的要求、过程及测试结果以正式的文件形式写出,所以说测试文件的编写是测试工作规范化的一个重要组成部分,有必要将文档管理融入到项目管理中去,成为项目管理很重要的一个环节。文档管理所包含的主要内容为:文档的分类管理、文档的格式和模板管理、文档的一致性管理、文档的存储管理。

1.测试文档的分类管理

测试文件简单地分为两类:测试文档模板和测试过程中生成的文档。测试文档模板是对相应要生成的文档所定义的格式、内容做出严格要求的示范文档。基本的测试文档模板有:测试计划文档模板;测试需求分析模板;测试用例模板;测试评审模板;测试报告模板。

同时,可以按照输入媒介来分为电子文档、纸质文档和其他一些特殊文档,对于电子文档和纸质文档存储和管理的办法都是不一样的,应该分别对待。多数情况下,按照文档的用途来划分,可以分为以下几种:测试日常工作文档(流程定义、工作手册等);测试培训文档和相关技术文档;测试计划、设计文档;测试跟踪、审查资料;测试结果分析报告或产品发布质量报告。

实际上,不论是作为测试小组还是作为测试部门,除了要管理测试本身的文档,还要管理外部输入的文档和软件产品文档。外部输入的文档主要包括系统需求分析报告、设计规格说明书、项目计划书等;软件产品文档包括发布说明、用户手册、技术手册、安装说明、帮助文档等。

2.测试文档的存储和共享

我们知道,要管理的测试文档很多,一方面要能很好、可靠地进行存储,另一方面又能有效地、充分地利用这些文档,这两个方面是相辅相成的,需要统一考虑。

要做好测试文档的存储,事先要做好各种准备,从文档的分类、文件名的格式、文件的模板等方面严格要求测试文件的编制。对于文件名,虽然是一个小问题,做得不好引起麻烦也挺多的,所以要有明确的规定,要求文件名必须用英文,并包含测试组名、项目名、文件类型、日期等。

文档存储要和怎么使用这些文档结合起来做,也就是说,从测试文档的使用目的来进行文档存储的规划和设计。测试文档的使用可以分为个人使用、项目组内部使用和所有测试人员都需要使用,其存储也就服务这三个对象,并考虑具体的使用方法。概括起来,文档存储的规划、设计要考虑以下因素:

①共享方式:共享目录、FTP 方式、HTTP 方式。

②手段:自己开发文档管理系统,或借助第三方的商品化软件,如 Microsoft Share Point。

③安全性:测试文档一般比较多地涉及公司内部的机密信息,需要保证其安全性,严格设置相关的用户权限体系。

④目录结构:目录可以按照团队、项目、文件类型的多层次关系设置。

⑤操作要灵活,包括存取、上载、修改、阅读等各项操作。

3.文档模板

在做软件测试项目的时候,有些文档是每个项目都必备的,如测试计划书、测试案例、测试项目报告、质量分析报告等,对于这些经常使用的文档类型,就可以把格式和内容统一起来,为每一种类型的文档建立相对固定的模板。模板建立之后,便于文档的管理和分类,也为测试工程师提供便利,比较容易编制、写成所需要的测试文档。整个开发团体的其他成员对同类文档的格式非常熟悉,可以直接去查找自己所关心的部分,比较清晰,一目了然。对于特定的项目,文档模板可以酌情增删其中的条目。制定模板的初衷是为了方便工作,而不是禁锢我们的思维,在做具体工作的时候,应把握好原则性和灵活性。

10.3.3　测试用例文档的设计

1.测试用例

测试用例(Test Case)是为了高效率地发现软件缺陷而精心设计的少量测试数据。实际测试中,由于无法达到穷举测试,所以要从大量的输入数据中精选有代表性或特殊性的数据来作为测试数据。好的测试用例应该能发现尚未发现的软件缺陷。

（1）测试用例的作用

在软件测试中,测试用例的作用如下:

①在进行软件测试时,可以将部分测试工作外包,并要求外包人员根据所设计的测试用例进行测试。这样做可以节省测试人员的数量。

②当管理者不知道软件测试需要多长时间时,可以通过测试用例的种类和数量来估算所需要的时间。

③当测试人员不知道要求测试到何种程度时,可以根据测试用例,基于不同的状况来调整测试内容。

④由于是利用模块化的方式来归纳测试用例,所以测试人员可以知道所进行的测试是属于程序的哪个部分。

⑤可以根据测试用例的执行结果产生测试报告。

（2）好的测试用例应具备的特征

①可以最大程度地找出软件隐藏的缺陷。

②可以最高效率地找出软件缺陷。

③可以最大限度地满足测试覆盖要求。

④既不能太复杂,也不能过分简单。

⑤可以清楚地判定软件缺陷。

⑥测试用例包含期望的正确的结果。

⑦待查的输出结果或文件简单明了。

⑧不包含重复的测试用例。

⑨测试用例内容清晰、格式一致和分类组织。

（3）设计测试用例的原则与策略

原则:

①一个好的测试用例能够发现之前没有发现的错误。

②测试用例应由测试输入数据和与之对应的预期输出结果这两部分组成。

③在设计测试用例时,应当包含合理的输入条件和不合理的输入条件。

策略:

①测试用例的代表性:能够代表各种合理和不合理的、合法和非法的、边界和越界的以及极限的输入数据、操作和环境设置等。

②测试结果的可判定性:即测试执行结果的正确性是可判定的或可评估的。

③测试结果的可再现性:即对同样的测试用例,系统的执行结果应当是相同的。

2.测试用例的类型

按测试目的不同,测试用例主要可分为以下几种类型。

（1）等价类划分测试用例

①如果某个输入条件规定了取值范围或值的个数,则可确定一个合理等价类(输入值或个数在此范围内)和两个不合理等价类(输入值或个数小于这个范围的最小值或大于这个范围的最大值)。

②如果规定了输入数据的一组值,而且程序对不同的输入值做不同的处理,则每个允许输

入值是一个合理等价类,此外还有一个不合理等价类(任何一个不允许的输入值)。

③如果规定了输入数据必须遵循的规则,可确定一个合理等价类(符合规则)和若干个不合理等价类(从各种不同角度违反规则)。

④如果已划分的等价类中各元素在程序中的处理方式不同,则应将此等价类进一步划分为更小的等价类。

⑤确定测试用例。

⑥为每一个等价类编号。

⑦设计一个测试用例,使其尽可能多地覆盖尚未被覆盖过的合理等价类。重复这步,直到所有合理等价类被测试用例覆盖。设计一个测试用例,使其只覆盖一个不合理等价类。

(2)边界值测试用例

边界值测试是通过输入不同大小的数据和不正确的数据,观察被测程序是否产生错误的行为。边界值测试用例是为了实现边界值测试所构造的测试用例。使用边界值分析方法设计测试用例时一般与等价类划分结合起来,但它不是从一个等价类中任选一个例子作为代表,而是将测试边界情况作为重点目标,选取正好等于、刚刚大于或刚刚小于边界值的测试数据。

①如果输入条件规定了值的范围,可以选择正好等于边界值的数据作为合理的测试用例,同时还要选择刚好越过边界值的数据作为不合理的测试用例。如输入值的范围是 $[1,100]$,可取 $0,1,100,101$ 等值作为测试数据。

②如果输入条件指出了输入数据的个数,则按最多个数、最少个数、比最少个数少 1、比最多个数多 1 等情况分别设计测试用例。例如,一个输入文件可包括 $1 \sim 255$ 个记录,则可以分别设计有 1 个记录、255 个记录以及 0 个记录的输入文件的测试用例。

③对每个输出条件分别按照以上原则确定输出值的边界情况。例如,一个学籍管理系统规定,只能查询 $2005 \sim 2008$ 级大学生的各科成绩,可以设计测试用例,使得能够查询范围内的某一届或四届学生的学生成绩,还需设计查询 2004 级、2009 级学生成绩的测试用例(不合理输出等价类)。

由于输出值的边界与输入值的边界不对应,所以要检查输出值的边界不一定可能,要产生超出输出值之外的结果也不一定能做到,但必要时还需试一试。

④如果程序的规格说明给出的输入或输出域是个有序集合(如顺序文件、线性表、链表等),则应选取集合的第一个元素和最后一个元素作为测试用例。

(3)功能测试用例

功能测试是软件测试最重要的一项测试,功能测试用例约占测试用例集的 $50\% \sim 80\%$,设计功能测试用例主要考虑以下 4 点。

①功能是否符合要求。

②功能是否完整。

③功能是否有作用。

④功能是否无错误。

(4)设置测试用例

检查测试代码的逻辑结构和使用的数据是否符合系统需求。

(5)压力测试用例

压力测试是要找出安全临界值,压力测试用例必须设计出不同等级的压力环境来查看所测试软件的使用状况。压力环境的设置可以根据下述几点考虑:

①CPU 处理速度。

②CPU 使用率。

③磁盘空间。

④内存容量。

⑤虚拟内存容量。

⑥使用者数量。

⑦处理信息量的多少。

(6)错误处理测试用例

设计错误处理测试用例就是尽量设计一些可以让被测软件发生或可能发生错误的环境来查看软件是否依然正常运行,设计错误处理测试用例考虑如下:

①防范错误发生。

②如何处理错误。

③如何告知错误。

(7)回归测试用例

回归测试的主要目的是确保改动的程序达到了修改目的,且不会引起其他问题的发生。最保险的回归测试策略是将所有的测试用例重新测试一遍,显然这也是最无效率的回归测试方式。回归测试与其他测试的最大区别是设计测试用例的考虑方向和测试用例的使用情况,测试用例的考虑方向是指必须确保核心功能和其他主要功能运作正常,测试用例使用情况是指测试用例可被重复使用和用户可累加。

(8)状态测试用例

可用程序状态来表示所有的控制流程。测试的出发点是站在使用者角度,但每个使用者的习惯不同,所以设计状态测试用例必须从不同的层面入手。

(9)结构测试用例

白盒测试是结构测试,所以被测对象基本上是源程序,以程序的内部逻辑为基础设计测试用例。当程序中有循环时,覆盖每条路径是不可能的,要设计覆盖程度较高或覆盖最有代表性的路径的测试用例。几种常用的覆盖包括语句覆盖、判定覆盖、条件覆盖、条件组合覆盖、路径覆盖等。

(10)其他测试用例

还有一些测试用例也是经常使用的,例如性能测试用例、兼容性测试用例、发行验证测试用例和使用界面测试用例等。

3.测试用例的选择

测试用例的选择既要有一般情况,也应有极限情况以及最大和最小的边界值情况。测试的目的是暴露软件中隐藏的缺陷,所以在设计选取测试用例和数据时要考虑那些易于发现缺陷的测试用例和数据,结合复杂的运行环境,在所有可能的输入条件和输出条件中确定测试数据,以此检查软件是否都能产生正确的输出。

测试用例的设计方法不是唯一的,具体到每个测试项目都会用到多种方法,每种类型的软件有各自的特点,每种测试用例设计的方法也有各自的特点,针对不同软件如何设计出全面的测试用例的问题非常重要。因此在实际测试中,联合使用各种测试方法,形成综合策略,通常先用黑盒法设计基本的测试用例,再用白盒法补充一些必要的测试用例。

在实际测试中,综合使用各种方法才能有效提高测试效率和测试覆盖度,这就需要掌握这些方法的原理,积累更多的测试经验,以有效提高测试水平。

设计测试用例时可首先考虑等价类划分,包括输入条件和输出条件的等价划分,将无限测试变成有限测试,这是减少工作量和提高测试效率的有效方法。

在任何情况下都必须使用边界值分析方法,经验表明用这种方法设计出测试用例发现程序错误的能力最强。

注意对照程序逻辑检查已设计出的测试用例的逻辑覆盖程度,如果没有达到要求的覆盖标准,应当再补充足够的测试用例。

4.测试用例文档应包含的内容

(1)测试用例表

测试用例表如表 10-1 所示。

表 10-1　测试用例表

用例编号			测试模块	
编制人			编制时间	
开发人员			程序版本	
测试人员			测试负责人	
用例级别				
测试目的				
测试内容				
测试环境				
规则指定				
执行操作				
测试结果	步骤	预期结果	实测结果	
	1			
	2			
	……			
备注				

对其中一些项目做如下说明:

①用例编号：对该测试用例分配唯一的标识号。

②测试模块：指明并简单描述本测试用例是用来测试哪个具体模块的。

③用例级别：指明该用例的重要程度。测试用例的级别分为4级：级别1（基本）、级别2（重要）、级别3（详细）、级别4（生僻）。

④执行操作：执行本测试用例所需的每一步操作。

⑤预期结果：描述被测项目或被测特性所希望或要求达到的输出或指标。

⑥实测结果：列出实际测试时的测试输出值，判断该测试用例是否通过。

⑦备注：如需要，则填写"特殊环境需求（硬件、软件、环境）"、"特殊测试步骤要求"、"相关测试用例"等信息。

（2）测试用例清单

测试用例清单如表10-2所示。

表10-2　测试用例清单

项目编号	测试项目	子项目编号	测试子项目	测试用例编号	测试结论	结论
1		1		1		
……	……		……			
总数	—				—	—

10.3.4　软件生命周期各阶段的测试任务与可交付的文档

通常软件生命周期可分为以下6个阶段：需求阶段、功能设计阶段、详细设计阶段、编码阶段、软件测试阶段以及运行/维护阶段，相邻两个阶段之间可能存在一定程度的重复以保证阶段之间的顺利衔接，但每个阶段的结束具有一定的标志，例如已经提交可交付文档等。

1.需求阶段

（1）测试输入

需求计划（来自开发）。

（2）测试任务

①制定验证和确认测试计划。

②对需求进行分析和审核。

③分析并设计基于需求的测试，构造对应的需求覆盖或追踪矩阵。

（3）可交付的文档

①验收测试计划（针对需求设计）。

②验收测试报告（针对需求设计）。

2.功能设计阶段

（1）测试输入

功能设计规格说明（来自开发）。

（2）测试任务

①功能设计验证和确认测试计划。

②分析和审核功能设计规格说明。

③可用性测试设计。

④分析并设计基于功能的测试,构造对应的功能覆盖矩阵。

⑤实施基于需求和基于功能的测试。

(3)可交付的文档

①确认测试计划。

②验收测试计划(针对功能设计)。

③验收测试报告(针对功能设计)。

3.详细设计阶段

(1)测试输入

详细设计规格说明(来自开发)。

(2)测试任务

①详细设计验收测试计划。

②分析和审核详细设计规格说明。

③分析并设计基于内部的测试。

(3)可交付的文档

①详细确认测试计划。

②验收测试计划(针对详细设计)。

③验收测试报告(针对详细设计)。

④测试设计规格说明。

4.编码阶段

(1)测试输入

代码(来自开发)。

(2)测试任务

①代码验收测试计划。

②分析代码。

③验证代码。

④设计基于外部的测试。

⑤设计基于内部的测试。

(3)可交付的文档

①测试用例规格说明。

②需求覆盖或追踪矩阵。

③功能覆盖矩阵。

④测试步骤规格说明。

⑤验收测试计划(针对代码)。

⑥验收测试报告(针对代码)。

5.测试阶段

(1)测试输入

①要测试的软件。

②用户手册。

(2)测试任务

①制定测试计划。

②审查由开发部门进行的单元和集成测试。

③进行功能测试。

④进行系统测试。

⑤审查用户手册。

(3)可交付的文档

①测试记录。

②测试事故报告。

③测试总结报告。

6.运行/维护阶段

(1)测试输入

①已确认的问题报告。

②软件生命周期。软件生命周期是一个重复的过程。如果软件被修改了,开发和测试活动都要回归到与修改相对应的生命周期阶段。

(2)测试任务

①监视验收测试。

②为确认的问题开发新的测试用例。

③对测试的有效性进行评估。

(3)可交付的文档

可升级的测试用例库。

第 11 章　软件调试与维护

软件调试(排错)是在进行了成功的测试之后才开始的工作。它与软件测试不同,测试的目的是尽可能多地发现软件中的错误;调试的任务则是进一步诊断和改正程序中潜在的错误。

软件维护阶段覆盖了从软件交付使用到软件被淘汰为止的整个时期,它是在软件交付使用后,为了改正软件中隐藏的错误,或者为了使软件适应新的环境,或者为了扩充和完善软件的功能或性能而修改软件的过程。一个软件的开发时间可能需要一两年,但它的使用时间可能要几年或几十年,而整个使用期都可能需要进行软件维护,所以软件维护的代价是很大的,而且维护的代价还在逐年上升。因此,如何提高软件维护的效率、降低维护的代价成为十分重要的问题。

11.1　软件调试

11.1.1　软件调试过程

软件调试是在软件测试完成之后对测试过程中发现的错误加以修改,以保证软件运行的正确性、可靠性。调试不同于测试,它们的区别在于调试作为测试的后续工作,主要是解决和排除测试中出现错误的工作。调试的过程如下:

①从错误的外部表现形式入手,确定程序中出错的原因。

②研究相关部分的程序,找出错误的位置及内在原因。

③修改设计和代码,以排除这个错误。

④重复对修改后的代码进行有关测试,以确认该错误是否被排除或者是否引入了新的错误。

⑤如果所做的修正无效或是引入了新的错误,则根据实际情况决定是否撤销此次改动,或是修改新的错误。不断重复上述过程,直到找到一个有效的解决办法为止,图 11-1 是调试活动的执行步骤。

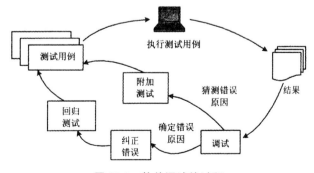

图 11-1　软件调试的过程

调试工作是一个艰难而且漫长的过程,解决问题的效率一方面取决于软件人员的技术方面的原因,另一方面也有人的心理因素影响。从心理因素方面看,调试的能力因人而异,虽然也有经验造成的差距,但是,对于有同样教育背景与经验的程序员,他们的调试能力差别也很大,从技术角度看,查找错误的难度在于:

①人为因素导致的错误不易被确定和追踪。

②当一个错误被纠正时,可能会引入新的错误。

③在软件系统中,错误发生的外部位置与其内在原因所处的位置可能相差甚远。

④在分布式处理环境中,错误的发生是由若干个 CPU 执行的任务共同导致的,对导致错误的准确定位十分困难。

⑤错误是由难以精确再现的外部状态或事件所引起的。

在软件调试过程中,可能会遇到各种的问题,而且解决一个问题的同时可能引入更多的新问题,这使得调试过程十分艰难。尽管出错的原因不同,每个开发人员解决问题的方法各异,但掌握若干行之有效的方法和策略,对整个排错过程还是有很大帮助的。

11.1.2　软件调试原则

1. 确定错误的性质、位置的原则

①认真分析、思考与错误征兆有关的信息。

②当调试工作陷入绝境时将问题暂时搁置,等第二天再去考虑,或者向其他人讲解这个问题。

③调试工具可以帮助思考,但不能代替思考,故而只能作为辅助手段来使用。

④避免用试探法,最多只能把它当作最后手段。通过修改程序来解决问题常常会带入新的错误,成功机会很小。

2. 修改错误的原则

①不但要修改出现错误的地方,还要检查其近邻是否存在错误,因为有时候出现错误的地方不止一个。

②修改错误的重点在于修改错误的本质,而不仅仅只是修改这个错误的征兆或表现。

③修正一个错误的同时有可能会引入新的错误,必须在修改了错误之后进行回归测试,以确认是否存在新的错误。

④修改错误也是程序设计的一种形式,修改错误的过程将迫使人们暂时回到程序设计阶段。在错误修正的过程中可以使用在程序设计阶段所使用的任何方法。

⑤修改源代码程序,不要改变目标代码。对于一个大的系统,特别是对一个使用汇编语言编写的系统进行调试时,如果试图通过直接改变目标代码来修改错误,并打算以后再改变源程序,会导致当程序重新编译或汇编时,因目标代码与源代码不同步引发错误的再现。这是一种盲目的实验调试方法,也是一种草率的、不妥当的做法。

11.1.3　软件调试策略

软件调试是一项十分艰巨的工作,要在规模庞大的软件系统中准确地确定错误发生的原因和位置,并正确地纠正相应的错误,需要有良好的调试策略。这也是软件调试工作的观念。

下面是几种常用的调试策略,现对其基本思想和特点进行介绍。

1. 硬性排错

硬性排错,主要是采用试验的方法,如设置临时变量、增加调试语句、设置断点、单步执行等,最终找到错误。使用这种方法不需要过多的思考。目前该方法使用较多,但效率较低,准确性也不令人满意。

(1)通过内存全部打印来排错

这一方法的具体做法是:将计算机存储器和寄存器的全部内容打印出来,然后在这大量的数据中寻找出错的位置。利用这种方法有时候能够获得成功。

这一方法存在许多缺陷,之所以这么说,是因为它更多的是浪费了机时、纸张和人力。例如很难建立起内存地址与源程序变量之间的对应关系;人们将面对大量(八进制或十六进制)的且其中绝大多数与所查错误无关的数据;一个内存全部内容打印清单所显示的只是源程序在某一瞬间的状态(即静态映象),而为发现错误需要的是程序的随时间变化的动态过程;一个内存全部内容打印清单不能反映在出错位置处程序的状态,也就是说程序在出错时刻与打印信息时刻之间的时间间隔内所做的事情可能会掩盖所需要的线索;缺乏从分析全部内存打印信息束找到错误原因的算法,等等。可见,这是一种效率极低的方法。

(2)在程序特定部位设置打印语句

这一方法的具体做法是:把打印语句插在出错的源程序的各个关键变量改变部位、重要分支部位、子程序调用部位,跟踪程序的执行,监视重要变量的变化。

这一方法能显示出程序的动态过程,允许人们检查与源程序有关的信息。与全部打印内存信息相比,显然它更具优越性。

这一方法的缺点:费用过大,可能输出大量需要分析的信息,尤其是大型程序或系统;必须修改源程序以插入打印语句,这种修改可能会掩盖错误、改变关键的时间关系或把新的错误引入程序。

(3)自动调试工具

自动调试工具的功能是:设置断点,当程序执行到某个特定的语句或某个特定的变量值改变时,程序暂停执行。程序员可在终端上观察程序此时的状态。

利用某些程序语言的调试功能或专门的交互式调试工具,分析程序的动态过程,而不必修改程序。可供利用的典型的语言功能有:打印出语句执行的追踪信息,追踪子程序调用,以及指定变量的变化情况。

2. 归纳法排错

归纳法排错是根据软件测试所取得的错误结果的个别数据,分析出可能的错误线索,研究出错规律和错误之间的线索关系,由此确定错误发生的原因和位置。归纳法排错的基本思想是:从一些个别的错误线索着手,通过分析这些线索之间的关系而发现错误。

概括地说,归纳法排错,需要准备几组有代表性的输数据,反复执行,对得出的错误结果进行整理、分析、归纳,提出错误原因及位置假想,再用新的一组测试数据去验证这些假想。其具体实施步骤如图 11-2 所示。

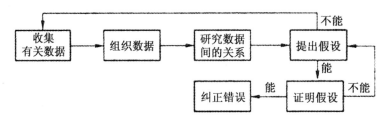

图 11-2　归纳法排错的步骤

（1）收集有关数据

列出所有已经知道的测试用例和程序运行结果，不仅要包括那些出错的运行结果，也要包括那些不产生错误结果的测试数据，这些数据将为发现错误提供宝贵的线索。

（2）组织数据

由于归纳法是从特殊到一般的推断过程，所以需要对第一步收集的有关数据进行组织、整理，以便观察线索间的模式。常用的构造线索的技术是"分类法"。

（3）研究数据间的关系

对有关数据进行细致的分析，从中发现错误发生的线索和规律，并用"What（列出一般现象）"、"Where（说明发现现象的地点）"、"When（列出现象发生时所有已知情况）"、"How（说明现象的范围和量级）"对错误进行描述。

（4）提出假设

研究分析测试结果数据之间的关系，力求寻找出其中的联系和规律，进而提出一个或多个关于出错原因的假设，选择其中最有可能的假设。在提出假设以后，证明假设的合理性对软件调试很重要。

（5）证明假设

证明假设是将假设与原始的测试数据进行比较，如果假设能够完全解释所有的调试结果，那么该假设便得到了证明；反之，该假设就是不合理的，需要重新提出新的假设。

3. 演绎法排错

演绎法是一种从一般推测和前提出发，经过排除和精化的过程，推导出结论的思考方法。演绎法排错是列出所有可能的错误原因的假设，然后利用测试数据排除不适当的假设，最后再用测试数据验证余下的假设确实是出错的原因。

概括地说，演绎法排错，是针对各组测试数据所得出的结果，列举出所有可能引起出错的原因，然后将不可能发生的原因与假设逐一排除，最终确定错误位置。其具体步骤如下，如图 11-3 所示。

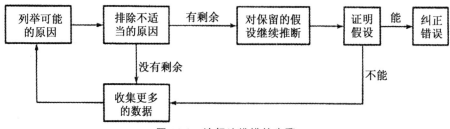

图 11-3　演绎法排错的步骤

（1）列出所有可能的错误原因的假设

把可能的错误原因列成表，不需要完全解释，仅是一些可能因素的假设。

（2）排除不适当的假设

对已有的数据进行仔细分析，寻找矛盾，力求排除无关因素，找到主要原因。如果前一步列出的所有原因都被排除掉了，则需补充一些测试用例，以建立新的假设；如果保留下来的假设多于一个，则选择可能性最大的作为基本的假设。

（3）精化余下的假设

利用可靠的错误迹象对余下的假设进一步完善，使之更具体化，以便可以精确地确定出错位置。

（4）证明余下的错误原因假设的正确性

做法与归纳法相同。

4. 回溯法排错

回溯法往往能把错误范围缩小到程序中的一小段代码，仔细分析这段代码很容易确定出错的准确位置，因此，回溯法排错是在小程序中常用的一种有效的排错方法。

人们一旦发现了错误，往往会先分析错误征兆，确定最先发现"症状"的位置；然后，人工沿程序的控制流程，向回追踪源程序代码，直到找到错误根源或确定错误产生的范围。例如，程序中发现错误的地方是某个打印语句，可以通过输出值推断出程序在这一点上变量的值，再从这一点出发回溯程序的执行过程，反复考虑："如果程序在这一点上的状态（变量的值）是这样，那么程序在上一点的状态一定是这样"……直到找到错误的位置，即在其状态是预期曲点与第一个状态不是预期的点之间的程序位置。

但是对于大程序而言，该排错方法并不适用，因为大程序中，回溯的路径数目较多，回溯会变得很困难。

应用以上任一种方法之前，都应当对错误的征兆进行全面彻底的分析，得出对出错位置及带误性质的推测，再使用一种适当的排错方法来检验推测的正确性。

5. 对分法调试

如果已经知道某些变量在程序中若干关键点的正确值，则可以在程序中间的某个恰当位置插入赋值语句或输入语句，为这些变量赋予正确的值，然后再检查程序的运行结果。如果在插入点以后的运行正确，那么错误一定发生在插入点的前半部分；反之，错误一定发生在插入点的后半部分。对于程序中有错误的部分再重复使用该方法，直至把错误的范围缩小到容易诊断的区域为止。

11.2　软件维护

软件产品在被开发出来并交付用户使用之后，就进入了软件的运行维护阶段。这个阶段是软件生命周期的最后一个阶段，周期长，耗费大。

11.2.1　软件维护概述

1. 软件维护的定义及其策略

所谓软件维护就是在软件已经交付使用之后，为了改正错误或满足新的需要而修改软件的过程。做好软件维护的工作能够使软件更加完善，性能更加完好。

软件维护是由于软件设计不正确、不完善或使用环境变化所引起的，应当引起维护人员的重视。可以通过软件交付使用后可能进行的 4 项活动具体地定义软件维护。

（1）改正性维护

改正性维护常用于识别和纠正软件错误、改正软件性能上的缺陷、排除实施中的错误，如改正性维护可以是改正原来程序中未使开关（off/on）复原的错误；解决开发时未能测试各种可能情况带来的问题；解决原来程序中遗漏处理文件中最后一个记录的问题等。

尽管生成 100% 可靠的软件并不合算，但新技术的应用，可大大提高可靠性，并减少进行改正性维护的需要。这些技术包括数据库管理系统、软件开发环境、程序自动生成系统、较高级（第四代）的语言，应用以上四种方法可产生更加可靠的代码。此外，还有以下方法：

①利用应用软件包，可开发出比完全由用户自己开发的系统可靠性更高的软件。

②结构化技术，能够使开发的软件易于理解和测试。

③防错性程序设计。把自检能力引入程序，通过非正常状态的检查，提供审查跟踪。

④通过周期性维护审查，在形成维护问题之前就可确定质量缺陷。

我们把诊断和改正错误的过程称为改正性维护。据统计数字表明，改正性维护占全部维护活动的 17%～21%。

（2）适应性维护

适应性维护可以认为是计算机外部环境或数据环境发生变化的情况下，使软件能够适应这种变化而去修改软件的过程，如适应性维护可以是为现有的某个应用问题实现一个数据库；对某个指定的事务编码进行修改，增加字符个数；调整两个程序，使它们可以使用相同的记录结构；修改程序，使其适用于另外一种终端。

适应性维护不可避免，但可以控制。例如，配置管理时，把硬件、操作系统和其他相关环境因素的可能变化考虑在内，可以减少某些适应性维护的工作量；把与硬件、操作系统，以及其他外围设备有关的程序归到特定的程序模块中；把因环境变化而必须修改的程序局限于某些程序模块之中；使用内部程序列表、外部文件，以及处理的例行程序包，可为维护时修改程序提供方便。

进行这方面的维护工作也要像系统开发一样有计划、有步骤地进行。据统计数字表明，适应性维护占全部维护活动的 18%～25%。

（3）完善性维护

完善性维护用于软件使用过程中，为满足用户对软件提出新的功能与性能要求而进行修改或再开发软件，以扩充软件功能、增强软件性能、改进加工效率、提高软件的可维护性。例如，完善性维护可能是修改一个计算工资的程序，使其增加新的扣除项目；缩短系统的应答时间，使其达到特定的要求；对现有程序的终端对话方式加以改造，使其具有方便用户使用的界面；改进图形输出；增加联机求助（HELP）功能；为软件的运行增加监控设施。

利用前两类维护中列举的方法,也可以减少这一类维护。特别是数据库管理系统、程序生成器、应用软件包,可减少系统或程序员的维护工作量。此外,建立软件系统的原型,把它在实际系统开发之前提供给用户。用户通过研究原型,进一步完善他们的功能要求,就可以减少以后完善性维护的需要。

事实上,在全部维护活动中一半以上是完善性维护,这方面的维护除了要有计划、有步骤地完成外,还要注意将相关的文档资料加入到前面相应的文档中。据统计数字表明,完善性维护占全部维护活动的 50%～60%。

(4)预防性维护

当为了改进未来的可维护性或可靠性,或为了给未来的改进奠定更好的基础而修改软件时,出现了第四项维护活动——预防性维护,目前这项维护活动相对比较少。它采用先进的软件工程方法对需要维护的软件或软件中的某一部分(重新)进行设计、编制和测试。

据统计数字表明,预防性维护占全部维护活动的 5%左右。

综上所述,软件维护活动所花费的工作量占整个生存期工作量的 70%以上,这是由于在漫长的软件运行过程中需要不断对软件进行修改,以改正新发现的错误、适应新的环境和用户的新要求,这些修改需要花费很多精力和时间,而且有时修改不正确,还会引入新的错误。同时,软件维护技术不像开发技术那样成熟、规范化,自然消耗的工作量就比较多。

2.软件维护的特点

(1)结构化维护

结构化维护是指软件开发过程是按照软件工程方法进行,开发各阶段文档齐全的软件维护过程,有一套完整的方案、技术、审定过程。

结构化维护有一个完整的软件配置,维护活动是从评价设计文档开始,确定该软件的主要结构性能;估量所要求的变更的影响及可能的结果;确定实施计划和方案;修改原设计;进行复审;开发新的代码;用测试说明书进行回归测试;最后修改软件配置,再次发布该软件的新版本。

(2)非结构化维护

非结构化维护没有使用方法学的良好定义,效率极低,代价很高。

非结构化维护的软件配置只能是程序代码,维护活动从读代码开始,由于缺少必要的文档资料,所以很难弄清楚软件结构、全程数据结构、系统接口等系统内部的内涵,这样维护人员就只能通过阅读代码来理解,这必然会产生误解,使得对源代码所做修改的后果难以估量。另外,因为没有测试记录,不能进行回归测试,不进行有效验证。

(3)维护的代价极高

软件维护费用在整个软件开发过程中占有很大比重,并且其所占比例呈逐年上升的趋势。1970 年用于维护已有软件的费用只占软件总预算的 35%～40%,1980 年上升为 40%～60%,1990 年上升为 70%～80%,进入 21 世纪后软件维护的费用依然是有增无减,有的企业将维护转化成了服务,按照服务向软件使用人收费。

维护费用只不过是软件维护最明显的代价,其他一些现在还不明显的代价将来可能更为人们所关注。例如,当看来合理的有关改错或修改的要求不能及时满足时将引起用户不满;由于维护时的改动,在软件中引入了潜在的错误,从而降低了软件的质量;当必须把软件工程师

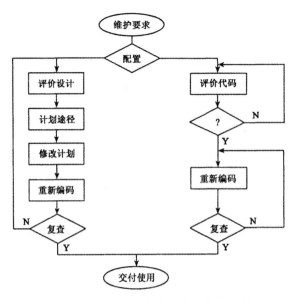

图 11-4　结构化维护与非结构化维护示意图

调去从事维护工作时,将在开发过程中造成混乱。另外,因为可用的资源必须供维护任务使用,以致耽误甚至丧失了开发的良机,这也是软件维护的一个无形的代价。软件维护的最后一个代价是生产率的大幅度下降,这种情况在维护旧程序时常常遇到。

（4）软件维护的困难性

软件维护的困难主要是软件需求分析和开发方法的缺陷造成的。这种困难主要来自于以下几个方面:

①维护人员很难读懂软件开发人员编写的程序。

②要进行维护的软件没有配置详细合格的文档,或配置文档不全。

③软件开发人员和软件维护人员在时间上的差异。

④绝大多数软件在设计的时候都没有考虑到将来要进行必要的修改。

⑤软件维护工作难出成果,人们都不愿去做。

（5）维护的问题很多

软件维护的绝大多数问题与软件定义和软件开发阶段所采用的设计方法、指导思想、技术手段、开发工具等有直接的关系,同时与维护工作的性质也有一定的关系。软件生命周期的前两个阶段如果缺乏严格、科学的管理和规划,几乎必然会导致最后阶段问题的不断出现。

11.2.2　软件维护的过程

1.建立维护组织

在软件维护过程中,除了大型软件开发机构外,通常并不需要建立正式的维护机构。而对于一个小型的软件开发团体而言,非正式地确认一个维护机构是绝对必要的。图 11-5 给出了一种典型的维护组织方式。

维护管理员可以是个人或者包括管理人员、高级技术人员等在内的小组。维护机构的管理都是通过维护管理员转交给相应的系统管理员去评价。系统管理员是熟悉部分程序产品的

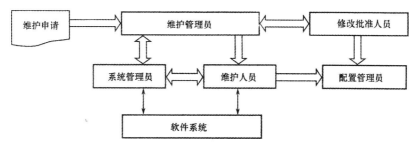

图 11-5　软件维护组织

技术人员。系统管理员对软件维护任务做出评价之后,由变化授权人决定应该进行的活动。软件维护机构是在维护活动开始之前就明确了维护的责任,这样做可以大大减少软件维护过程中可能出现的混乱现象。

2.实施维护工作

(1)维护申请

用户通常要在软件维护人员所提供的空白维护要求表(有时称为软件问题报告表)上按照标准化的格式表达对软件的维护要求。对于遇到的错误,必须完整描述导致出现错误的情况(包括输入数据、输出数据以及其他有关信息);对于适应性维护或完善性维护的要求,用户还应该提出一个简要的需求说明书。

维护申请报告是一个外部机构所提交的文档,它是计划维护活动的基础。软件机构内部应按此制定出一个相应的软件修改报告,它给出下述信息:为满足某个维护要求所需要的工作量;维护要求所需修改变动的性质;这项要求的优先次序;与修改有关的事后数据。软件修改报告需在拟定进一步的维护计划之前提交给变化授权人审查批准,以便进行下一步的工作。

(2)维护工作流程

在维护申请通过之后,首先应确定要求进行维护的类型。对于同一种类型,用户经常把一项要求看做是为了改正软件的错误而进行的改正性维护;而设计人员可能把同一项要求看做是适应性维护或完善性维护。当不同意见存在时,双方需要进行反复协商,以求得意见统一和问题的解决。图 11-6 描绘了由一项维护要求而表示的工作流程。

从图中不难看出,对不同性质错误的处理方式是不同的:

对一项改正性维护申请的处理是从评价错误的严重程度开始的。如果错误很严重,例如关键性的系统不能正常运行了,这时候应在系统管理员的指导下组织人员,立即开始问题分析,找出错误的原因,进行紧急维护;如果错误并不严重,那么改正性的维护和其他可根据轻重情况统筹安排。

对于适应性维护和完善性维护,首先要确定每个维护要求的优先次序。对于优先权高的要求,应立即安排工作时间进行维护工作;对于优先权不高的要求,可把它看成是另一个开发任务一样统筹安排。

无论是如何维护类型,都需要进行同样的技术工作。这些工作包括:修改软件设计、复审设计、必要的源代码修改、单元测试、集成测试(包括使用以前的测试方案的回归测试)、验收测试、复审。每次的软件维护任务完成之后,对维护任务进行复审是很有好处的。一般说来,进行复审时可以从以下角度考虑问题,例如:在当前环境下,设计、编码、测试中的哪些方面能进

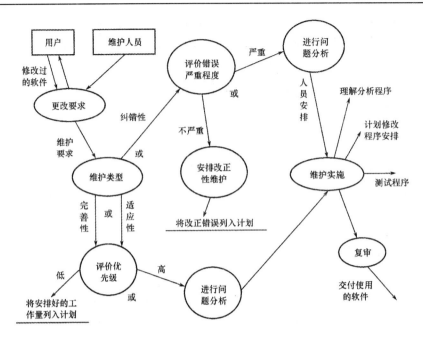

图 11-6　软件维护工作流程示意图

行改进？哪些维护资源是应该有的,而事实上却没有？维护工作中主要的和次要的障碍是什么？申请的维护类型中有预防性维护吗？复审对日后的维护工作有着重要的指导意义,而且所提供的反馈信息对软件机构进行有效的管理是十分重要的。

3.保管维护记录

维护档案记录的内容应该全面详细地记录相关信息,Swanson 提出了维护档案记录应包括如下内容:

程序名称;源代码语句数;机器代码指令数;使用的程序设计语言;程序的安装日期;安装后的程序运行次数;安装后的处理程序故障次数;程序变动的层次和名称;修改程序后增加的源代码语句数;修改程序后删除的源代码语句数;每项改动所耗费的"人时"数;修改程序的日期;软件维护工程师的名字;维护申请报告的名称;维护类型;维护开始和完成的时间;花费在维护上的累计"人时"数;维护工作的纯效益。

上述项目构成了一个维护数据库的基础,用这些项目,就可以对维护活动进行有效地评估。应该为每项维护工作都收集上述数据。

为了更好地做好软件维护工作,包括估计维护的有效程度、确定软件产品的质量、确定维护的实际开销等,应该在维护的过程中记录好维护全过程,建立维护文档。在软件生命周期的维护阶段,保护好完整地维护记录十分必要,因为利用维护记录文档,可以有效地估价维护技术的有效性,并确定一个产品的质量和维护的费用。

4.评价维护活动

评价维护活动是以维护记录为依据的。也就是说,在有维护记录保存的基础上能够进行软件维护活动的评价,否则难以评价。

如果维护记录记载好,就可以对维护工作做一些定量的度量。总体说来,可从下面几个方面评价和度量维护工作：

　　①维护申请报告的平均处理时间。

　　②每次程序运行时的平均失效次数。

　　③用于每一类维护活动的总"人时"数的开销。

　　④维护过程中增加或删除一个源代码语句平均花费的"人时"数。

　　⑤每个程序、每种语言、每种维护类型所做的程序平均变动数。

　　⑥所用语言及每种语言平均花费的"人时"数。

　　⑦不同维护类型所占的百分比。

　　上述度量值提供的是定量数据，可以做出关于开发技术、语言选择、维护工作量规划、资源分配及其他诸多方面的决定，而且还可以利用这样的数据去分析和评价维护工作。

11.2.3　软件维护的质量保证

　　1. 改正性维护的软件质量保证

　　(1)改正性维护活动

　　①用户支持服务。用户支持服务处理软件代码和文档失效、不完整或文档含糊的情况；它们还可能涉及对那些关于软件的知识不够或不会使用可用文档的用户的指导。

　　②软件改正(缺陷修复)。软件改正服务(缺陷修复和文档改正)是在软件失效的情况下所要求的，而且一般是在运行的初期(不管在测试中投入的工作如何)和在以后——虽然可能频率低一些。

　　从本质上说，用户支持服务和软件改正是两种不同的服务，尽管这两种服务所关注的重点是服务质量，使用的却是不同的质量保证工具集。然而，在许多情况下，同一维护组要进行这两种改正性维护。

　　(2)"短小测试"质量指南

　　①由有资格的测试人员实施测试。

　　②应当编制测试过程文档(大多数情况是两到三页)。

　　③应当完成一份测试报告，记录测试和再次测试的每个阶段中检测出的错误。

　　④测试组长评审测试文档的改正范围、测试用例的适宜性和测试结果。

　　⑤对于"简单而微不足道"的修复，尤其是在顾客现场实施的修复，可以避免短小测试。

　　(3)承包商—分包商合同中的软件质量保证工具

　　采用分包(外包)维护服务，尤其是用户支持服务是目前十分常见的服务方式。确保分包商的维护服务质量和建立顺畅关系的主要工具是承包商—分包商合同。

　　合同里面的软件质量保证工具集中在：

　　①处理规定范围维护召唤的规程。

　　②服务规程的完整文档。

　　③记录分包商维护组成员的专业证明的记录的可用性，供承包商评审。

　　④授权承包商进行维护服务的定期评审以及顾客满意度调查。

　　⑤与质量有关的、需要施以惩罚的状况和在极端情况下分包合同的终止。

　　成功的分包需要合适的组织和规程以执行对实施的正确控制。一旦维护变成了合同，承包商就应当定期进行协商好的维护服务评审和顾客满意度调查。

2.软件质量保证基础设施工具

基础设施软件质量保证工具组的大部分具有通用的性质,并在软件系统整个生命周期执行。实际上,基础设施软件质量保证工具对维护的贡献不是随维护过程的开始才开始的。很明显,软件开发组对软件质量保证基础设施工具的充分应用对维护组活动的效率和有效性做出了相当大的贡献。这些工具以两种方式对维护质量做出贡献:首先,在生产高质量软件时支持软件开发组;其次,支持负责维护同一软件产品的维护组。

软件维护过程尤其是改正性维护需要专门的软件质量保证基础设施工具,这显示了其专有的特性。下面列出类几种专门用途的软件质量保证基础设施工具:

(1)专业性维护规程

大多数专门的维护规程和工作条例是用于改正性维护和用户支持活动的,如软件失效情况下的服务请求的远程处理及顾客服务请求的现场处理;用户支持服务;软件改正和用户支持活动的质量保证控制;顾客满意度调查;改正性维护和用户支持组成员的认证。

(2)支持性质量手段

维护部门必须建立专门的手段以支持软件改正和用户支持活动:模板、检查表,等等。这种手段可以包括:定位失效原因的检查表——由维护技术人员使用;报告如何解决软件失效的模板,包括改正过程的发现;编制短小测试规程文档的检查表。

(3)维护组的培训和认证

改正性维护组来说,特殊的培训和认证是至关重要的。连续提供维护合同(在内部顾客的情况下是协议)中所规定服务的需要促进了改正性维护专业人员的培训。因此,培训计划应当提供峰值负载期雇工需要的解决办法和机构在短时间内需要替换、退休、解聘和免职人员的解决办法。

需要注意的是,软件改正专业人员的认证,他们通常在重大的时间压力下单独工作,在许多情况下是在顾客现场完成他们的任务,而在顾客现场,来自维护组负责人和其他人的专业支持是很有限的。

(4)预防性和改正性措施

软件失效及其修复的记录以及用户支持请求的记录有助于预防性和改正性措施的制定。为使这个过程有效,需要对筛选收集的信息进行归纳和分析,对相关开发和维护过程的改进提出合适的建议。这些软件质量保证活动是受在重要软件开发机构里建立的一个内部委员会——改正性措施委员会的指挥和控制的。一般提交给这个委员会评审的问题包括:

①顾客请求用户支持服务的内容和频度的改变。

②为适应顾客的用户支持请求投入的平均时间的增加。

③修复顾客软件失效投入的平均时间的增加。

④软件改正失效的百分比的增长。

(5)配置管理

失效改正和由维护机构启动的、用一个新版本去成"组"替换当前在用的软件版本是目前依赖于配置管理的两个常见应用。

①失效修复。在软件失效修复过程中,通过失效更改实验中的较少错误和减少在改正工

作中投入的资源实现的。

②组替换。"组"替换表示使用所述版本的所有顾客都将差不多同时收到软件的新开发版本或更新版本。

基于关于顾客组成员的信息,配置管理支持组替换;基于替换的范围和同顾客所签的合同类型,做出实施组替换的适当性的决定;制定组替换计划,分配资源并确定进度表。

通过用改进版本替换当前软件版本对软件质量做出贡献,因为改进版本软件失效的可能性通常较小并且需要较少支持。这种质量改进又对软件维护效率做出贡献,因为改正性维护所需的资源更少。

(6)维护文档和质量记录

编制文档和质量记录可以为预防性和改正性措施提供至关重要的数据(如早先提到的);支持对未来顾客失效报告和用户支持请求的处理;提供回应未来顾客索赔或投诉的证据。在各种维护规程中列出的文档需求应当回应所有这些文档需要。

3.管理性控制软件质量保证工具

(1)软件维护服务的性能控制

除产生定期的性能信息外,为引起管理人员的注意,管理性控制工具还能产生以下的警告:

①软件改正。主要包括如下内容:

有故障修复的比例上升和极端失效状况的具体"模型"案例清单加长;远程失效修复(低费用修复)相对于顾客现场修复的比例下降;基于顾客满意度调查的顾客满意度较低;使用的资源增多;远距离位置的现场修复和海外服务的比例上升;不能满足修复进度需求的百分比上升。

②用户支持。主要包括如下内容:

对特定软件系统的服务、对服务类型的请求率上升;基于顾客满意度调查的顾客满意度较低;用户支持服务中利用的资源增多;有故障咨询率和"未完成"失效的具体案例上升;提供所请求的咨询服务的失效率上升。

这些管理性失效修复控制(预计它们会产生告警)是通过定期报告、定期安排的员工会议、对提供服务的维护支持中心的访问和对处理软件维护度量和维护质量费用的报告的分析进行的。累积的信息支持有关改正性维护的计划和运作的管理性决定。

(2)软件维护的质量度量

软件维护质量度量主要用于确认维护效率、有效性和顾客满意度的走向,其基本走向的改变提供有关下列事项的管理性决定的定量基础:

①运行方法的比较。

②预防性和改正性措施的启动。

③为下一周期制定维护计划时的资源需求估计。

④作为新的或调整的维护服务建议基础的资源需求估计。

(3)软件维护质量费用

改正性维护的质量费用被分为如下 6 类:

①预防费用:出错预防费用,即维护组的指导和培训费用、预防性和改正性措施的费用。

②外部失效费用:由顾客投诉启动的软件失效改正费用。

③评价费用:出错检测的费用,即软件质量保证组、外部组开展的维护服务的评审费用和顾客满意度调查费用。

④管理性失效的费用:由管理性措施或无管理性措施引起的软件失效费用,即由维护人员短缺或不合适的维护任务组织引起的损害费用。

⑤管理性准备与控制费用:为预防错误进行的管理性活动费用,即维护计划编制、维护组招聘和维护实施跟踪的费用。

⑥内部失效费用:由维护组启动的软件失效改正的费用(在收到顾客投诉之前)。

(4)软件改正性维护活动的外部失效费用

为了确定外部失效费用,要分别考虑两个维护期,它们是:保证期(通常是在软件安装后的3~12个月)和合同定的维护服务期,它自保证期结束时开始。这里的问题需要一个有关什么情况可被认为是外部失效的决定,只有在做出这个决定之后,才能确认和估计质量费用。

提出的外部失效费用定义和对软件改正和用户支持服务的支持性论据如下:

①对于软件改正。在保证期内由用户提出的软件改正的所有费用是外部质量费用,开发者负责在此期间的改正;在合同约定的维护期间进行的软件改正被认为是常规服务的一部分,开发者对改正的责任只限于保证期;在合同约定的维护期间,只有初始改正工作失败后的再次改正费用被认为是外部失效费用,因为这是软件技术人员在他们常规维护服务中的失败。

②对于用户支持服务。保证期内,用户支持服务可以看做是指导工作的固有部分,因此不应当被看成外部失效费用;在合同约定的维护期,所有类型的用户支持服务都是常规服务的一部分,因此它们的费用不被认为是外部失效费用;在上述两个维护期间,初次咨询被证明为不适当、需要第二次咨询的情况被认为是一个外部失效。对同一案例的第二次咨询和进一步咨询所花的费用被认为是外部失效费用。

11.2.4 软件的可维护性

1.软件可维护性的定义

由于软件的文档和源程序难于理解或难于修改,因此,许多软件的维护十分困难。从原则上讲,软件开发工作应该严格按照软件工程的要求,遵循特定的软件标准或规范进行。但实际上总会出现这样那样的问题,例如,文档不全、质量差、开发过程中不注意采用结构化方法、忽视程序设计风格等。此外,还有一些为适应环境变化或需要变化而提出的维护。

软件维护工作涉及面广,稍有不慎就会在修改中给软件带来新的问题或引入新的错误,为了使软件便于维护,必须考虑使软件具有可维护性。提高可维护性是支配软件工程方法论所有步骤的关键目标,也是延长软件生命周期的最好方法。

可以将软件可维护性定性地定义为:软件可维护性是指软件能够被理解,并能纠正软件系统出现的错误和缺陷,以及为满足新的要求进行修改、扩充或压缩的容易程度。为了达到这个目标,就要在系统开发的各阶段,认真编写各种技术文档。在系统设计时还要考虑到使系统易于修改和扩充,并使修改、扩充对全局带来的影响减至最小。在编写逻辑性复杂的程序段时,应采用规范的符号画出流程图。例如,在会计信息系统中,鉴于会计报表可能经常发生变动,那么报表处理部分就要灵活一些,使报表格式或其内容发生变动时,系统只做略微的修改即可满足用户要求。这样,系统的维护工作就会容易得多。

在软件开发的各个阶段都应考虑到维护问题。在需求分析阶段应做到明确维护范围及责任、审查系统要求、研究运行/维护的支持、明确性能要求及变更、明确扩充或收缩、检验关键资源的可扩充性;在设计阶段应当考虑系统的扩展、压缩和变更及设计通用性等;在编程阶段要查找源程序错误、度量源程序可理解性等;在测试阶段维护人员应参与集成测试、统计分析错误等。

2. 软件可维护性的决定因素

维护就是在交付使用后进行修改,修改之前必须理解修改的对象,修改之后应该进行必要的测试,以保证所做的修改是正确的。如果是改正性维护,还必须预先进行调试以确定故障。软件维护可用下述 7 个质量特征来衡量,即可理解性、可测试性、可修改性、可靠性、可移植性、可使用性和效率。这几个质量特性体现在软件产品的许多方面,侧重点有所不同。衡量程序可维护性的 7 种特性如表 11-1 所示。

表 11-1　各类维护中的侧重点

侧重点	纠错性维护	适应性维护	完善性维护
可理解性	√		
可测试性	√		
可修改性	√	√	
可靠性	√		
可移植性		√	
可使用性		√	√
效率			√

(1) 可理解性

可理解性是指人们通过阅读源代码和相关文档,了解程序功能及其如何运行的容易程度。一个可理解的程序主要应具备以下一些特性:模块化(模块结构良好、功能完整、简明),风格一致性(代码风格及设计风格的一致性),不使用令人捉摸不定或含糊不清的代码,使用有意义的数据名和过程名,结构化,完整性(对输入数据进行完整性检查)等。

度量软件的可理解性的内容如下:

· 程序是否模块化?

· 结构是否良好?

· 每个模块是否有注释块来说明程序的功能、主要变量的用途及取值、所有调用它的模块、以及它调用的所有模块?

· 在模块中是否有其他有用的注释内容,包括输入输出、精确度检查、限制范围和约束条件、假设、错误信息、程序履历等?

· 在整个程序中缩进和间隔的使用风格是否一致?

· 在程序中每一个变量、过程是否具有单一的有意义的名字?

- 程序是否体现了设计思想？
- 程序是否限制使用一般系统中没有的内部函数过程与子程序？
- 是否能通过建立公共模块或子程序来避免多余的代码？
- 所有变量是否是必不可少的？
- 是否避免了把程序分解成过多的模块、函数或子程序？
- 程序是否避免了很难理解的、非标准的语言特性？

对于可理解性，可以使用一种称为"90－10 测试"的方法来衡量。即把一份被测试的源程序清单拿给一位有经验的程序员阅读 10 分钟，然后把这个源程序清单拿开，让这位程序员凭自己的理解和记忆，写出该程序的 90%。如果程序员真的写出来了，则认为这个程序具有可理解性，否则需要重新编写。

（2）可测试性

可测试性是指验证程序正确性的容易程度。程序越简单，证明其正确性就越容易。而且设计合适的测试用例，取决于对程序的全面理解，因此，一个可测试的程序应当是可理解的、可靠的、简单的。

度量软件可测试性的内容如下：

- 程序是否模块化？
- 结构是否良好？
- 程序是否可理解？
- 程序是否可靠？
- 程序是否能显示任意的中间结果？
- 程序是否能以清楚的方式描述它的输出？
- 程序是否能及时地按照要求显示所有的输入？
- 程序是否有跟踪及显示逻辑控制流程的能力？
- 程序是否能从检查点再启动？
- 程序是否能显示带说明的错误信息？

对于程序模块，可用程序复杂性来度量可测试性。程序的环路复杂性越大，程序的路径就越多，因此，全面测试程序的难度就越大。

（3）可修改性

可修改性是指修改程序的难易程度。一个可修改的程序应当是可理解的、通用的、灵活的、简单的。其中，通用性是指程序适用于各种功能变化而无需修改。灵活性是指能够容易地对程序进行修改。

测试可修改性的一种定量方法是修改练习。其基本思想是通过做几个简单的修改，来评价修改的难易程度。设 C 是程序中各个模块的平均复杂性，A 是要修改的模块的平均复杂性，则修改的难度 D 由下式计算：

$$D=A/C$$

对于简单的修改，如果 $D>1$，则说明该程序修改困难。A 和 C 可用任何一种度量程序复杂性的方法计算。

度量软件可修改性的内容如下：

- 程序是否模块化？
- 结构是否良好？
- 程序是否可理解？
- 在表达式、数组/表的上下界、输入/输出设备命名符中是否使用了预定义的文字常数？
- 是否具有可用于支持程序扩充的附加存储空间？
- 是否使用了提供常用功能的标准库函数？
- 程序是否把可能变化的特定功能部分都分离到单独的模块中？
- 程序是否提供了不受个别功能发生预期变化影响的模块接口？
- 是否确定了一个能够当作应急措施的一部分，或者能在小一些的计算机上运行的系统子集？
- 是否允许一个模块只执行一个功能？
- 每一个变量在程序中是否用途单一？
- 能否在不同的硬件配置上运行？
- 能否以不同的输入/输出方式操作？
- 能否根据资源的可利用情形，以不同的数据结构或不同的算法执行？

（4）可靠性

可靠性是指一个程序在满足用户功能需求的基础上，在给定的一段时间内正确执行的概率。关于可靠性，度量的标准主要有：平均失效间隔时间 MTTF（Mean Time To Failure）、平均修复时间 MTTR（Mean Time To Repair）、有效性 A［＝MTBD/（MTBD＋MDT）］。

度量可靠性的方法，主要有两类，具体如下：

①根据程序错误统计数字，进行可靠性预测。常用方法是利用一些可靠性模型，根据程序测试时发现并排除的错误数预测平均失效间隔时间（MTTF）。

②根据程序复杂性，预测软件可靠性。用程序复杂性预测可靠性，前提条件是可靠性与复杂性有关。因此，可用复杂性预测出错率。程序复杂性度量标准可用于预测哪些模块最可能发生错误，以及可能出现的错误类型。了解了错误类型及它们在哪里可能出现，就能更快地查出和纠正更多的错误，提高可靠性。

度量软件可靠性的内容如下：

- 程序中对可能出现的没有定义的数学运算是否做了检查？
- 循环终止和多重转换变址参数的范围，是否在使用前做了测试？
- 下标的范围是否在使用前测试过？
- 是否包括错误恢复和再启动过程？
- 所有数值方法是否足够准确？
- 输入的数据是否检查过？
- 测试结果是否令人满意？
- 大多数执行路径在测试过程中是否都已执行过？
- 对最复杂的模块和最复杂的模块接口，在测试过程中是否集中做过测试？
- 测试是否包括正常的、特殊的和非正常的测试用例？
- 程序测试中除了假设数据外，是否还用了实际数据？

· 为了执行一些常用功能,程序是否使用了程序库?

(5)可移植性

可移植性是指将程序从原来环境中移植到一个新的计算环境的难易程度。它在很大程度上取决于编程环境、程序结构设计、对硬件及其他外部设备等的依赖程度。一个可移植的程序应具有结构良好、灵活、不依赖于某一具体计算机或操作系统的特点。

度量软件可移植性的内容如下:

· 是否是用高级的独立于机器的语言来编写程序?

· 是否使用广泛使用的标准化的程序设计语言来编写程序,且是否仅使用了这种语言的标准版本和特性?

· 程序中是否使用了标准的普遍使用的库功能和子程序?

· 程序中是否极少使用或根本不使用操作系统的功能?

· 程序中数值计算的精度是否与机器的字长或存储器大小的限制无关?

· 程序在执行之前是否初始化内存?

· 程序在执行之前是否测定当前的输入/输出设备?

· 程序是否把与机器相关的语句分离了出来,集中放在了一些单独的程序模块中,并有说明文档?

· 程序是否结构化并允许在小一些的计算机上分段(覆盖)运行?

· 程序中是否避免了依赖于字母数字或特殊字符的内部位表示,并有说明文件?

(6)可使用性

从用户观点出发,把可使用性定义为程序方便、实用及易于使用的程度。一个可使用的程序应是易于使用的、能允许用户出错和改变、尽可能不使用户陷入混乱状态的程序。

度量软件可使用性的内容如下:

· 程序是否具有自描述性?

· 程序是否能始终如一地按照用户的要求运行?

· 程序是否让用户对数据处理有一个满意的和适当的控制?

· 程序是否容易学会使用?

· 程序是否使用数据管理系统来自动地处理事务性工作和管理格式化、地址分配及存储器组织?

· 程序是否具有容错性?

· 程序是否灵活?

(7)效率

效率是指一个程序能执行预定功能而又不浪费机器资源的程度。即对内存容量、外存容量、通道容量和执行时间的使用情况。编程时,不能一味追求高效率,有时需要牺牲部分的执行效率而提高程序的其他特性。

度量软件效率的内容如下:

· 程序是否模块化?

· 结构是否良好?

· 程序是否具有高度的区域性(与操作系统的段页处理有关)?

- 是否消除了无用的标号与表达式,以充分发挥编译器优化作用?
- 程序的编译器是否有优化功能?
- 是否把特殊子程序和错误处理子程序都归入了单独的模块中?
- 在编译时是否尽可能多地完成了初始化工作?
- 是否把所有在一个循环内不变的代码都放在了循环外处理?
- 是否以快速的数学运算代替了较慢的数学运算?
- 是否尽可能地使用了整数运算,而不是实数运算?
- 是否在表达式中避免了混合数据类型的使用,消除了不必要的类型转换?
- 程序是否避免了非标准的函数或子程序的调用?
- 在几条分支结构中,是否最有可能为"真"的分支首先得到测试?
- 在复杂的逻辑条件中,是否最有可能为"真"的表达式首先得到测试?

3. 软件可维护性的提高方法

软件可维护性对于延长软件的寿命具有决定意义。为了提高软件可维护性可以采用以下方法。

(1)建立明确的质量管理目标和优先级

我们知道,软件维护有 7 种质量特性。但是要实现所有这些目标,需要付出很大的代价,而且也不是一定能够完全实现。因为它们之中的某些质量特性是相互促进的,如可理解性和可修改性、可理解性和可测试性;而某些特性却是相互抵触的,如效率和可移植性、效率和可修改性。可维护性是所有软件都应具备的基本特点。

尽管可维护性要求每一种维护属性都得到满足,但是它们的重要性是与程序的用途及计算机环境情况相关的,因此,在提出维护目标的同时规定好维护属性的优先级是非常必要的,这样对于提高软件的质量以及减少软件在生命周期的费用是非常有帮助的。

(2)使用先进的软件开发技术和工具

使用先进的软件开发技术是软件开发过程中提高软件质量,降低成本的有效方法之一,也是提高可维护性的有效技术。常用的技术有:模块化、结构化程序设计,自动重建结构和重新格式化的工具等。

①模块化。模块化是软件开发过程中提高软件质量,降低开发成本的有效方法之一,也是提高可维护性的有效技术。它的优点是如果需要改变某个模块的功能时,则只要改变这个模块,对其他模块的影响很小;如果需要增加程序的某些功能,则仅需增加完成这些功能的新的模块或模块层;程序的测试与重复测试比较容易;程序错误易于定位和纠正;容易提高程序效率。

②结构化程序设计。结构化程序设计使得在模块结构标准化的同时,将模块间的相互作用也标准化了,因而把模块化又向前推进了一步。采用结构化程序设计可以获得良好的程序结构。

③使用结构化程序设计技术,提高现有系统的可维护性。

- 采用备用件的方法。在要修改某一个模块时,用一个新的结构良好的模块替换掉整个模块。这种方法要求了解所替换模块的外部(接口)特性,可以不了解其内部工作情况。它能够减少新的错误,并提供了一个用结构化模块逐步替换非结构化模块的机会。

·采用自动重建结构和重新格式化的工具(结构更新技术)。这种方法采用如代码评价程序、重定格式程序、结构化工具等自动软件工具,把非结构化代码转换成良好的结构代码。

·改进现有程序的不完善的文档。改进和补充文档的目的是为了提高程序的可理解性,以提高可维护性。

·使用结构化程序设计方法实现新的子系统。采用结构化小组程序设计的思想和结构文档工具。在软件开发过程中,建立主程序员小组,实现严格的组织化结构,强调规范,明确领导及职能分工,能够改善通信、提高程序生产率;在检查程序质量时,采取有组织分工的结构普查、分工合作、各司其职,能够有效地实施质量检查。同样,在软件维护过程中,维护小组也可以采取与主程序员小组和结构普查类似的方式,以保证程序的质量。

(3)选择可维护性好的程序设计语言

程序设计语言的选择对程序的可维护性有着直接影响。低级语言,即机器语言和汇编语言,难以理解、不好掌握,维护很难。高级语言,与低级语言相比更易于理解,具有更好的可维护性。例如第四代语言,如查询语言、图形语言、报表生成器等,比其他高级语言更容易理解、使用和修改,能缩短程序的长度,减少程序的复杂性,因此提高了软件的可维护性。当然,同为高级语言,可理解程度也是不同的。如图 11-7 所示为不同程序设计语言可维护性的比较。

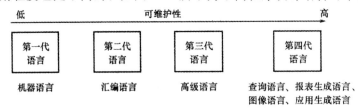

图 11-7　不同程序设计语言可维护性的比较

(4)进行明确的质量保证审查

质量保证审查对于获得和维持软件的质量,是一个很有用的技术。除了保证软件得到适当的质量外,审查还可以用来检测在开发和维护阶段内发生的质量变化。一旦检测出问题,就可以采取措施进行纠正,以控制不断增长的软件维护成本和延长软件系统的有效生命周期。

①查点检查。检查点是软件开发过程每一个阶段的终点。进行检查点检查的目标是证实已开发的软件满足设计要求。在软件开发的最初阶段就将质量要求考虑在内,并在每个阶段的终点设置检查点进行检查是保证软件质量的最佳方法。如图 11-8 所示。

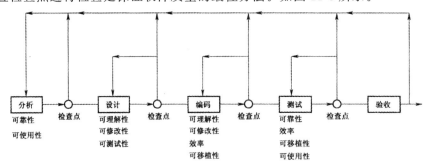

图 11-8　软件开发期间各个检查点的检查

实际上,在每个不同的检查点,检查的侧重点肯定是不完全相同的。各个阶段的检查重点、检查对象和方法如表 11-2 所示。

表 11-2　各个阶段的检查重点、检查对象和方法

阶段	检查重点	检查项目	检查方法或工具
需求分析	对程序可维护性的要求是什么？例如,对于可使用性、交互系统的响应时间。	软件需求说明书;限制与条件,优先顺序;进度计划;测试计划。	可使用性检查表。
设计	程序是否可理解;程序是否可修改;程序是否可测试。	设计方法;设计内容;进度;运行、维护支持计划。	复杂性度量、标准;修改练习;耦合、内聚估算;可测试性检查表。
编码及单元测试	程序是否可理解;程序是否可修改;程序是否可移植;程序是否效率高。	源程序清单;文档;程序复杂性;单元测试结果。	复杂性度量、90－10 测试、自动结构检查程序;可修改性检查表,修改练习;编译结果分析;效率检查表、编译对时间和空间的要求。
组装与测试	程序是否可靠;程序是否高效率;程序是否可移植;程序是否可使用。	测试结果;用户文档;程序和数据文档;操作文档。	调试、错误统计、可靠性模型;效率检查表;比较在不同计算机上的运行结果;验收测试结果、可使用性检查表。

②验收检查。验收检查是一个特殊的检查点的检查,它是把软件从开发转移到维护的最后一次检查,是软件投入运行之前保证可维护性的最后机会,对减少维护费用、提高软件质量非常重要。

验收检查实际上是验收测试的一部分。做到:需求和规范以需求规格说明书为标准进行检查,区分必需的、任选的、将来的需求;软件应设计成分层的模块结构,每个模块应完成独立的功能,满足高内聚、低耦合的原则;所有的代码都必须具有良好的结构,所用的代码都必须文档化,在注释中说明它的输入、输出以及便于测试/再测试的一些特点与风格;文档中应说明程序的输入/输出、使用方法/算法、错误恢复方法、所有参数的范围以及默认条件等。

③周期性维护检查。在运行期间,还需要对已运行的软件应该进行周期性的维护检查。周期性的维护检查实际上是开发阶段检查点复查的延伸,并且采用的检查方法和检查内容都是相同的。一般每月一次或者两个月一次,以跟踪软件质量的变化。

(5)改进文档

①程序文档。程序文档是对程序的功能、程序各组成部分之间的关系、程序设计策略和程序实现过程的历史数据的说明和补充。程序文档是影响可维护性的一个重要因素,应当对如何使用系统、怎样安装和管理系统、系统的需求和设计、系统的实现和测试等有准确的描述。

程序文档能够提高程序的可阅读性,为了维护程序,人们必须要阅读和理解程序文档。程序文档的作用和意义包括:好的文档能使程序更容易阅读,坏的文档反而会起到不好的作用;好的文档简明扼要、风格统一、容易修改;程序编码中加入必要的注释可提高程序的可理解性;程序越长越复杂,编写程序文档时越应该注意。

②用户文档。用户文档,通常指用户手册,它为用户提供使用程序的命令和指示。好的用户文档类似联机帮助信息,用户利用它在终端上就可获得必要帮助和引导。

③操作文档。操作文档包括操作员手册、运行记录和备用文件目录等,它主要是指导用户如何运行程序。

④数据文档。数据文档是程序数据部分的说明。数据文档包括数据模型和数据词典两部分,其中,数据模型以图形表示,表示数据内部结构和数据各部分之间的功能依赖性;数据词典列出了程序使用的全部数据项,包括数据项的定义、使用及其使用位置。

⑤历史文档。历史文档用于记录程序开发和维护的历史,包括系统开发日志、运行记录和系统维护日志三类。在维护阶段利用历史文档可以大大简化维护工作。

软件文档的意义主要体现在以下几个方面:

①软件具有好的和完备的文档容易操作,因为它能增加软件的可读性和可使用性。不正确的和残缺的文档比没有文档更糟糕。

②好的文档意味着简洁,风格一致,易于更新,规范化和符合标准。

③在程序代码的适当位置插入注解,可以提高对程序自身的理解,程序越长、越复杂,这种需要就越迫切。

由于系统开发者和维护者一般是分开的,所以系统开发和维护历史对维护程序员是非常有用的信息。利用历史文档可以帮助维护人员理解设计图,指导其如何修改源代码而不破坏系统的完整性,从而简化维护工作。

11.3　软件再工程技术

11.3.1　软件再工程过程模型

随着软件次数的增加,可能会造成软件结构的混乱,从而降低软件的可维护性,同时也阻碍新软件的开发。但是,往往待维护的软件又常是软件的关键,若废弃它们而重新开发,这不仅十分浪费而风险也较大。因此,引出了软件的再工程,即通过对旧软件的实时处理,增进对软件的理解,而又提高了软件自身的可维护性、可复用性等。

软件的再工程技术是一类软件的工程活动,它可以降低软件的风险,有助于推动软件维护的发展,建立软件再工程模型。典型的软件再工程过程模型如图 11-9 所示,该模型定义了六类活动。

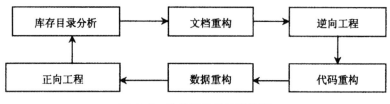

图 11-9　软件再工程过程模型

在图 11-9 中显示的软件再工程模型是一个循环模型,这意味着作为该模型的组成部分的每个活动都可能被重复,而且对于任意一个特定的循环来说,过程可以在完成任意一个活动之后终止。在某些情况下这些活动以线性顺序发生,但也并非总是这样,例如,为了理解某个程序的内部工作原理,可能在文档重构开始之前必须先进行逆向工程。下面简要地介绍该模型所定义的 6 类活动。

1. 库存目录分析

每个软件组织都应该保存其所拥有的所有应用系统的库存目录。该目录包含应用系统的名字、最初构建日期、已做过的实质性修改次数、过去 18 个月报告的错误、用户数量、安装系统的机器数量、系统复杂程度、文档质量、整体可维护性等级、预期寿命、在未来 36 个月内预期修改的次数、业务重要程度等关于每个应用系统的基本信息。

每一个大的软件开发机构都拥有上百万行老代码,它们都可能是再工程的对象。但是,对库中每个程序都做再工程是不现实的,主要原因有三个:第一,某些程序并不频繁使用而且不需要改变;第二,再工程工具尚不成熟,目前仅能对有限种类的应用系统执行再工程;第三,再工程代价十分高昂。预定将使用多年的程序;当前正在成功地使用着的程序;在最近的将来可能要做重大修改或增强的程序等,这三类程序有可能成为预防性维护的对象。

应该仔细分析库存目录,按照业务重要程度、寿命、当前可维护性、预期的修改次数等标准把库中的应用系统排序,从中选出再工程的候选者,然后明智地分配再工程所需要的资源。

2. 文档重构

老程序固有的特点是缺乏文档。根据不同的具体情况,可以有不同的处理方法。

第一种情况:如果一个程序相对稳定,并正在走向其有用生命的终点且可能不会再经历什么变化,那么,让它保持现状是一个明智的选择。因为建立文档非常耗费时间,不可能为数百个程序都重新建立文档。

第二种情况:如果某系统为了便于今后的维护,必须更新文档,但是是资源有限的。这时候应采用"使用时建文档"的方法,也就是说,只针对系统中当前正在修改的那些部分建立完整文档,而不需要一下子把某应用系统的文档全部都重建起来。随着时间流逝,将得到一组有用的和相关的文档。

第三种情况:如果某应用系统是完成业务工作的关键,而且必须重构全部表档,则仍然应该设法把文档工作减少到必需的最小量。

3. 逆向工程

软件的逆向工程是分析程序,通过对产品的实际样本进行检查分析可以得出一个或多个产品的结果,以便在更高层次上创建出程序的某种表示的过程。也就是说,逆向工程是一个恢复设计结果的过程。使用逆向工程工具可以从现存的程序代码中抽取有关数据、体系结构和处理过程的设计信息。逆向工程过程如图 11-10 所示。

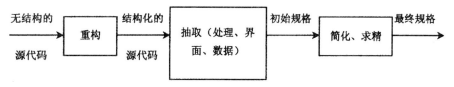

图 11-10　逆向工程过程

从图 11-10 中可以看出,逆向工程过程是这样的:

①从源代码开始,将无结构的源代码转化为结构化的源代码。这使得源代码比较容易读,并为后面的逆向工程活动提供基础。

②抽取是逆向工程的核心,包括处理、界面和数据的抽取。处理抽取,可以在不同的层次对代码进行分析,包括语句、语句段、模块、子系统、系统;界面抽取,应先对现存用户界面的结构和行为进行分析、观察,同时从相应的代码中抽取有关信息;数据提取,包括内部数据结构、全部数据结构、数据库结构等的抽取。

逆向工程过程所抽取的信息,一方面可以用于软件维护活动,另一方面可以用来重构原来的系统,使新系统更容易维护。处于法律约束的原因,公司一般只对自己的软件作逆向工程。

4.代码重构

代码重构是最常见的再工程活动,其目标是生成可提供功能相同且质量更高的程序。通常,重构并不修改整体的程序体系结构,它仅关注个体模块的设计细节以及在模块中定义的局部数据结构。例如,某些老程序具有比较完整、合理的体系结构,但是,个体模块的编码方式却是难以理解、测试和维护的。在这种情况下,可以重构可疑模块的代码。如果重构扩展到模块边界之外并涉及软件体系结构,则重构变成了正向工程。

为了完成代码重构活动,首先用重构工具分析源代码,标注出和结构化程序设计概念相违背的部分;然后重构有问题的代码(此项工作可自动进行);最后,复审和测试生成的重构代码(以保证没有引入异常)并更新代码文档。

5.数据重构

对数据体系结构差的程序很难进行适应性修改和增强,这是由于数据体系结构对程序体系结构及程序中的算法有很大影响,对数据的修改必然会导致体系结构或代码层的改变。事实上,对许多应用系统来说,数据体系结构比源代码本身对程序的长期生存力有更大影响。

与代码重构不同,数据重构发生在相当低的抽象层次上,是一种全范围的再工程活动。数据重构在通常情况下始于逆向工程活动,首先,理解当前使用的数据体系结构(即分析);其次,在必要时定义数据模型,标识数据对象和属性,并从软件质量的角度复审现存的数据结构。当数据结构较差时(例如,在关系型方法可大大简化处理的情况下却使用平坦文件实现),应该对数据进行再工程。

6.正向工程

正向工程也称为革新或改造,这项活动一方面可以从现有程序中恢复设计信息,另一方面还可以使用该信息去改变或重构现有系统,以提高其整体质量。

正向工程过程应用软件工程的原理、概念、技术和方法来重新开发某个现有的应用系统。在大多数情况下,被再工程的软件不仅重新实现现有系统的功能,而且加入了新功能,从而使系统的整体性能大大提高。

11.3.2 软件再工程的分析

1.软件再工程的成本/效益分析

软件再工程花费时间,占用资源。因此,组织软件再工程之前,很有必要进行成本/效益分析。

具体成本：

（1）和未执行再工程的持续维护相关的成本

$$C_{maint} = [P_3 - (P_1 + P_2)] * L$$

（2）和再工程相关的成本

$$C_{reeng} = [P_6 - (P_4 + P_5) * (L - P_8) - (P_7 * P_9)]$$

（3）再工程的整体收益

$$C_{benefit} = C_{reeng} - C_{maint}$$

其中，

P_1：当前某应用的年维护成本。

P_2：当前某应用的年运行成本。

P_3：当前某应用的年收益。

P_4：再工程后预期年维护成本。

P_5：再工程后预期年运行成本。

P_6：再工程后预期年业务收益。

P_7：估计的再工程成本。

P_8：估计的再工程日程。

P_9：再工程风险因子（名义上 $P_9 = 1.0$）。

L：期望的系统生命期（以年为单位）。

2.软件再工程的风险分析

和其他软件工程活动一样，再工程也难免会遇到风险，因此必须在工程活动之前对再工程风险进行分析，以提高对策，防范再工程带来的风险。再工程风险有过程风险、应用领域风险、技术风险、人员风险、工具风险等。

（1）过程风险

在进行再工程活动中，为进行再工程成本/效益分析或在规定的时间内未达到再工程的成本/效益要求，缺乏对再工程项目人力投入的管理以及对再工程方案的监督管理等。

（2）应用领域风险

对再工程项目源程序代码不够熟悉，缺少本地应用领域专家的支持。

（3）技术风险

有些信息为得到充分应用，逆向工程得到的成果不能分享，缺乏再工程技术支持等。

（4）人员风险

软件人员可能对再工程项目的意见不一致，导致影响工作的开展；程序员工作效率低。

（5）工具风险

有一些工具可能还在试验过程中，而软件人员过分地依靠了不成熟的工具。

（6）策略风险

对整个再工程方案的承诺是不成熟的；对暂定的目标没有长远的考虑；对程序、数据和过程缺乏全面的观点；没有计划地使用再工程工具。

参考文献

[1]朱少民.软件质量保证和管理.北京:清华大学出版社,2007

[2]上海市职业培训指导中心.软件质量保证技术(四级).上海:上海交通大学出版社,2006

[3]张向宏.软件生命周期质量保证与测试.北京:电子工业出版社,2009

[4]杨根兴等.软件质量保证、测试与评价.北京:清华大学出版社,2007

[5]朱三元.软件质量及其评价技术.北京:清华大学出版社,1990

[6]袁玉宇.软件测试与质量保证.北京:北京邮电大学出版社,2008

[7]苏秦,何进,张涑贤.软件过程质量管理.北京:科学出版社,2008

[8]马海云,张少刚.软件质量保证与软件测试技术.北京:国防工业出版社,2011

[9]胡铮.软件测试与质量保证技术.北京.科学出版社,2011

[10]李正海.软件质量保证技术(四级).上海:上海交通大学出版社,2006

[11]洪伦耀,董云卫.软件质量工程(第二版).西安:西安电子科技大学工业出版社,2008

[12]杨根兴等.软件质量保证、测试与评价.北京:清华大学出版社,2007

[13]秦航,杨强.软件质量保证与测试.北京:清华大学出版社,2012

[14]袁玉宇.软件测试与质量保证.北京:北京邮电大学出版社,2008

[15]刘伟.软件质量保证与测试技术.哈尔滨:哈尔滨工业大学出版社,2011

[16]陈汶滨,朱小梅,任冬梅等.软件测试技术基础.北京:清华大学出版社,2008

[17]曹薇.软件测试技.北京:清华大学出版社,2010

[18]翟天喜.实用软件评测技术.长沙:国防科技大学出版社,2007

[19]朱少民.软件测试方法和技术(第二版).北京:清华大学出版社,2010

[20]曲朝阳,刘志颖等.软件测试技术.北京:中国水利水电出版社,2006

[21]张大方,李玮.软件测试技术与管理.长沙:湖南大学出版社,2007

[22]郑人杰,许静,于波.软件测试.北京:人民邮电出版社,2011

[23]黎连生,王华,李淑春.软件测试与测试技术.北京:清华大学出版社,2009

[24]陈能技.软件测试技术大全.北京:人民邮电出版社,2008

[25]陈明.软件测试技术.北京:清华大学出版社,2011

[26]杜庆峰.高级软件测试技术.北京:清华大学出版社,2011

[27]周伟明.软件测试技术实践.北京:电子工业出版社,2008

[28]古乐,史九林等.软件测试技术概论.北京:清华大学出版社,2004

[29]李庆义,岳俊梅,王爱乐等.软件测试技术.北京:中国铁道出版社,2006